2013 中国安全生产发展报告

中国安全生产协会
国家安全生产监督管理总局信息研究院 编

煤炭工业出版社
·北京·

图书在版编目（CIP）数据

2013中国安全生产发展报告／黄盛初主编．--北京：煤炭工业出版社，2014

ISBN 978-7-5020-4471-8

Ⅰ．①2… Ⅱ．①黄… Ⅲ．①安全生产—研究报告—中国—2013 Ⅳ．①X93

中国版本图书馆CIP数据核字（2014）第055426号

煤炭工业出版社 出版
（北京市朝阳区芍药居35号 100029）
网址：www. cciph. com. cn
煤炭工业出版社印刷厂 印刷
新华书店北京发行所 发行

*

开本 889mm×1194mm $^{1}/_{16}$ 印张 17
字数 356千字 印数 1—2 200
2014年4月第1版 2014年4月第1次印刷
社内编号 7303 定价 200.00元

编　委　会

序

安全生产事关人民群众的生命财产安全，事关改革开放、经济发展和社会稳定的大局。党和政府历来高度重视安全生产工作，党的十六届五中全会将“安全发展”纳入经济社会发展的总体部署。党的十八大报告明确指出，要强化公共安全保障体系和企业安全生产基础建设，遏制重特大安全事故，明确了安全生产工作的总体要求。十八届三中全会进一步提出要深化安全生产管理体制改革，建立隐患排查治理体系和安全预防控制体系，从政府安全监管、企业安全基础及公共安全保障方面指明了新时期安全生产工作的重点。十八大以来，习近平总书记就安全生产发表了一系列重要讲话，多次作出重要指示批示，提出了一系列加强和创新安全生产工作的新思想、新观点、新要求，为中国安全生产工作指明了方向。

目前中国进入工业化、城镇化的快速发展期，经济处于结构调整和发展方式转变的重要转型期，安全生产形势依然严峻。为深入贯彻党的十八大、十八届三中全会和习近平总书记关于安全生产的一系列重要指示精神，总结中国安全生产取得的成就与经验，探索中国安全生产发展的客观规律，引导各级政府和企业牢固树立科学发展、安全发展的理念，进一步提高全社会对安全生产工作的认识，以新思想、新思路、新观点面对新形势、新问题、新挑战，为实现中国安全生产形势的根本好转贡献力量，在中国安全生产协会的积极倡导和组织下，协会与国家安全生产监督管理总局信息研究院组织优势力量共同编写了《2013 中国安全生产发展报告》（以下简称《报告》）。

中国安全生产协会是国家安全生产监督管理总局主管的安全生产领域全国性、综合性的社会组织，是面向中国安全生产重点行业领域的跨行业协会。自 2008 年成立以来，充分发挥联系政府和企业的桥梁纽带作用，利用自身专家资源优势，积极开展安全生产领域相关前沿课题的研究，为安全生产领域有关政策、法规及标准的出台提供政策依据和技术服务支持。国家安全生产监督管理总局信息研究院多年来一直致力于安全生产理论政策研究、安全管理与工程咨询、安全生产信息技术研发等基础性研究工作，经过多年的研究和实践工作，积累了大量的研究资料和实证数据，取得了一批重要科研成果，首部《报告》即是这些研究成果的提炼和总结。

《报告》回顾了新中国成立以来中国安全生产发展的历史，总结了取得的主要成绩、成功经验和教训，分析了现阶段的发展现状，定量预测了安全生产发展的新趋势，展示了安全生产领域的最新研究成果。《报告》立足于为国家制定安全生产政策提供参考依据，为企业安全生产发展提供指导，为有关科研机构及大专院所提供行业发展最新综合性资讯。这是我们在增强安全生产理论政策研究工作的系统性、前瞻性、主动性上迈开的新步伐，是一项具有原创性的开拓工作，我们将不断完善和提高研究分析能力，为服务安全发展战略、服务安全生产大局作出积极的贡献！

全 国 政 协 委 员
中国安全生产协会会长 赵铁锤

2014 年 3 月

前　　言

世界各国在工业化进程中普遍经历从事故上升到趋于稳定和下降的过程，安全生产与经济社会发展水平之间存在明显非对称抛物线的阶段性发展特征，存在事故“易发期”现象。目前中国已进入工业化中期的后半段，正处于安全生产“事故高位波动阶段”。通过采取一系列标本兼治的有力举措和保持安全监管的高压态势，有效推动了中国安全生产形势持续稳定好转，各类生产安全事故起数与死亡人数由2002年高峰期的1073434起、139393人，下降到2013年的309295起、69434人，降幅达到71.2%和50.2%。但中国当前经济社会发展不平衡，安全生产基础较为薄弱，安全生产主要指标与发达国家相比还有较大差距，事故在某些时段和领域容易出现波动反弹，安全生产工作仍然面临较大挑战。

为深入贯彻党的十八大、十八届三中全会和习近平总书记关于安全生产的一系列重要指示精神，落实安全发展战略，推进科学发展、安全发展，为中国安全生产形势的持续稳定好转和实现根本好转贡献微薄之力，中国安全生产协会与国家安全生产监督管理总局信息研究院共同编写了《报告》。《报告》共分为总报告、行业篇、专题篇、热点篇、借鉴篇、探讨篇及附录7个部分，总报告对新中国成立以来的安全生产工作与实践经验进行了全面回顾，分析了安全生产面临的形势与挑战，对未来安全生产发展趋势进行了定量预测，总结提出了2013年安全生产工作重点；行业篇回顾了新中国成立以来煤矿安全生产工作发展历程，分析了目前中国煤矿安全生产形势及工作重点；专题篇分析中国安全生产法律体系的现状及存在的主要问题，在剖析产生问题深层次原因的基础上提出完善中国安全生产法律体系的对策建议；热点篇对中国安全产业发展的现状、重点领域及产品进行了分析，并提出中国安全产业发展的主要任务与对策建议；借鉴篇将发达国家和地区建筑业安全生产现状、政府监管及企业管理经验与中国建筑安全生产工作进行全面而有针对性的对比分析；探讨篇收录了政府安全监管、企业安全管理及安全科技方面的精品文章，以专家和学术的视角对安全发展的相关理论进行了阐述和探讨，并介绍了企业先进安全管理经验及安全生产前沿科技成果；另附自新中国成立以来的中国安全生产大事记。

《报告》今后每年定期出版，作为中国安全生产领域年度权威研究出版刊物，必将为积极宣传中国安全生产工作、正面引导安全生产舆论导向、加强全社会对安全生产的关注起到有力的促进作用。

由于是创新性的工作，经验和能力有限，《报告》中不足和有待完善之处在所难免，恳请各级领导、有关专家学者和广大读者朋友提出宝贵意见，我们将在今后的工作中不断改进提高。

《报告》编写过程中得到了国家安全生产监督管理总局、国家煤矿安全监察局有关领导、各大企业高层管理人员、安全生产领域相关专家学者和媒体同仁的大力支持，编委会还从征集的稿件中遴选收录了多篇优秀文章，在此谨向为《报告》编写工作给予热情帮助的有关领导、专家及文章作者表示衷心的感谢。

编委会

2014 年 3 月

目 次

总 报 告

行 业 篇

专　　题　　篇

热　　点　　篇

借　　鉴　　篇

探　讨　篇

附　　录

总报告

中国安全生产发展研究报告

安全生产事关人民群众生命财产安全，事关改革开放、经济发展和社会稳定大局，事关党和政府形象和声誉，历来得到党和政府的高度重视。党的十六届五中全会提出坚持节约发展、清洁发展、安全发展，并将安全发展作为国家战略纳入经济社会发展的总体部署。党的十八大报告中提出，到2020年实现全面建成小康社会，夺取中国特色社会主义新胜利的宏伟目标，并明确指出要强化公共安全保障体系和企业安全生产基础，遏制重特大安全事故，明确了新时期安全生产工作的总体要求。十八届三中全会进一步提出要强化安全生产市场准入标准，加大安全生产在政府发展成果考核评价体系中的权重，深化安全生产管理体制改革，建立隐患排查治理体系和安全预防控制体系，从政府安全监管、企业安全基础以及公共安全保障三个方面，指明了安全生产工作的重点。习近平总书记多次强调：发展决不能以牺牲人的生命为代价，这必须作为一条不可逾越的红线，并且指出安全生产工作必须实行"党政同责、一岗双责、齐抓共管"，各级党委和政府、各级领导干部要牢固树立安全发展理念，始终把人民群众生命安全放在第一位。党中央关于安全生产的重要指示，有力地推动了安全生产理念和基本理论的创新发展，为做好安全生产工作进一步指明了方向。

近年来，党中央、国务院、各级人民政府及安全监管监察部门始终坚持"以人为本"的核心立场，将安全生产作为社会治理的重要内容，针对安全生产领域的主要矛盾和突出问题，通过在法规政策引导、监管监察执法、科学技术支撑、宣传教育培训、职业安全健康、事故救援与调查处理等多方面采取一系列标本兼治的有力举措，全国安全生产工作得到切实的加强和改进，生产安全事故总量连续9年大幅下降，2013年各类生产安全事故起数与死亡人数由2002年高峰期的1073434起、139393人，下降到309295起、69434人，降幅达到71.2%和50.2%，全国安全生产状况呈现持续稳定好转态势。尽管全国安全生产工作取得突出成效，但是形势依然严峻，各类生产安全事故总量较高，重特大事故尚未得到完全遏制，安全生产主要指标与发达国家相比还有较大差距。

世界各国在工业化进程中，普遍经历从事故上升、到趋于稳定和下降的过程，安全生产与经济发展水平之间存在明显非对称抛物线的阶段发展特征，存在事故"易发期"现象。中国已进入工业化中期的后半段，正处于安全生产"事故高位波动阶段"，虽然在政府安全监管高压政策下事故总量连续多年大幅下降，已表现出事故快速下降阶段的特征。但中国当前经济发展水平仍然不高，产业结构没有发生根本变化，科研能力及教育水平依然较低，安全生产基础较为薄弱，事故风险仍然较高，安全生产工作仍然面临着巨大挑战，事故在某些时段和领域容易出现波动反弹，安全生产工作仍然面临较大挑战。

为深入贯彻党中央、国务院关于安全生产的一系列决策部署，全面展示我国安全生产取得的成就与经验，引导各级政府和企业牢固树立科学发展、安全发展的理念，

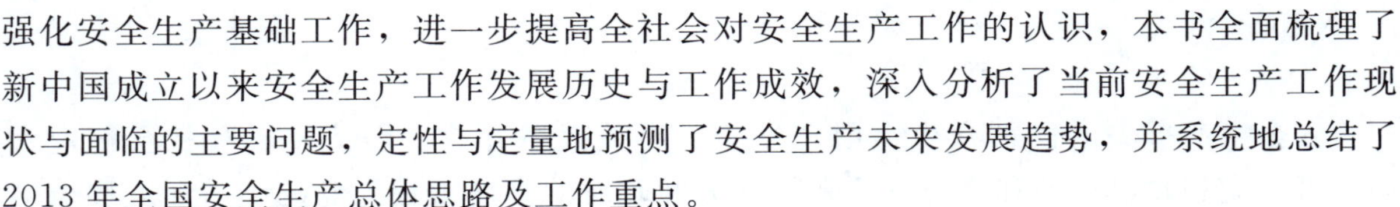

强化安全生产基础工作，进一步提高全社会对安全生产工作的认识，本书全面梳理了新中国成立以来安全生产工作发展历史与工作成效，深入分析了当前安全生产工作现状与面临的主要问题，定性与定量地预测了安全生产未来发展趋势，并系统地总结了2013 年全国安全生产总体思路及工作重点。

一、安全生产发展历史总结

（一）安全生产工作发展回顾

1949 年中华人民共和国成立以来，安全生产工作经历了曲折的发展过程，通过对各时期的历史事件及事故统计进行分析总结，参考李毅中等关于中国安全生产发展阶段的划分，本书将中国安全生产发展历程划分成六个历史阶段，每个阶段又分为两个时期。

1. 安全管理体制初创阶段（1949—1957 年）

1）新中国成立初期

新中国成立初期，百废待兴，党和政府在恢复国民经济的同时，开始开展劳动保护工作，安全生产制度建设取得良好的开端。

1949 年 11 月，中央人民政府设立了劳动部，在劳动部下设劳动保护司，专门负责厂矿安全生产工作，地方各级政府劳动部门也相应设立了劳动保护处、科、股，在其他行业管理部门也相继设立了劳动保护和安全生产专门工作机构。中华全国总工会在各级工会中设立了劳动保护部，工会基层组织设立了劳动保护委员会，以加强对企业安全生产、劳动保护工作的监督。在厂矿企业中，东北各国营厂矿都建立了技术保安科（股），较小的厂则配备了保安负责人；在车间中，由车间主任担任保安主任，下设专职或兼职的保安员；在职工群众中，也成立了保安小组。在全国其他地区较大的国营厂矿都建立了相应的安全生产管理机构，配备了专职人员。全国初步建立起由劳动部门综合监管、行业部门具体管理的安全生产、劳动保护工作框架体制。

第一届中国人民政治协商会议通过的《共同纲领》明确规定："实行工矿检查制度，以改进工矿的安全和卫生设备"，并明确要求由"劳动部进行监督检查、综合管理"。1949 年 11 月，燃料工业部召开第一次全国煤矿工作会议，会上提出了"煤矿生产，安全第一"的工作方针。1951 年 9 月，劳动部召开第一次全国劳动保护工作会议，研究了《工厂安全卫生暂行条例》等草案，并在会后修改试行。1952 年 12 月，劳动部召开了第二次全国劳动保护工作会议，当时的劳动部部长李立三根据毛泽东主席的批示，提出了"安全与生产要同时搞好""管生产必须管安全"的指导思想，进一步阐明了"生产必须安全，安全为了生产"的安全生产方针，会议还通过了《加强劳动保护工作的决定》《工厂安全卫生暂行条例》等文件草案。

经过 3 年的工作，新中国成立前厂矿企业遗留的安全生产与劳动保护问题得到了很好的解决，职工伤亡事故大幅减少。1951 年、1952 年全国工伤事故死亡人数分别

比上年下降10.7%和39.1%，职业病发病率也明显下降。

2）“一五”时期

1953年，国家实行第一个国民经济发展五年计划，开始大规模的经济建设，与此同时开始强化安全生产、劳动保护监管工作，这一时期劳动保护和安全生产工作也有很大发展。

1955年6月，国务院批准在劳动部设立国家锅炉监察总局，各省市劳动部门也相继建立了锅炉和压力容器监察机构，并配备了专业人员，开展专项监察。各级劳动部门、产业主管部门和工会组织的劳动保护管理机构也得到了加强。大中型企业已经普遍建立劳动保护机构，小型企业也配备了劳动保护专职人员，各企业初步建立起了安全生产责任制度。

1954年9月，新中国通过了第一部《宪法》，明确规定要加强劳动保护，改善劳动条件。国务院和劳动部等部门也相继颁布了有关安全生产法律、法规，其中最重要的是由周恩来总理亲自主持制定，并于1956年5月颁布的《工厂安全卫生规程》《建筑安装工程安全技术规程》《工人职员伤亡事故报告规程》等。

1953年，政务院财经委员会提出，各产业部门所属企业在编制生产技术财务计划的同时，必须编制安全技术措施计划。1954年，劳动部和全国总工会联合召开了劳动保护座谈会，明确了各级企业领导人员必须贯彻“管生产必须管安全”原则，要求企业负责人在计划、布置、检查、总结生产工作的同时，计划、布置、检查、总结安全工作。1956年，劳动部、全国总工会联合发布安全技术措施计划项目总名称表，明确了企业编制安全技术措施计划项目。

“一五”时期，国家为改善劳动条件，解决安全技术和工业卫生方面的重大问题拨款达4.9亿元，颁布安全生产、劳动保护法规15种，中央行业管理部门和各地区制定规章制度300多部。由于安全生产体制、机制及法制建设上都取得了良好的开端，全国安全生产状况得到了改善。1953—1957年在大规模经济建设的同时，工伤事故得到了有效的控制，工矿企业年平均工伤事故死亡3322人。

2.“大跃进”及调整阶段（1958—1965年）

1）“大跃进”时期

“大跃进”时期全国安全生产工作几乎停滞，导致伤亡事故上升，出现了新中国成立以来的第一次事故高峰。

“大跃进”时期由于推行“二参一改三结合”（干部参加劳动，工人参加管理，改革管理制度，干部、技术人员和工人三结合），劳动保护机构被精简合并，大部分企业撤销了安全科，严重地削弱了企业和主管部门的安全生产管理力量，安全生产制度建设工作也陷入停滞。同时，党和政府也采取了一些积极措施：1958年10月，中共中央发出了《关于认真做好劳动保护工作的通知》；1958年9月和1960年4月，劳动部召开全国第三次、第四次劳动保护工作会议，总结经验教训提出加强劳动保护工作的新举措；周恩来总理在视察中也明确指出：生产和安全发生矛盾时，生产要服从安全，但由于“大跃进”严重地破坏了正常的生产秩序，劳动保护工作受到严重挫折，以致重特大事故接连不断，工伤事故骤然增加。

这个时期全国安全生产状况急剧恶化，工矿企业死亡人数从 1957 年的 3704 人骤然上升到 1960 年的 21938 人，年平均事故死亡人数达 16190 人，比“一五”时期增长近 5 倍，仅 1960 年 5 月 9 日发生在山西大同老白洞煤矿的煤尘爆炸事故就死亡 684 人，是新中国成立以来发生的最严重的矿难。

2）“大跃进”后调整时期

“大跃进”后，国家先后出台了一系列政策措施，确保劳动者在生产过程中的安全和健康，劳动保护工作重新走上正轨。

1963 年，在全国各级管理机构精简中，大部分企业和主管部门的劳动保护机构被撤销，有的将工作合并到生产、保卫等部门，致使安全生产工作受到很大影响。针对此局面，1963 年 3 月，国务院发布了《关于加强企业安全生产的紧急通知》和《关于加强企业生产中安全工作的几项规定》（即安全生产责任制、安全技术措施计划、安全生产教育、安全生产定期检查、伤亡事故调查处理等五项规定）；1963 年 4 月，《工业企业设计卫生标准》正式施行；为了推行《工业企业设计卫生标准》，1964 年 1 月卫生部、劳动部联合发布《工业企业设计卫生标准试行实施办法》；1964 年 3 月，国家编委发文要求各地充实安全监察机构编制，加强劳动保护工作；1965 年 10 月，劳动部召开第五次全国劳动保护工作会议，检查“五项规定”的贯彻落实情况，总结防尘防毒工作经验，提出改善劳动条件的规划。

这个时期，有关部门、地方政府和工矿企业按照“五项规定”进行检查整改，许多企业开始恢复劳动保护管理机构，配备专、兼职人员，重新修订了安全生产制度和安全操作规程，恢复重建了安全生产秩序，安全技术措施计划有了经费保证，企业劳动条件明显改善，全国工伤事故明显下降。1962—1965 年，工矿企业死亡人数由 1962 年的 5859 人下降到 1965 年的 4147 人，年平均死亡 4884 人，年平均降幅达 7.38%。

3. 受“文化大革命”冲击阶段（1966—1978 年）

1）“文化大革命”时期

“文化大革命”期间，工伤事故频发，政府和企业安全管理一度失控，安全生产、劳动保护工作成为“文化大革命”对象，保护劳动者的安全和健康被抨击为“资产阶级活命哲学”；安全生产规章制度被说成是“修正主义的管卡压”。从国家部委、各地政府部门劳动保护主要领导干部，到企业主要负责人、企业劳动保护工作人员与工程技术人员，都遭到批判、揪斗、殴打，被下放劳动，劳动保护机构从上到下被撤销，许多企业的安全防护设备与防尘防毒设施被破坏殆尽，企业管理受到严重冲击，导致工伤事故频发。

1970 年 6 月，劳动部并入国家计委，成立劳动局，人员减编，其安全生产综合管理职能也相应转移。1970 年 12 月，中共中央发出了《关于加强安全生产的通知》，并采取了一些措施，力争控制事故上升的趋势，但由于安全生产形势混乱，到 1971 年，全国工伤事故死亡人数上升到 17610 人，出现了新中国成立后伤亡事故的第二个高峰期。

1975 年，国务院副总理邓小平开始主持中央工作，全国企业管理整顿工作初步走上了正常轨道，安全生产、劳动保护工作也取得了同步的进展。1975 年 2 月，劳动局召开了全国安全生产会议，4 月发布了会议纪要，要求全国采取措施，迅速改变安全生产工作无人负责的局面。1975 年 9 月，劳动局从国家计划委员会分出，成立国家劳动总局，内设劳动保护局、锅炉压力容器安全监察局等安全工作机构，将矿山安全从劳动保护工作中分出，单独成立矿山安全监察局，以加强矿山安全生产工作。然而这一局面并未维持多久，在“四人帮”的干扰下，刚刚恢复的生产秩序再次被破坏，全国工矿企业伤亡事故再次直线上升。

2）粉碎“四人帮”后时期

1976 年粉碎“四人帮”后，国家劳动总局于 1977 年 3 月召开了全国安全生产工作会议，讨论了安全生产管理、制度、教育、科研等方面的工作，国家计委组织了全国省际安全生产互查，发现了很多问题。1978 年 9 月，国家计委、国家经委、国家劳动总局、卫生部重申新建、改建、扩建项目的设计、施工、投产要做到主体工程与防尘防毒设施“三同时”。

但由于“文化大革命”影响未尽，生产建设盲目追求高速度、高指标等现象普遍存在，劳动保护工作仍未得到重视，企业伤亡事故和职业病状况继续恶化。至 1978 年仍未得到明显缓解，工伤死亡人数达到第三次高峰，事故死亡人数达到 14363 人。

4. 恢复和整顿提高阶段（1979—1992 年）

1）“文化大革命”后恢复时期

粉碎“四人帮”后，尤其是党的十一届三中全会之后，随着思想上的拨乱反正和生产秩序的逐步恢复，安全生产、劳动保护工作迎来了第二个春天。

1979 年 5 月，国家计委、经委和劳动总局联合发出《重申切实贯彻执行国务院〈关于加强企业生产中安全工作的几项规定〉等劳动保护法规的通知》，要求各地区各部门和企业认真执行国务院颁布的“三大规程”和“五项规定”，对企业安全生产管理工作进行认真整顿，重新恢复、建立安全生产制度和秩序。1979 年 9 月，卫生部、国家建委、国家计委、国家劳动总局修订颁布《工业企业设计卫生标准》。1980 年 2 月，煤炭工业部颁布《煤矿安全规程》。

1979 年颁布的《刑法》中规定了重大责任事故罪和渎职罪，随后严肃处理了 1979 年 11 月发生的“渤海 2 号”石油钻井船翻船事故。

1980 年 4 月，经国务院批准，国家经委、国家劳动总局、全国总工会等 10 个部委，决定每年的 5 月份在全国范围内开展“全国安全月”活动，组织安全监察，进行安全宣传教育。1980—1983 年，“全国安全月”活动连续举行了 4 届，对推动安全生产工作、开展安全宣传教育起到了积极作用。

经过几年的整顿，基本恢复了安全制度和生产秩序，1979 年后全国工伤事故快速下降，死亡人数从 1978 年的 14363 人下降到 1981 年的 10393 人。

2）稳定提高时期

这个时期我国的安全生产工作在法制建设、安全管理、组织机构建设、人员队伍建设、宣传教育工作、安全科学技术等方面都取得了很大进展，全国工伤事故逐年下降。

1981 年 1 月，原国家劳动总局正式成立国家矿山安全监察局，代表政府对矿山安全卫生工作实行国家监察。1982 年 5 月，国家组建劳动人事部，劳动保护工作由下设的劳动保护局、矿山安全监察局、锅炉压力容器安全监察局 3 个局承担，各级劳动部门在原设劳动保护机构的基础上，也都增设了矿山安全监察机构和锅炉压力容器安全监察机构。1983 年 5 月，国务院在批转劳动人事部、国家经委、全国总工会《关于加强安全生产和劳动安全监察工作的报告》中要求坚决贯彻“管生产必须管安全”的原则时指出：各部门要尽快建立、健全劳动安全监察制度，加强安全监管机构，充实安全监察干部。1984 年，国务院为落实劳动安全国家监察制度，批准增加 7700 名劳动安全卫生监察人员编制，加强了劳动部门安全生产监察监管机构和队伍建设。1985 年 1 月，由国务院批准成立“全国安全生产委员会”，由国务委员、国家经委主任张劲夫兼任主任，办公室设在劳动人事部，承担安全监察、事故调查、安全生产宣传教育等重大问题、活动的统筹、协调、指导工作。同时，各行业管理部门和企业也强化了安全生产机构，加大了安全生产管理和投入。在 1988 年的国务院机构改革中，劳动人事部被撤销，成立了新的劳动部。

进入 20 世纪 80 年代后，安全生产法制建设也步入正轨。1982 年，国务院发布了《矿山安全条例》《矿山安全监察条例》《锅炉压力容器安全监察暂行条例》，明确在矿山和锅炉压力容器行业实行安全监察制度，标志着中国安全生产工作逐步进入法制轨道。此后，又陆续发布了《民用爆炸物品管理条例》《化学危险品安全管理条例》《尘肺病管理条例》等安全生产行政法规。1989 年国务院制定了《特别重大事故调查程序暂行规定》，并于 1991 年发布了《企业职工伤亡事故报告和处理规定》。1992 年全国人大审议通过《中华人民共和国矿山安全法》，这是中国第一部有关安全生产的专门法律。之后全国人大制定的《劳动法》《煤炭法》和《建筑法》等法律中都有关于安全生产的专门章节或条款。

这个时期，国家还采取了其他一系列重大措施加强安全生产工作：开始实施“三同时”规定；开展“安全周”，加强宣传工作；组建劳动保护科学研究所，增加各级劳动保护科研检测技术力量等。

由于管理严格、措施得力，安全生产形势进入历史最好的一个时期，工伤事故死亡人数呈下降趋势，1982 年全国事故死亡人数降低到 9867 人，并一直稳定在 10000 人以下，到 1992 年下降到 7994 人。

5. 市场经济及监管体制改革阶段（1993—2002 年）

1）适应市场经济时期

20 世纪 90 年代，中国经济建设高速增长，但劳动保护工作因各种原因而停滞不前，安全生产工作又出现反复。

为发挥企业的市场经济主体作用，1993 年 6 月国务院进行机构调整，撤销安全生产委员会，指定劳动部代表国务院综合管理全国的安全卫生工作，对安全卫生行使国家监察职权，安全生产中重大问题由劳动部请示国务院决定。劳动部因此调整劳动保护管理机构设立安全生产管理局、职业安全卫生与锅炉压力容器监察局和矿山安全卫生监察局，地方机构也进行了相应的变动，开始实行“企业负责、行业管理、国家监察、群众监督”的安全生产管理机制。

在《矿山安全法》颁布以后，1994 年 7 月全国人大又审议通过了《劳动法》。劳动安全卫生、工作时间和休息休假、女职工和未成年工特殊保护等内容正式纳入到《劳动法》之中，成为中国劳动保护法制建设的一个里程碑。此后又于 1996 年颁布了《煤炭法》，强化了“煤矿企业必须坚持‘安全第一、预防为主’的安全生产方针”的原则。1996 年 10 月，劳动部颁布了《矿山安全法实施条例》。

1996 年，中国制定并开始实施的《国民经济和社会发展“九五”计划和 2010 年远景目标纲要》中，列入了“建立和健全社会保障制度”“防治职业病”“完善各种治安管理和安全防范制度”等与安全生产工作有关的内容。

这个时期，中国建立起适应市场经济的安全生产管理机制，并开始制定完善的安全生产法律。但由于市场经济的快速发展，乡镇、三资和私营企业大量涌现，单纯追求经济效益、忽视劳动者的生命安全成为普遍现象，企业为了降低生产成本不顾工人健康安全，安全生产形势十分严峻，再加上将原先未纳入工伤事故统计的乡镇、私营企业计入统计范围，全国工伤事故出现了第四次高峰，1994 年事故死亡人数达到 20315 人。

2）安全监管机构体制改革时期

1998 年 6 月，国务院机构改革，原劳动部承担的安全生产综合管理职能和安全监察职能划归国家经贸委，组建安全生产局，综合管理全国安全生产工作，对安全生产行使国家监察职权，将职业卫生监察职能划归卫生部，锅炉压力容器等特种设备的监察职能交由国家技术监督局负责，工伤与职业病保险仍由劳动和社会保障部负责。2000 年 1 月，在国家煤炭工业局加挂国家煤矿安全监察局牌子，成立了 20 个省级监察局和 71 个地区办事处，实行统一垂直管理。2001 年 2 月，国务院组建国家安全生产监督管理局，与国家煤矿安全监察局“一个机构、两块牌子”，综合管理全国安全生产工作，履行国家安全生产监督和煤矿安全监察职能。同年 3 月，又恢复成立国务院安全生产委员会，成员由国家经贸委、公安部、监察部、全国总工会等 17 个部委的主要负责人组成，办公室设在国家安全生产监督管理局，其主要职责是定期分析全国安全生产形势，部署和组织国务院有关部门贯彻落实安全生产方针政策，协调解决安全生产重大问题等，从而形成了更加完善的安全生产监督管理工作体制。

安全生产法制建设最重大的进展是全国人大常委会于 2002 年 6 月审议通过了《安

全生产法》。《安全生产法》是一部有关安全生产的综合性法律，以基本法的形式对安全生产方针、生产经营单位的安全生产保障、从业人员的权利义务、安全生产监督管理、事故应急救援和调查处理及违法行为的责任追究等方面都作出了明确规定，它是我国安全生产法制进程中新的里程碑，标志着中国安全生产法制建设进入了一个新的阶段。这时期颁布的其他重要法律法规有2001年10月全国人大通过的《职业病防治法》、2000年11月国务院发布的《煤矿安全监察条例》、2001年4月国务院发布的《关于特大安全事故行政责任追究的规定》、2002年1月国务院发布的《危险化学品安全管理条例》等。

这一阶段由于经济体制转轨、工业化进程加快，特别是民营小企业的迅速发展等，使安全生产面临一系列新情况、新问题，虽然初步建立起安全生产监管监察体制和法律法规体系，但效果还没有马上体现出来，安全生产状况继续恶化，安全生产事故出现了第五次高峰，2002年全国各类事故死亡人数达139393人，事故起数达1073434起。

6. 创新发展阶段（2003—2012年）

1）安全生产稳定好转时期

2003—2007年是全面落实科学发展观、加快构建社会主义和谐社会、保持国民经济又好又快发展的关键时期。以胡锦涛同志为总书记的党中央以科学发展观统领经济社会发展全局，坚持“以人为本”的理念，提出“安全发展”的指导原则，在法制、体制、机制和投入等方面采取一系列措施加强安全生产工作，安全生产形势进入持续稳定好转的阶段。

2005年10月，党的十六届五中全会提出了“安全发展”的科学理念，完善了“安全第一、预防为主、综合治理”的方针；六中全会将安全生产纳入构建社会主义和谐社会的总体布局。2006年3月，胡锦涛总书记在主持中共中央政治局第三十次集体学习时发表重要讲话，全面系统地阐述了安全生产工作的重要意义、方针原则和对策措施。2007年10月胡锦涛总书记在十七大报告中指出，坚持安全发展，强化安全生产管理和监督，有效遏制重特大安全事故。

2003年3月，国家安全生产监督管理局（国家煤矿安全监察局）成为国务院直属机构，并新增了原来由卫生部承担的作业场所职业卫生监督检查职责；2005年初，国家安全生产监督管理局升格为国家安全生产监督管理总局，全国基本形成了中央、省（市、区）、市（地）、县四级安全生产监管体系，一些地方还延伸到基层乡镇，各级安全监管执法队伍逐步建立。2006年2月，成立国家安全生产应急救援指挥中心及下设的矿山救援指挥中心，全国大部分省市也建立了矿山救援指挥中心，初步形成了国家、省、企业的三级矿山应急救援体系。

以《安全生产法》为基础，中国建立起较为健全的安全生产法律体系。2003年2月，国务院颁布《特种设备安全监察条例》，11月颁布《建设工程安全生产管理条例》；2004年1月，国务院颁布《安全生产许可证条例》，又发布了《关于进一步加强安全生产工作的决定》；2005 年发布《关于预防煤矿安全事故的特别规定》；2006 年 1 月和 5 月先后颁布了《烟花爆竹安全管理条例》和《民用爆炸品安全管理条例》；2006 年 6 月全国人大常委会通过的《刑法修正案（六）》，将安全生产事故责任罪的刑期由七年以下修改为五年以上，增设了不报、谎报事故罪；2007 年 3 月，国务院颁布《生产安全事故报告和调查处理条例》，全面规范了事故报告和调查处理的程序与责任。与此同时，地方性安全生产法规和部门规章的建设也取得了很大进展。

2004 年国务院安委会开始建立并下达安全生产控制考核指标体系，并把控制考核指标层层分解，纳入政绩业绩考核范围，有力地促进了各级政府部门安全监管责任的落实。2004 年国务院《关于进一步加强安全生产工作的决定》提出了安全生产工作的三个奋斗目标：到 2007 年，全国安全生产状况稳定好转；到 2010 年，全国安全生产状况明显好转；力争到 2020 年，全国安全生产状况实现根本性好转。2005 年党的十六届五中全会制定了《国民经济和社会发展“十一五”规划纲要》，把安全生产列为专节，提出了两项重要工作目标：建立安全生产指标考核体系，到 2010 年单位国内生产总值生产安全事故死亡率下降 35%；工矿商贸就业人员生产安全事故死亡率下降 25%。进一步明确了安全生产工作的目标和责任。

2003 年开始，全国安全生产形势开始逐渐好转，2007 年各类生产安全事故起数由 2003 年的 963976 起下降到 506208 起，降幅达到 48%；死亡人数由 2003 年的 137070 人下降到 101480 人，降幅达到 26%。

2）安全生产明显好转时期

2008—2012 年，党中央、国务院继续采取一系列重大举措全面加强安全生产工作。胡锦涛总书记、温家宝总理和张德江副总理等中央领导同志多次就安全生产工作作出重要批示或指示，要求深入贯彻落实科学发展观，牢固树立“以人为本、安全第一、安全发展”的理念，进一步推动全国安全生产形势持续稳定好转。2010 年，张德江副总理先后 6 次就安全生产工作发表重要讲话，先后 8 次深入重点地区和事故现场进行调查研究、指导指挥抢险救援。2012 年，胡锦涛总书记在党的十八大报告中明确提出：强化公共安全体系和企业安全生产基础建设，遏制重特大安全事故。

2008 年 7 月，国务院办公厅下发《国家安全生产监督管理总局主要职责内设机构和人员编制规定》和《国家煤矿安全监察局主要职责内设机构和人员编制规定》。国家安全生产监督管理总局内设机构由 9 个增加到 10 个，并单独设立职业安全健康监督管理司，承担工矿商贸作业场所（煤矿除外）职业卫生监督检查责任，政府安全监管力度继续得到加强。

2008 年以来，安全生产法律、政策不断完善，先后修订并颁布了《消防法》、《道路交通安全法》、《职业病防治法》，《安全生产法》的修订工作也取得了积极进展。2010 年 7 月，国务院第 118 次常务会专题研究安全生产工作，审议下发了国务院《关于进一步加强企业安全生产工作的通知》（国发〔2010〕23 号），出台了一系列更加严格、切实有效的政策措施。2011 年 7 月，中共中央、国务院《关于加强和创新社会管理的意见》(中发〔2011〕11 号）将全面加强安全生产工作纳入社会管理的大格局之中。12 月，国务院《关于坚持科学发展　安全发展　促进安全生产形势持续稳定好转的意见》（国发〔2011〕40 号）进一步提出要以强化和落实企业主体责任为重点，以事故预防为主攻方向，以规范生产为保障，以科技进步为支撑，认真落实安全生产各项措施，有效防范和坚决遏制重特大事故，促进安全生产与经济社会同步协调发展。

2011 年 9 月，温家宝总理主持召开国务院常务会议，会议充分肯定了“十一五”时期安全生产工作取得的积极进展和明显成效，讨论通过了《安全生产“十二五”规划》。在《安全生产“十二五”规划》的框架下，国家安全生产监督管理总局就“十二五”时期的煤矿等重点行业领域安全生产、安全文化建设、安全教育培训、安全科技、应急管理等制定和编制了 12 部专项规划。

这一时期，各级政府及安全监管监察机构坚持以科学发展观和安全发展理念为指导，围绕“一个树立、三个坚持、三个强化”，深入开展重点行业领域安全专项整治，深化煤矿瓦斯治理和整顿关闭两个攻坚战，全力做好事故抢险救援工作，有力地促进了全国安全生产形势的进一步稳定好转。2012 年，安全生产事故起数和死亡人数分别达到 336988 起和 71983 人，比 2008 年分别下降 19％和 21％，全国安全生产形势明显好转。

（二）安全生产工作成绩

经过新中国成立以来 60 多年的努力，我国安全生产工作取得了较大成绩，主要表现在以下几个方面：

1. 以安全生产方针和安全发展理念为核心的安全生产理论体系框架初步确立

中国的安全生产方针经历了新中国成立初期的“安全第一”、改革开放初期的“安全第一、预防为主”和党的十六届五中全会以后的“安全第一、预防为主、综合治理”三个发展阶段，反映了党和政府对安全生产规律认识的逐步深化，对加强安全生产工作产生了十分重要的指导意义。党的十六届五中全会提出“安全发展”理念以来，在科学发展观的指引下，不断强化安全发展理念，牢固树立安全生产红线意识，进一步确立了“以人为本、安全发展”的指导原则，把安全生产作为创新社会治理的重要内容，为推动安全生产与经济社会同步协调发展提供了理论依据、思想保证和精神动力。

2. 以“国家监察、地方监管、企业负责”为原则的安全监管监察体系进一步健全

依照这一原则，国务院和各级地方政府进一步加强了安全监管工作，特别是在监管体系建设上取得了重要进展。在国务院安全生产委员会的指导协调下，国家安全生产监督管理总局对全国安全生产实施综合监管，并负责煤矿安全监察和非煤矿山、危险化学品、烟花爆竹等无主管部门行业领域的安全生产监督管理工作；工信部、公安部、住建部、农业部、交通运输部和国资委等部门分别负责本系统、本领域的安全生产监管工作。全国各省级安全监管局均成为政府直属机构，并建立了专门的安全生产执法监察机构和队伍，安全生产监督管理执法体系基本建立，全面推进安全生产监察

监管执法。全国省、市、县三级监管监察部门编制已经突破7万人，所属专门执法机构超过2500个，实有执法人员2.2万名。安全监管机构逐渐向乡镇延伸，80%以上乡镇建立了安全生产执法队伍，执法人员总数约12万人。形成了“政府统一领导，部门依法监管，企业全面负责，群众监督参与，社会广泛支持”的安全生产工作格局。

3. 以《中华人民共和国安全生产法》为基础的安全生产法制体系框架基本形成

中国安全生产法律体制机制逐步健全完善，安全监管监察队伍建设不断加强，基本形成了以《安全生产法》《职业病防治法》《矿山安全法》为基础，《安全生产许可证条例》等11部行政法规为主干，60余部安全监管总局部门规章和100余部地方性法规规章为主体，4000余项安全生产国家标准、行业标准为补充的安全生产法律法规体系。仅2012年国家安全生产监督管理总局就出台了15部安全生产规章，制修订了54部安全生产和煤炭行业标准。

4. 以控制考核指标为核心内容的安全生产责任体系形成

2004年国务院安委会开始建立并下达安全生产控制考核指标体系，并把控制考核指标层层分解，纳入政绩业绩考核范围。2006年，亿元GDP死亡率、工矿商贸10万人死亡率被纳入国家的“十一五”规划，并与道路交通万车死亡率和煤矿百万吨死亡率一起纳入国家经济和社会发展统计指标体系。各地区、各部门、各单位把安全生产纳入地方和行业发展规划，明确工作目标和保障措施，把安全生产责任落实到基层和生产经营单位，不断完善安全生产责任体系，有力地促进了安全生产工作的开展。

5. 以安全科技研发与成果产业化为重点的科技支撑作用日趋显著

改革开放以来，中国安全生产科技得到了较快的发展。尤其是国家安全监管体制建立以来，通过坚持“自主创新、重点跨越、支撑发展、引领未来”科技工作方针，大力实施“科技兴安、科技强安”战略，以防范事故、提高安全科技保障能力为目标，集中相关科技研发机构、人才、资金和时间，重点实施安全科技“四个一批”项目（一批当前急需的科研课题、一批可转化为现实安全保障能力的科研项目、一批先进适用技术、一批重点示范工程），着力推动建立市场、企业、产学研机构、政府及部门相结合的工作机制，在安全科学基础理论研究与应用、重大工业事故预防预警与应急救援、重大危险源监控、安全管理等方面取得了一系列科研成果，科技研发能力得到较大提升，通过安全生产科技成果的应用示范和成果转化，提高了企业的安全生产水平，产生了较好的经济和社会效益，对促进安全生产形势好转发挥了重要支撑作用。

6. 以两个攻坚战为重点的煤矿安全专项整治取得明显成效

突出抓好煤矿安全，把握煤矿瓦斯治理和小煤矿整顿关闭两个关键环节。为把瓦斯治理向煤矿瓦斯开发利用推进，有关部门研究出台了多项鼓励煤矿抽采利用瓦斯的经济政策，把关闭对象从非法和不具备安全生产条件的煤矿，延伸到破坏资源、污染环境、不符合国家产业政策的16种矿井。推进淘汰落后产能工作，与财政部、能源局联合出台了中央财政支持煤炭行业淘汰落后产能工作以奖代补资金政策。相继开展了各类专项活动，尤其是 2012 年推进“打非治违”专项行动及 2013 年开展安全生产大检查，不断推进煤矿企业排查治理重大隐患，强化企业安全生产基础建设，为煤矿安全生产形势根本好转打下坚实基础。

7. 以矿山和危化品救援队伍为基础的安全生产应急救援体系初步形成

2006 年国务院组建了国家安全生产应急救援指挥中心，矿山、危化品和消防、海上搜救、铁路、民航、电力、核工业、旅游、特种设备等专业应急救援机构相继建立，全国矿山、危化等应急救援队伍抢救遇险被困人员 1.8 万人。全国 31 个省（区、市）和新疆生产建设兵团全部建立了安全生产应急管理机构；有 289 个市（地、州、盟）、1081 个县建立了安全生产应急管理机构。国家有关部门先后编制发布了 9 个事故灾难类专项应急预案和 22 个事故灾难类部门应急预案，所有省（市、区）和大部分市县制定了安全生产专项应急预案，高危行业规模以上企业尤其是中央企业也都编制了相应类别的事故应急预案。加快了国家和区域矿山救援队伍建设进度，2012 年中央财政投资 20 亿元支持了 31 个救援队伍和 19 个培训演练基地建设，7 个国家级矿山救援队已经挂牌，14 个区域矿山救援队已完成设备招标采购。

8. 以落实培训责任和提升培训质量为重点的安全教育培训工作机制不断完善

近年来，全国安全生产教育培训法规、标准和制度不断完善，管理体制基本理顺，考核体系初步建立，监督检查机制基本形成，基地、教材、师资等培训基础进一步加强。全国安全培训机构近 4000 家，专职教师 2 万余人。安全培训教育范围不断扩大，涵盖市（地）级政府分管安全生产工作的领导干部、安全监管局局长、安全监管监察人员、高危行业企业主要负责人、安全生产管理人员、特种作业人员和农民工等不同人群。“安全科学与工程”已列入国家工程门类下的一级学科，安全生产人才培养工作取得较大进展，全国设置安全工程本科专业的高校有 127 所，其中有博士授予权的 20 所、硕士授予权的 46 所。全国已有近 20 万人取得注册安全工程师执业资格证。全面提升各类人员安全素质和能力，为促进安全生产形势进一步持续稳定好转作出了较大贡献。

9. 以安全发展为主旋律的安全文化建设得到进一步加强

从 2002 年开始，连续 11 年组织开展了“安全生产月”和“安全生产万里行”活动，每次活动都突出一个宣传主题，引导安全生产的舆论宣传保持正确的导向。通过举办“安全发展”论坛、安全文艺汇演、安全模范事迹报告会、安全知识竞赛等多种形式的安全宣传和教育活动，传播安全知识和安全理念。同时发挥新闻媒体的舆论监督和引导作用，一方面对重特大事故、非法违法违纪行为等及时公开曝光；另一方面，及时总结和推广宣传安全生产的先进经验、先进人物和先进事迹，营造全社会关爱生命、关注安全的良好舆论氛围。

（三）安全生产工作主要经验

总结改革开放 30 多年来的安全生产工作经验，可概括为“六个坚持”：

1. 坚持以人为本、安全发展，用科学发展观统领安全生产工作全局，坚守安全红线将安全发展纳入中国社会主义现代化建设的总体战略，是党对科学发展观认识的深化，对于搞好新时期的安全生产工作具有重要意义。以人为本，首要的是以人的生命为本；科学发展，首要的是安全发展。抓安全生产工作必须毫不动摇地坚持以人为本、安全发展的理念，在科学发展观指导下，积极探寻“安全发展”的方法和途径，把握工业化进程中安全生产的基本规律和特点，抓住主要矛盾和问题，采取有力措施加以解决，提升安全生产水平，促进安全发展，坚决守住安全生产红线。

2. 坚持预防为主、防治结合，实现安全生产工作由被动应对向主动防范转变

坚持预防为主，是安全生产方针的基本要求。坚持安全生产方针，就必须在牢固树立“安全第一”思想的基础上，强化坚定红线的意识，提高坚守红线的能力，突出抓好思想教育、技能培训、源头控制等预防工作，真正做到防患于未然。在加强预防工作的同时，还必须加强隐患的治理，做到防治结合，尤其要治大隐患、防大事故。只有彻底消灭隐患，才能真正消灭事故，进而真正实现安全形势的稳定好转。

3. 坚持标本兼治、综合治理，着力构建安全生产工作长效机制

分析影响当前安全生产的各种原因，既有浅层次问题，又有深层次矛盾，既有短期因素，又有历史原因。因此，做好安全生产必须坚持标本兼治，既要采取断然措施坚决遏制重特大事故多发势头，又要加快解决影响制约安全生产的历史性、深层次问题。国务院第 116 次常务会议明确了加强安全生产工作的 12 项治本之策，通过近年来的贯彻实施取得了明显成效。一些地方政府在政策治本上也做了积极探索，采取了一些长效性的措施，推动了安全形势的持续稳定好转。事实证明，通过采取行政、经济、法律、政策、教育等手段进行综合治理，才能实现全国安全生产工作的长治久安。

4. 坚持创新体制机制、强化安全管理，把安全生产工作纳入法制化、规范化轨道

体制顺，则工作易形成合力；机制活，则工作易形成动力。安全生产工作要不断创新体制和机制，增强做好安全生产工作的合力和动力。安全生产工作是一个涉及多部门工作的系统工程，要加强各部门之间的沟通和协调，探索建立联合执法机制，努力形成各部门密切配合的工作合力。要加强安全法制建设，在严格执法的基础上，不断完善安全生产法律法规体系，真正做到依法治安。要加强安全管理，建立和完善安全生产工作制度，逐步把安全生产推向制度化、规范化、法制化的轨道。

5. 坚持“科教强安”战略，从根本上提升有安全保障的生产能力

科学技术是第一生产力，也是推动安全生产的核心支撑力量。实现安全生产状况的根本好转，必须在依靠科技进步和提高劳动者素质的基础上加强科学技术的革新与集成，认真落实安全科技规划，继续抓好煤矿、非煤矿山、危险化学品、职业危害等“十二五”国家科技支撑计划重点项目和重点课题实施工作，加快成果转化；加快安全设施的更新换代，淘汰落后生产工艺、技术和装备，从根本上增强企业的安全生产保障能力，提高安全生产的保障水平。

6. 坚持专群结合、群防群治，努力形成全社会齐抓共管的安全生产工作格局

近年来，社会各界对安全生产的关注程度越来越高，广大人民群众和各类媒体参与、监督安全生产工作的愿望越来越强烈。动员组织职工群众参与和监督企业安全生产，认真受理群众举报，切实维护人民群众对安全生产的参与权、知情权和举报权。坚持正确的舆论导向，大力弘扬“以人为本、关爱生命”的主旋律，营造有利于加强安全生产工作的舆论氛围，同时鼓励媒体揭露安全领域的矛盾问题。普及安全生产法律和安全常识，及时向社会公布安全生产重要情况。认真听取意见建议，动员全社会所有基层组织和全体成员，共同关心、参与和监督安全生产工作。在全社会的共同努力下，有关部门尽职尽责，各方面力量齐抓共管，安全生产形势一定会实现根本好转。

二、安全生产发展现状分析

（一）安全监管主要工作

2012 年，在党中央、国务院的正确领导下，各地区、各部门和各单位认真贯彻党中央、国务院安全生产决策部署，以“一树立、三坚持、三强化”为重点，牢固树立科学发展、安全发展的理念，夯实安全生产的思想基础，坚持预防为主，切实抓好隐患的排查治理；坚持落实责任，切实肩负起安全使命；坚持依法治理，规范生产经营和建设秩序。强化科技支撑，提升安全支撑能力；强化应急处置，提高安全救援水平；强化基础建设，增强安全监管监察能力。以“打非治违”为抓手，依法依规、依据政策，集中严厉打击各类非法违法生产经营建设行为，坚决治理纠正违规违章行为，持续深入开展“安全生产年”活动，推动安全生产工作进一步规范、有序、高效开展，安全生产工作取得了明显成效。生产安全事故起数和死亡人数“双下降”，较大、重大和特别重大事故明显减少，“三项目标任务”得以实现；工矿商贸各行业事故全面下降；交通运输等行业领域安全生产工作取得较好成绩；大部分地区安全生产形势比较稳定；反映安全发展水平的四项相对指标进一步降低；安全生产控制指标实施情况较好；安全生产总体水平明显提高。

各地区、各部门认真贯彻落实国务院《关于坚持科学发展　安全发展　促进安全生产形势持续稳定好转的意见》。各级安监机构与宣传、广电部门及工会、共青团等密切配合，以“科学发展、安全发展”为主题，组织开展了第 11 个全国“安全生产月”和“安全生产万里行”活动，举办了“第六届中国国际安全生产论坛暨展览会”。广泛开展安全发展示范城市和安全文化示范企业、安全社区创建活动，进一步形成了有利于加强安全生产、推动安全发展的社会舆论氛围。

1. 周密部署严格监督，落实“安全生产年”各项工作措施

各地区、各部门按照国务院办公厅《关于继续深入扎实开展“安全生产年”活动的通知》要求，紧密结合各自实际做出安排部署。一些省（区、市）还有针对性地确定了“隐患排查治理体系建设年”“安全生产基层基础年”等年度工作主题，进一步

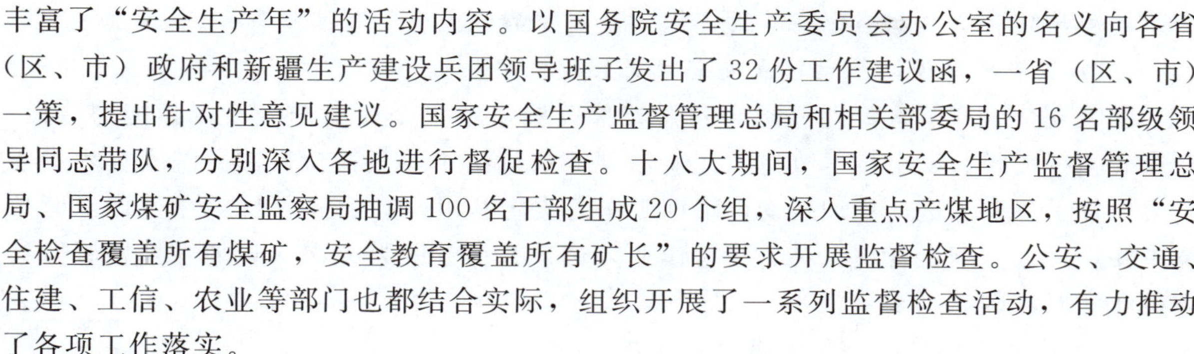

丰富了“安全生产年”的活动内容。以国务院安全生产委员会办公室的名义向各省（区、市）政府和新疆生产建设兵团领导班子发出了32份工作建议函，一省（区、市）一策，提出针对性意见建议。国家安全生产监督管理总局和相关部委局的16名部级领导同志带队，分别深入各地进行督促检查。十八大期间，国家安全生产监督管理总局、国家煤矿安全监察局抽调100名干部组成20个组，深入重点产煤地区，按照“安全检查覆盖所有煤矿，安全教育覆盖所有矿长”的要求开展监督检查。公安、交通、住建、工信、农业等部门也都结合实际，组织开展了一系列监督检查活动，有力推动了各项工作落实。

2. 加大依法治理力度，深入开展“打非治违”专项行动

按照国务院办公厅《关于集中开展安全生产领域“打非治违”专项行动的通知》要求，各省（区、市）都成立了“打非治违”专项行动领导小组和工作机构，建立了联席会议制度和联合执法机制。在全国开展了“回头看”，继续保持依法打击治理的高压态势。依法做好事故查处和责任追究工作，各地配合监察部、司法部、国家安全生产监督管理总局、最高人民法院、最高人民检察院对2010年3月至2012年3月结案的140起重特大事故责任追究落实情况进行专项督查，对2012年发生的57起重大事故实行了挂牌督办。2012年查处结案重大事故59起（含2011年发生的事故36起），累计追究处理987人，其中移送司法机关追究刑事责任274人，给予党纪政纪处分697人。2011年发生的由国务院调查处理的4起特大事故已全部查处结案，共追究处理164人，其中追究刑事责任34人，给予党纪政纪处分130人。

3. 突出煤矿安全重中之重，切实做好各个重点行业领域安全生产工作

各级煤矿安全监察机构以防范治理瓦斯、水害、火灾等为重点，加大监察执法力度，积极推动煤炭行业结构调整和煤炭资源整合重组。加强煤矿事故分析、通报、警示工作，做到“一矿出事故，万矿受教育”。

国家安全生产监督管理总局会同相关部门提出了金属非金属矿山整顿工作意见，现场总结推广了小矿山整顿关闭工作经验。会同国家发展和改革委员会、财政部等就进一步加强尾矿库监督管理工作做出部署，下达危险病库隐患治理专项资金3.64亿元，下达闭库专项资金17.92亿元。开展了危化品领域提升本质安全水平专项行动，组织了国家储备石油库安全专项检查，深入开展氯酸钾、礼花弹安全等专项治理，加强烟花爆竹流向信息化管理。继续搞好煤气企业、有限空间作业等安全专项整治，推进隐患排查治理体系建设。深入贯彻《职业病防治法》，在石棉开采加工、木质家具制造等职业危害严重领域开展了粉尘与有毒物质治理。

各级安监机构积极配合公安、交通部门，认真贯彻国务院《关于加强道路交通安全工作的意见》，开展道路交通安全大检查和长途客车、旅游包车专项整治，加快推进道路交通动态监管系统建设，建成省级动态监控平台31个，约97%的重点车辆安装了卫星监控装置。配合建设部门开展了预防起重机械、脚手架坍塌等事故的专项整治，配合农业部门推动“平安农机”“平安渔业”建设，配合公安消防部门积极推进街道乡镇消防安全“网格化”管理，深入开展“清剿火患”专项检查。

4. 加强基础建设，推动建立安全生产长效机制

国家安全生产监督管理总局会同财政部开展了中央企业安全生产保障能力建设，对煤矿整顿关闭、安全技术改造和瓦斯治理等继续给予政策扶持。国务院安全生产委员会下发了《关于进一步加强安全培训工作的决定》，培训“三项岗位”（生产经营单位主要负责人、安全管理人员、特种作业人员）人员 568 万人次，培训安全监管监察人员 8.8 万人次。

5. 加强自身建设，提升履职能力

全国安监系统认真贯彻“关于安全监管监察人员要坚定”一个信念（走中国特色社会主义），树立“三个理念”（科学发展、安全发展，立党为公、执政为民，以人为本、预防为主），提高“三个能力”（监管监察、事故处置、宣传教育），守住“一条底线”（清正廉洁、干净干事）的指示精神，切实加强各级领导班子和安监队伍思想政治建设、业务能力建设、作风和党风廉政建设，深入开展创先争优活动，涌现出了一大批先进模范人物，进一步增强了安监队伍的凝聚力和战斗力。与国家发展和改革委员会联合发布了安全监管监察能力建设规划，首次争取中央投资组织实施了县级安全生产监管部门执法能力建设工程。

（二）安全生产总体状况

2012 年，中国生产安全事故起数和死亡人数继续实现“双下降”，大部分地区安全生产形势比较稳定，反映安全发展水平的四项相对指标进一步降低，全国安全生产状况明显好转，安全发展水平进一步稳步提高。

1. 安全生产总体水平明显提高

2012 年，全国亿元 GDP 死亡率为 0.142，同比下降 0.031，降幅 17.9%；工矿商贸从业人员十万人事故死亡率为 1.64，同比下降 0.24，降幅 12.8%；道路交通万车死亡率为 2.5，同比下降 0.3，降幅 10.7%；煤矿百万吨死亡率为 0.374，同比下降 0.19，降幅 33.7%。

2. 全国事故总量、较大事故和重特大事故下降

全国共发生各类生产安全事故 336988 起，死亡 71983 人，同比减少 10740 起，减少 3589 人，分别下降 3.1%和 4.7%。其中，发生较大事故 1406 起，死亡 5544 人，同比减少 249 起、1042 人，分别下降 15.1%和 15.8%；重大事故发生 57 起，死亡 835 人，同比减少 13 起、194 人，分别下降 18.1%和 17.4%；特别重大事故发生 2 起，死亡 84 人，同比减少 2 起、75 人，分别下降 50%和 47.2%。

3. 重点行业（领域）事故下降

2012 年，各重点行业（领域）事故起数和死亡人数与 2011 年相比，煤矿分别下降 35.1%和 29.9%，金属与非金属矿分别下降 15.4%和 12.4%，建筑施工分别下降 7.2%和 7.7%，危险化学品分别下降 33.3%和 22.7%，烟花爆竹分别下降 17.3%和 22.6%，火灾分别下降 3.2%和 24.7%，道路交通分别下降 3.1%和 3.8%，水上交通

分别下降 9.4%和 4.8%，铁路交通分别下降 6.2%和 6.7%。

4. 大部分地区安全生产状况保持稳定

全国 32 个省级统计单位中，有 22 个单位的事故死亡人数同比下降，占 68.8%。其中北京、内蒙古、上海、海南、青海和新疆生产建设兵团 6 个省级统计单位未发生重特大事故。

5. 安全生产控制指标落实情况较好

全国安全生产控制指标实施进度为 97.3%，低于控制目标 2.7 个百分点。全国 32 个省级考核单位中各类事故死亡人数均在年度目标以内。全年各行业（领域）指标均在年度控制指标以内。

6. 煤矿灾害治理和整顿关闭工作取得新进展

(1) 煤矿瓦斯和水害事故下降。全国煤矿瓦斯事故发生 72 起，死亡 350 人，同比减少 47 起、183 人，分别下降 39.5%和 34.3%。其中，较大瓦斯事故减少 14 起、89 人，分别下降 32.6%和 38.2%；重大瓦斯事故减少 5 起、53 人。全年煤矿水害事故发生 24 起，死亡 122 人，同比减少 20 起、70 人，分别下降 45.5%和 36.5%。

(2) 乡镇煤矿事故大幅下降。全国乡镇煤矿发生各类事故 506 起，死亡 965 人，同比减少 327 起、426 人，分别下降 39.3%和 30.6%。其中，较大事故发生 46 起，死亡 238 人，同比减少 15 起、65 人，分别下降 24.6%和 21.5%；重特大事故发生 14 起，死亡 235 人，同比减少 1 起、9 人，分别下降 6.7%和 3.7%。

全国共关闭退出小煤矿 625 处，技改提升小煤矿 662 处，兼并重组小煤矿 388 处，淘汰落后煤炭产能 97.8 Mt。全国乡镇煤矿百万吨死亡率由 1.104 下降到 0.754，下降 31.7%。

7. 打击非法违法生产经营建设行为取得新进展

国家安全生产监督管理总局及各部门、各地区深入开展安全生产执法行动，打击安全生产领域各类非法违法建设、生产、经营活动取得了明显成效。2012 年全国共打击典型的非法违法行为 144 万余起，责令停产整顿企业 10.2 万多家，依法关闭非法违法单位 4.2 万多家。因非法违法所造成的较大以上事故比例由 2011 年的 72%下降到 2012 年的 44%。

(三) 事故规律特点分析

2012 年，全国安全生产事故总量、较大以上事故、重点行业领域和大部分地区事故下降，但部分行业领域和地区重特大事故上升，全国安全生产形势依然严峻。

1. 各类事故分析

1) 各类事故所属行业领域分析

在行业领域生产安全事故中，道路交通事故死亡人数位居第一位，占事故总死亡人数的 83.35%，工矿商贸死亡人数居第二位，占 11.75%，其次是铁路交通和火灾事故。各行业领域事故死亡人数比例如图 1-1 所示。

2) 各类事故所属地区分析

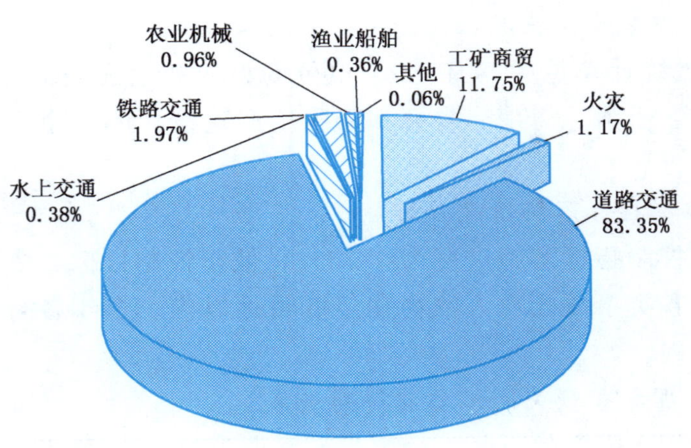

图1-1　各行业领域事故死亡人数比例图

在全国32个省级统计单位中，事故总量和死亡人数最高的5个是广东、浙江、江苏、山东、四川，事故总量和死亡人数最低的5个是新疆生产建设兵团、西藏、宁夏、海南、青海。如图1-2所示。

3）各类事故等级分析

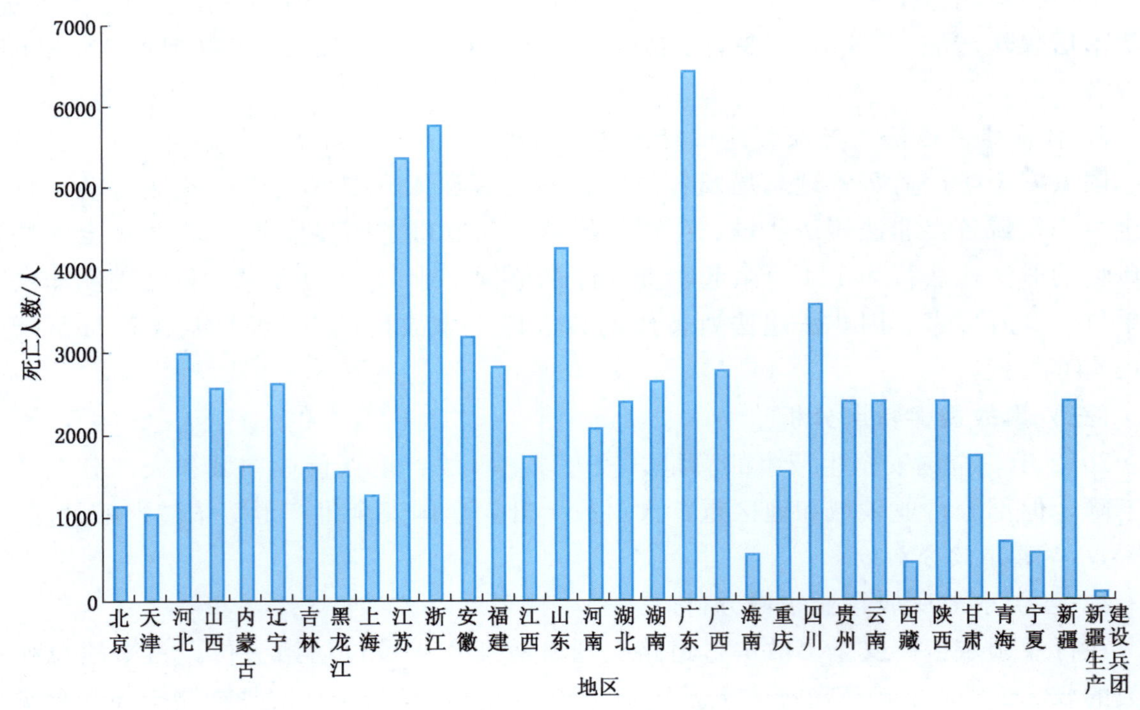

图1-2　全国各统计单位事故死亡人数对比图

2012 年，全国发生各类生产安全一般事故 335523 起，死亡 65520 人；发生较大事故 1406 起，死亡 5544 人；发生重大事故 57 起，死亡 835 人；发生特别重大事故 2 起，死亡 84 人。不同严重程度的事故死亡人数比例如图 1－3 所示。

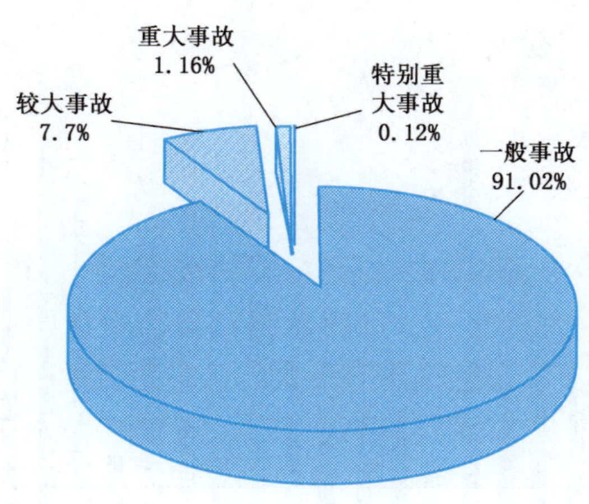

图 1－3 全国各类事故等级死亡人数比例图

2. *工矿商贸事故分析*

1）工矿商贸事故所属行业分析

2012 年，按照国民经济行业分析，建筑业事故死亡人数最多，占事故总死亡人数的 28.7％，制造业事故死亡人数居第二位，占事故总死亡人数的 27.9％；采矿业占事故总死亡人数的 27.3％，其他行业占事故总死亡人数的 16.1％。如图 1－4 所示。

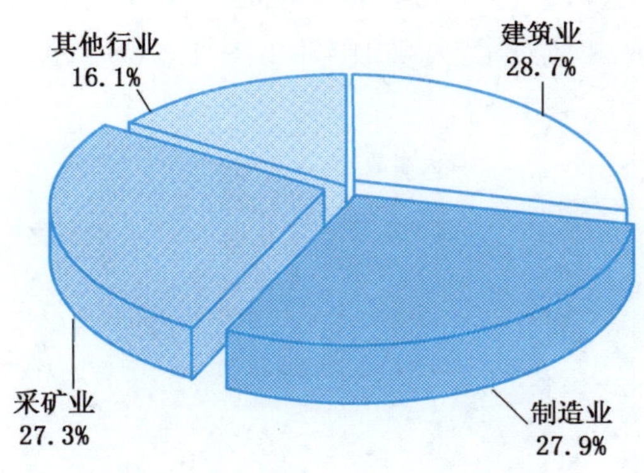

图 1－4 2012 年工矿商贸各行业事故死亡人数比例图

2）工矿商贸事故所属地区分析

全国 32 个省级统计单位中，有 26 个单位事故起数和死亡人数同比下降，占 81.3％；1 个单位事故起数和死亡人数同比上升，占 3.1％。其中，四川、浙江、广东、辽宁、湖北、重庆、云南事故死亡人数较多，均在 400 人以上；西藏、新疆生产建设兵团、海南、宁夏、青海、天津、北京事故死亡人数在百人以内。如图 1－5 所示。

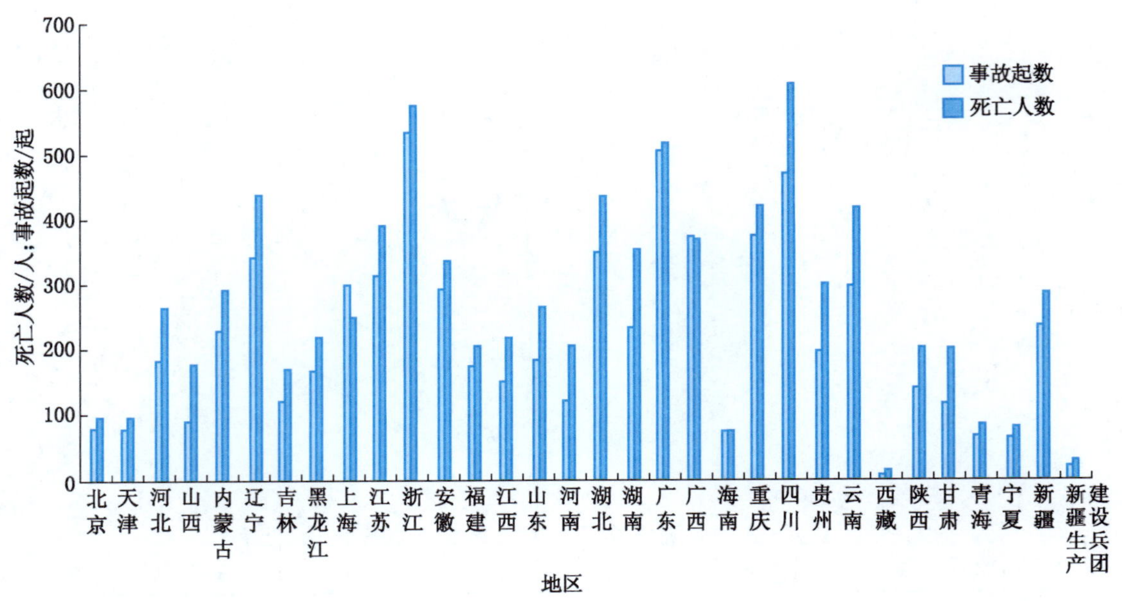

图 1－5 2012 年全国各地区工矿商贸事故对比图

3）工矿商贸事故等级分析

2012 年，全国发生工矿商贸生产安全一般事故 6418 起，死亡 6805 人，发生较大事故 302 起，死亡 1210 人；发生重大事故 25 起，死亡 397 人；发生特别重大事故 1 起，死亡 48 人。工矿商贸事故死亡人数比例如图 1－6 所示。

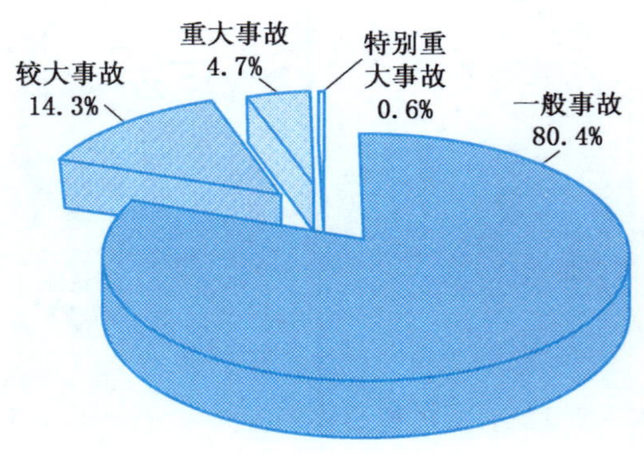

图 1－6 2012 年全国工矿商贸事故死亡人数比例图

4）工矿商贸事故类型分析

在工矿商贸各类型事故中，高处坠落、物体打击、机械伤害、触电、坍塌和冒顶片帮等类型事故多发，其中高处坠落事故起数和死亡人数分别占事故总数的25%和21%；其次是物体打击，分别占事故总数和死亡人数的13%和10%。各类事故死亡人数比例如图1-7所示。

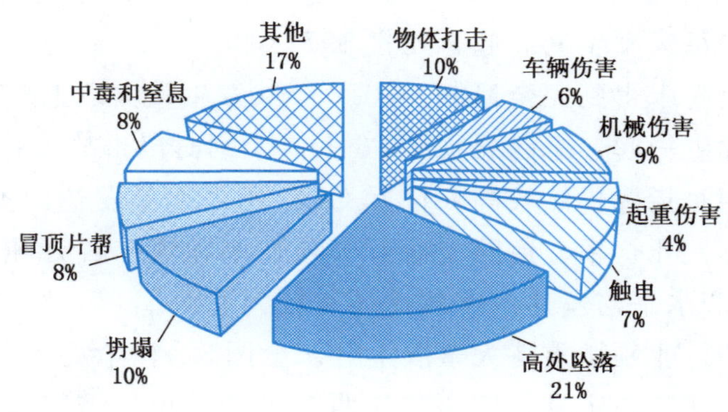

图1-7　2012年工矿商贸各类别事故死亡人数比例图

5）工矿商贸事故原因分析

按照事故发生的原因分析，36.8%的事故是由违反操作规程或劳动纪律造成的，死亡人数占35.3%；其次是生产场所环境不良、个人防护用品缺少或有缺陷、安全设施缺少或有缺陷等原因。表1-1所列为2012年工矿商贸事故原因。

表1-1　2012年工矿商贸事故原因分析

事故原因	事故起数/起	死亡人数/人
技术和设计有缺陷	231	387
设备设施工具附件有缺陷	485	581
安全设施缺少或有缺陷	699	874
生产场所环境不良	1079	1416
个人防护用品缺少或有缺陷	748	837
没有安全操作规程或不健全	414	498
违反操作规程或劳动纪律	2481	2986
劳动组织不合理	115	139
对现场工作缺乏监察或指挥错误	248	310
教育培训不够，缺乏安全操作知识	309	336
其　他	933	1378

（四）存在的主要问题

2012年，虽然事故总量和死亡人数有所下降，但安全生产形势仍然严峻。主要表现在以下几个方面：

（1）事故总量仍然较大。2012年全国共发生各类生产安全事故336988起，死亡人数71983人，平均每天发生923起，死亡197人。

（2）重特大事故尚未得到完全遏制。2012年共发生重大以上事故59起，死亡919人，平均每6.2天发生一起，每起死亡15.6人，个别时段事故反弹。

（3）安全生产相对指标仍然较高。亿元GDP死亡率是发达国家的10倍左右，工矿商贸从业人员十万人死亡率、道路交通万车死亡率和煤矿百万吨死亡率是发达国家的2～3倍，安全生产水平与发达国家相比还有较大差距。

（4）少数地区和行业领域重特大事故上升。全国32个省级统计单位中，四川、安徽、福建、黑龙江、辽宁、宁夏、广西和江西8个统计单位重特大事故同比上升。水上交通重大事故起数和死亡人数分别上升150.0%和195.7%；危险化学品、烟花爆竹重大事故死亡人数分别上升93.3%和180.0%。

（5）职业病危害仍然十分严重。作业环境中粉尘、毒物放射性物质等危害因素大量存在，尘肺等职业病高发。2012年全国共报告职业病27420例，其中尘肺病24206例，每年约有5000人因职业病致死。

（6）非法违法生产导致较大以上事故所占比例高。全国因非法违法生产经营建设行为导致的较大以上事故622起，死亡2977人，分别占重大以上事故起数和死亡人数的42.5%和46.1%。因非法违法生产建设导致的煤矿较大以上事故共22起、死亡231人，分别占煤矿较大以上事故的25.3%和37.0%。

（7）瞒报事故时有发生。部分工矿企业迟报、瞒报事故的情况时有发生，有4起重大事故是经群众举报后核实的。例如，2012年6月18日，河南省周口市淮阳县鲁台镇东屯花炮厂在停产整顿期间，私自组织生产发生爆炸事故，造成28人死亡，20人受伤。而事发企业仅上报7人死亡，14人受伤。

三、安全生产发展趋势预测

（一）安全生产面临的形势

“十二五”时期是中国安全生产工作的关键时期和攻坚阶段，一方面党中央国务院对安全生产工作高度重视，经济社会面临结构调整和战略转型的大好机遇；另一方面，在经济社会持续快速发展、市场需求旺盛、企业超产冲动强烈的经济条件下，企业安全基础仍然十分薄弱，长期粗放式经济发展模式积累的问题仍然继续存在，全国安全生产工作将面临一系列新情况和新问题。

1. 存在的机遇

（1）党和政府高度重视。党和政府历来十分重视安全生产工作，党的十八次全国

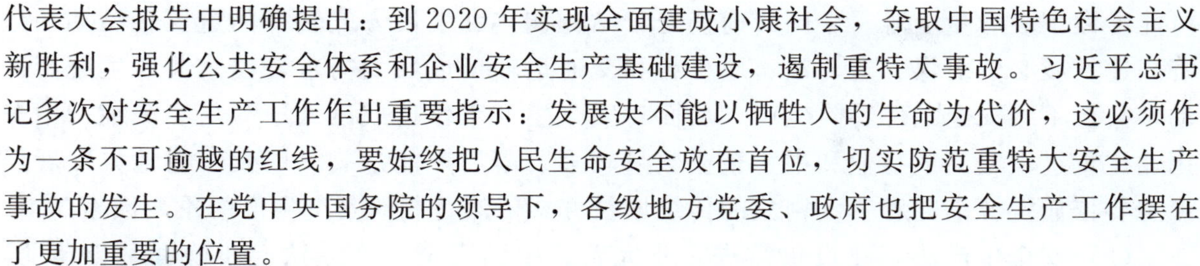

代表大会报告中明确提出：到2020年实现全面建成小康社会，夺取中国特色社会主义新胜利，强化公共安全体系和企业安全生产基础建设，遏制重特大事故。习近平总书记多次对安全生产工作作出重要指示：发展决不能以牺牲人的生命为代价，这必须作为一条不可逾越的红线，要始终把人民生命安全放在首位，切实防范重特大安全生产事故的发生。在党中央国务院的领导下，各级地方党委、政府也把安全生产工作摆在了更加重要的位置。

(2) 经济社会快速健康发展。中国经济和社会正处在快速发展阶段，随着宏观调控的加强，经济增长质量进一步提高，固定资产投资不断增长，高危企业的经济条件也得到了很大改善，使得企业对安全生产的投入有所增加，促进了企业的安全管理水平的提高，带动了企业的技术改造，为安全生产工作提供了强有力的经济和社会保障。

(3) 经济发展方式不断转变。“十二五”期间，中央提出了加快转变经济发展方式、推动产业结构优化升级的战略任务，由经济发展主要依靠第二产业向依靠第一、第二、第三产业协同的转变，由主要依靠增加物质资源消耗向主要依靠科技进步、劳动者素质提高、管理创新转变。而在加快经济发展方式转变的同时，也为完善与之适应的安全生产方式提供了机遇。

(4) 全民安全意识大幅提高。随着经济发展和社会文明进步，全社会对安全生产的期望不断增大，广大从业人员安全生产意识不断增强，对安全监管、事故应急处置、安全生产文化建设的要求越来越高，对加强职业安全监管，有效改善作业环境，确保全民职业安全健康有了更高的期待，也对安全生产工作提出了更高要求。安全生产工作应该以此为契机，不断加快安全生产软硬件的更新，争取安全生产工作更上新台阶。

(5) 安全责任体系不断落实。政府、监管部门、监察机构、生产经营单位“四位一体”的安全生产责任体系正逐步建立和深化，安全责任体系得以进一步落实，将有力地促进安全生产工作。安全生产控制指标的落实，通过进一步强化地方政府的责任，把各项安全生产工作任务真正落实到企业，有利于充分调动和发挥企业安全生产主体的作用，实现安全生产形势的好转。

(6) 社会舆论广泛关注。随着构建和谐社会进程的加快，在党和政府的高度关注下，全社会对安全生产问题越来越关注，“关注安全，关爱生命”不再是一句口号，已不断渗透到人们的实际生活中，政府、企业、社会舆论的共同关注形成了强大合力，在全社会范围内形成了良好的安全文化氛围。

2. 面临的挑战

(1) 影响制约安全生产的深层次矛盾尚未根本解决。经济发展是影响安全生产的重要因素，改革开放以来，我国经济高速发展，GDP平均每年增长10%左右，人民生活水平得到了大幅提高，同时也给安全生产带来巨大压力。经济总量扩大后，企业数量、工业生产规模和从业人数都相应增加，而安全投入、安全管理又相对滞后，就

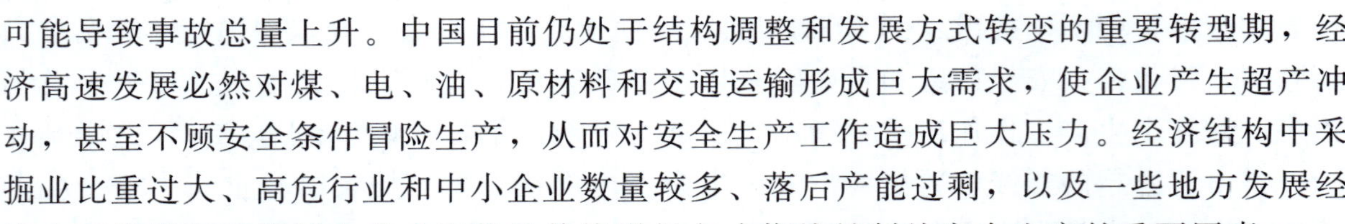

可能导致事故总量上升。中国目前仍处于结构调整和发展方式转变的重要转型期，经济高速发展必然对煤、电、油、原材料和交通运输形成巨大需求，使企业产生超产冲动，甚至不顾安全条件冒险生产，从而对安全生产工作造成巨大压力。经济结构中采掘业比重过大、高危行业和中小企业数量较多、落后产能过剩，以及一些地方发展经济主要依靠资源消耗和劳动密集的传统增长方式依然是制约安全生产的重要因素。

（2）安全生产法制建设仍需进一步完善。中国安全生产立法起步晚，基础薄弱，短期内安全生产法制建设不可避免地存在着某些发展中的问题，现行的安全生产法律、行政法规，对加强安全生产工作发挥了积极作用，推进了安全生产法制建设。但由于受历史条件、管理体制的限制，有的法律相互之间不够协调。如《安全生产法》与之前颁布的《劳动法》《矿山安全法》《职业病防治法》等法律法规存在一些脱节和自相矛盾的问题；还有些法律规定已经难以完全适应当前安全生产工作的需要，如《矿山安全法》自颁布以来已经20年没有进行修订，《安全生产法》颁布10多年来，随着安全生产形势的发展变化也暴露出一些问题，亟待修订和完善。

（3）工业化、城镇化带来新的安全风险。中国正处在工业化、城镇化、快速发展时期，随着人口密集化、交通高速化、建筑高层化、企业园区化、设施设备大功率化，城市潜在的安全风险也在不断加大，一些行业领域、地区和单位安全隐患大量存在，公共人员聚集场所可能引发重大伤亡事故。

（4）政府监管能力有待进一步提高。市场经济条件下，政府的安全生产监管职能只能加强不能削弱，而这一职能有赖于科学完善的体制和制度。目前我国虽然已经建立了综合监管和行业监管的体制，监管能力也有了大幅提高，但由于体制多次变化，长期存在的政出多门、职能交叉等问题尚未完全解决，监管效率仍较低。另外，安全生产监管监察力量不足，技术装备落后，业务素质、执法能力参差不齐，存在“执法不严、工作不实”的问题，搞形式、走过场的情况在部分行业和地区也时有发生。

（5）企业安全主体责任尚未充分落实。由于一些国有企业现有的安全管理考核体系并没有与管理者的行政、经济奖惩挂钩，而安全生产执法处罚及事故赔偿金额过低又不能真正触动私营企业的核心经济利益，导致企业安全主体责任不落实，加之经济增长速度放缓、企业效益下滑等现状，一些企业为了追求利润，追求政绩，只重生产而忽视安全，可能减少安全投入，推迟安全技术改造，甚至让设备带病运转，埋下了事故隐患，国家和地方的安全生产政策措施也难以落实到位。

（6）企业从业人员安全素质仍然较低。20世纪90年代之后，随着中国工业化进程的加快和社会生产规模的急剧扩大，农村、农业人口向城市和工业转移，进入矿山、建筑等高风险、重体力劳动行业和领域，而企业和政府的培训教育又相对滞后，从业人员素质低的问题十分严重。据统计，在农民工中，文盲与半文盲占7%，小学文化程度为29%，高中以上文化程度仅占13%。全国550万煤矿职工中，农民工约占半数，小煤矿从业人员几乎全部为农民工，3000多万建筑工人中，80%为农民工。近年来，进城务工人员因事故死亡的人数约占各类事故死亡人数总量的70%左右。

（二）安全生产主要指标发展趋势分析

以2000—2012年中国安全生产事故数据为基础，从事故变化趋势上分析中国安全生产发展形势。

1. 事故总量持续稳步下降

全国各类生产安全事故总死亡人数由2002年的139393人降至2012年的71983人，期间减少了67410人，下降了48.3%。从事故演化的发展规律来看，“十二五”时期，事故总死亡人数下降空间将有所收窄，幅度相对减小，如图1-8所示。

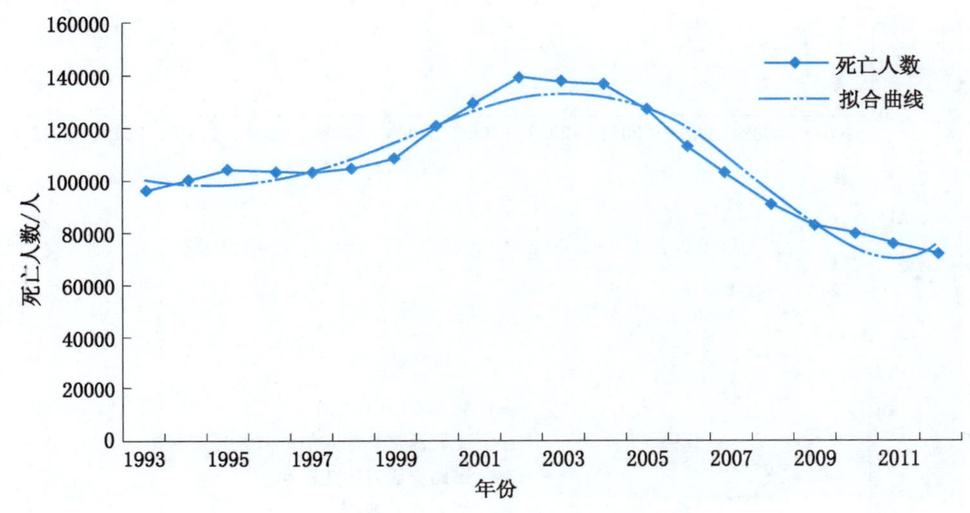

图1-8　1993—2012年全国各类生产安全事故死亡人数

2. 重特大事故波动反复

2001—2012年间，重特大事故起数总体呈下降趋势，但其间个别年份重特大事故起数有所反弹，如图1-9所示。从事故演化的发展规律来看，“十二五”时期，安全生产基础依然薄弱的现状使重特大事故的发生仍然呈现出波动下降的特点。

3. 安全生产四项相对指标继续快速下降

2002—2012年，除工矿商贸从业人员十万人死亡率于2003年出现小幅反弹外，所有指标均呈现逐年稳步下降的趋势，10年间亿元GDP死亡率、工矿商贸从业人员十万人死亡率、煤矿百万吨死亡率、道路交通万车死亡率四项相对指标下降幅度分别达到89.3%、59.5%、92.4%和81.8%，如图1-10所示。未来几年预计这四项相对指标仍然会保持下降趋势。

（三）安全生产相关指标定量预测

结合国家《安全生产“十二五”规划》，选取合理的预测分析方法，科学预测我国安全生产发展趋势，研究其未来发展态势，对正确把握我国安全生产发展形势，科学指导我国安全生产工作实践具有重大意义。

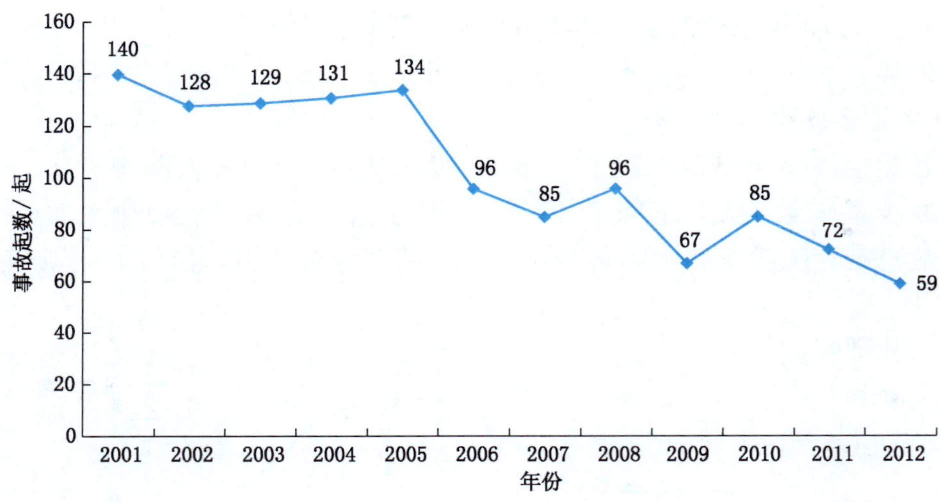

图 1-9　2001—2012 年重特大事故起数变化情况

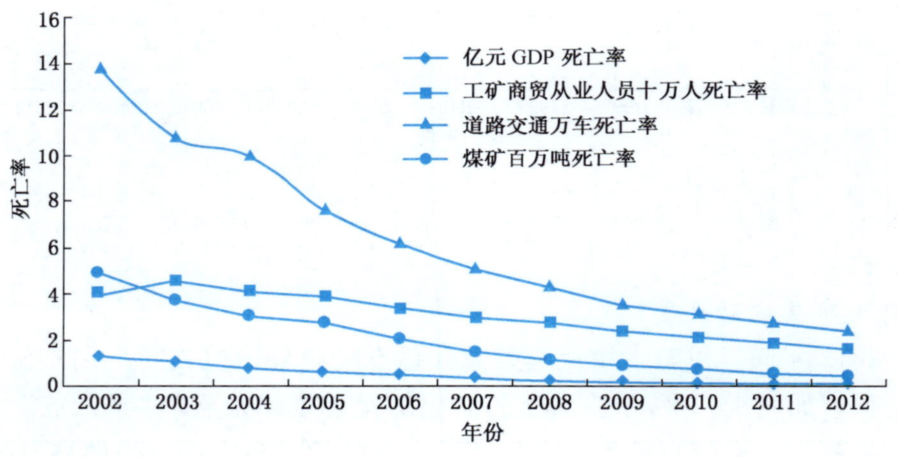

图 1-10　2002—2012 年全国安全生产四项相对指标变化趋势

时间序列预测分析法是对于具有时序变化规律的数据进行中短期预测的重要方法之一，该方法适用于基础数据在 5～10 个的较少统计数据，但预测精度较好，误差较小，适合中短期预测。

1. 计算步骤

借助 SPSS 统计软件，对中国各类生产安全事故死亡人数进行科学预测，模型计算步骤如下：

（1）数据观察及检验。通过图形方法或统计检验的方法总体把握时间序列发展变化的特征。

(2) 数据分析和建模。根据时间序列的自相关函数与偏自相关函数，选择正确的模型进行数据建模和分析。

(3) 模型评价。衡量模型的预测精度，对模型中各变量的显著性和相关性进行考察。

(4) 模型应用。利用所得的模型对事物未来变化趋势进行预测。

2. 预测过程

选取事故死亡人数开始快速下降的2003—2012年的统计数据，分别建立以中国各类生产事故死亡人数、工矿商贸事故死亡人数两项绝对指标，以及亿元GDP死亡率、工矿商贸从业人员十万人死亡率、道路交通万车死亡率和煤矿百万吨死亡率四项相对指标为因变量，以时间序列为自变量的预测模型，并进行残差分析及检验，计算和预测情况如图1-11、图1-12和图1-13所示。

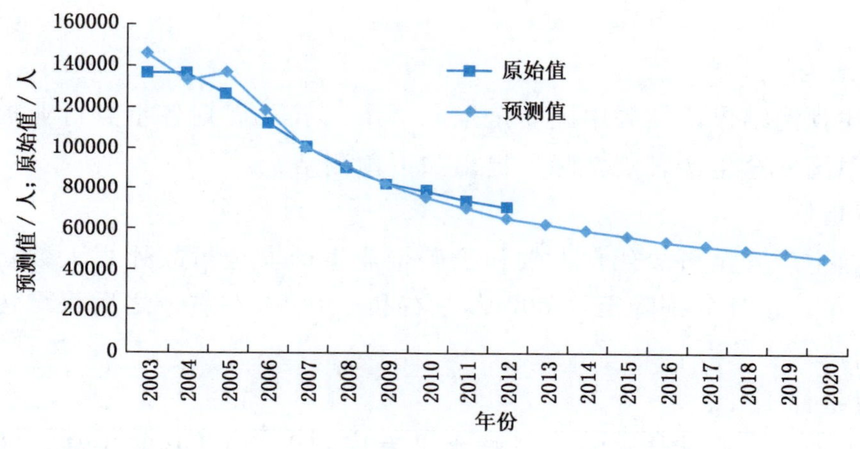

图1-11 各类生产事故死亡人数趋势预测

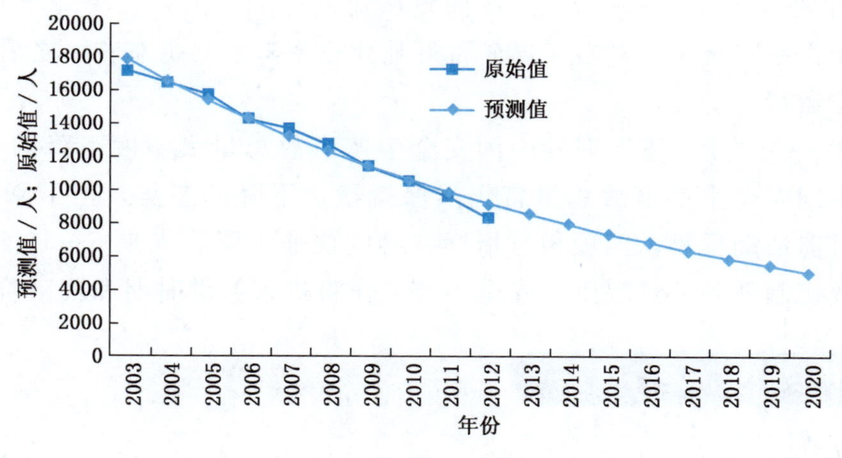

图1-12 安全生产工矿商贸事故死亡人数趋势预测

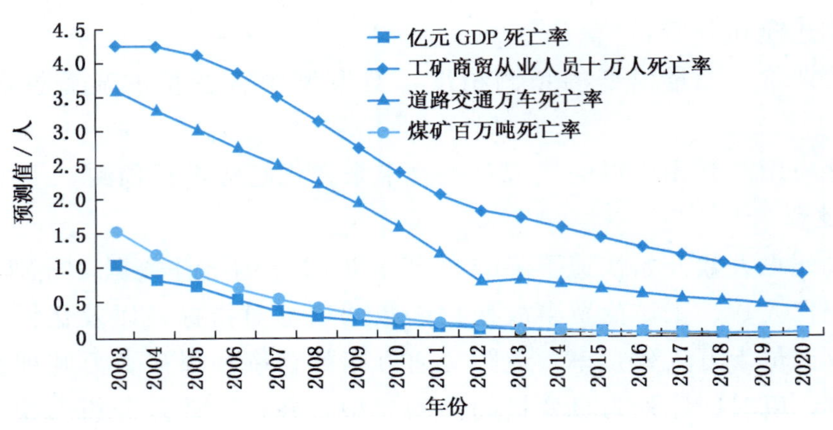

图 1－13　安全生产四项相对指标趋势预测

3. 预测结论

根据上述预测结果，结果中国安全生产“十二五”规划各重点行业提出的规划目标，立足于中国安全生产客观实际，提出如下预测结论。

1）绝对指标

未来中国生产安全事故死亡人数和工矿企业生产安全事故死亡人数将分别大幅下降，到 2020 年，预计分别降至 50000 人左右和 5000 人左右，之后将缓慢下降，直至趋于低位运行。

2）相对指标

随着中国加快产业结构调整，科技水平发展和人均 GDP 的提高，同时完善安全生产监督管理体系，未来中国生产安全四项相对指标将分别大幅下降，预计到 2020 年亿元 GDP 死亡率降至 0.05 左右，工矿商贸从业人员十万人死亡率降至 0.8 左右，道路交通万车死亡率降至 1.2 左右，煤矿百万吨死亡率降至 0.1 左右，之后将缓慢下降，直至趋于低位运行。

综上所述，在“十一五”时期中国安全生产事故总量大幅度下降的基础上，“十二五”时期中国安全生产事故总量将仍然保持稳定下降的态势，但下降幅度将减小，重特大事故可能波动反复，四项相对指标将继续快速下降。未来 5～10 年，建立健全安全生产长效机制任务依然艰巨，安全生产工作将进入关键时期和攻坚阶段。

四、2013年安全生产工作重点

1. 以持续深入开展打击非法违法、治理违规违章为重点，不断完善体制机制，着力加强监察执法

对近年来造成重特大事故的非法违法、违规违章行为进行归纳分类，明确 2013 年

各行业（领域）安全生产监察执法的治理重点。煤矿严厉打击超层越界开采等行为，非煤矿山严厉打击无相关资质违法生产、整合期间非法组织生产、探矿阶段非法开采等行为，重点治理对外包施工队伍“以包代管”、习惯性“三违”、隐患排查治理制度执行不严格、应急预案操作性不强等行为。危化品领域重点打击危化品非法建设、生产、经营、运输等行为，建立“打非”工作长效机制；开展危化品建设项目安全许可审批情况专项检查，重点查处未批先建、重大变更不履行安全审批手续等非法违法行为。烟花爆竹生产经营企业重点治理“三超一改”、转包分包、委托加工等违法违规行为。交通运输领域尤其是长途客运继续依法严厉打击无照营运、违法载客等非法违法行为，严肃查处超载、超限、超负荷运行和酒后驾驶等违规违章现象。建筑领域严厉打击借用资质和挂靠、违法分包转包、以包代管等突出非法违规行为。

继续整顿关闭非法和不具备安全生产条件的小矿、小厂、小作坊等，依法取缔非法运输经营单位的营运营业资格。认真执行安全生产行政许可制度，严格市场准入。引导大型煤矿企业收购、兼并或整合小煤矿，推进煤炭工业结构战略性调整。紧盯四川、重庆、贵州、云南、湖南、黑龙江、江西、湖北、辽宁等小煤矿数量多、灾害严重的地区，加快推进小煤矿的整顿关闭。坚决停止审批新建 0.3 Mt/a 以下高瓦斯矿井和 0.45 Mt/a 以下煤与瓦斯突出矿井。积极推动烟花爆竹生产集约化发展，坚决关闭不符合国家产业政策和当地城乡规划的企业，坚决关闭与周边建筑、设施安全距离不符合国家标准等不具备安全生产条件的企业，坚决关闭安全生产条件差且无力改造的企业，坚决淘汰落后生产工艺和技术，努力实现“十二五”末全国烟花爆竹生产企业数量比 2010 年再减少 20％的目标。

结合整顿关闭工作，通过学习借鉴先进的“打非”联动机制的工作经验，利用部门联席会议制度和协作联动机制等建立完善跨部门、跨地区、跨行业的联合执法机制，形成合力；切实落实县、乡两级政府及村委会的“打非”责任，通过定期排查、不定期抽查、举报奖励等方法措施，把“打非”工作落到实处。认真落实国务院办公厅《关于集中开展安全生产领域“打非治违”专项行动的通知》（国办发明电〔2012〕10 号）中“四个一律”的要求，严格落实监管措施，进一步落实主体安全责任。煤矿针对驻地辖区煤矿灾害特点，结合《煤矿矿长保护矿工生命安全七条规定》要求编制监察执法计划，强化重点监察和专项监察，适时开展集中监察和异地执法；积极探索对地方政府煤矿安全监管工作监督检查的有效机制。

把强化监察执法的要求集中体现到安全生产执法行动中。关口前移、重心下移，切实加强日常监督检查和安全执法，实施跟踪执法、跟踪监管，增强监管、执法的针对性和有效性；对性质恶劣、后果严重的非法违法行为，要依法严惩；加速全国安全生产信息联网查询系统建设进程，坚持和完善“黑名单”制度，通过媒体向社会公开曝光一批非法违法导致重特大事故的反面典型；选择适当时机和重要时段，在全国集中开展安全生产“打非治违”行动和专项督查检查。

2. 以加强安全生产标准化建设、深化隐患排查治理为主要内容，抓好重点行业（领域）安全专项整治，着力落实预防为主

扎实推进安全生产标准化企业创建活动，推动岗位达标、专业达标和企业达标，规范企业安全生产管理。加快煤矿、金属与非金属矿山、危险化学品、建筑、冶金、机械等行业安全标准的制修订工作，尽快形成比较健全的安全生产标准规范体系。石油行业按照《石油行业安全生产标准化规范导则》（AQ 2037—2012）和《石油行业安全生产标准化规范　海上油气生产实施规范》（AQ 2044—2012）等标准开展对标自评和整改工作，力争2013年底全部达到安全生产标准化三级以上水平，50%以上单位达到二级以上水平。研究制定道路旅客运输企业安全管理评估办法和标准，并在部分省市开展试点，逐步推广和建立道路旅客运输企业安全评估制度。把不符合标准规范的生产布局、工艺流程、设施设备及企业行为、人的行为等，作为隐患排查治理的重要内容；把是否严格执行安全生产标准规范纳入安全监管监察内容，加强监督检查；把安全生产规范化建设与安全评价、行政许可、安全生产风险抵押及安全生产责任保险等结合起来，引导促进企业安全管理规范化，安全行为标准化，有效防范各类事故。

继续深入开展各个重点行业（领域）的安全生产专项整治，一是抓好煤矿瓦斯防治，强力推进煤矿瓦斯抽采利用，加强监测监控，落实先抽后采技术措施，防范遏制重特大瓦斯事故；加强煤矿建设安全管理、深部矿井开采和水害治理。二是组织实施好金属与非金属矿山整顿攻坚战，力争完成2013年再关闭5000处小矿的目标；启动新一轮尾矿库隐患综合治理，组织开展以地下矿山防中毒窒息、尾矿库防泄漏溃坝、高含硫油气田防井喷失控和硫化氢中毒、海洋石油防台风风暴潮等专项整治。三是深入开展提升危化品领域本质安全水平专项行动，地方各级安全监管部门要会同发展改革、工业信息和住房建设等部门认真完成专项行动2013年部署的各项工作。完成未经正规设计的在役化工装置安全设计诊断工作并对已完成危险化工工艺自动化控制系统改造工作的企业开展专项检查，确保改造质量和使用效果；涉及第二批重点监管危险化工工艺的生产装置和设施的自动化控制系统改造工作完成40%以上；涉及重点监管危化品的生产装置和设施以及危化品重大危险源的自动化控制系统改造工作完成50%以上。四是全面深入开展黑火药、引火线、礼花弹、氯酸钾专项治理，会同公安等部门加强黑火药和引火线包装、流向和道路运输的监管，宣传贯彻落实《礼花弹生产安全条件》（AQ 4121—2012），做好2012年烟花爆竹药物安全抽检情况通报及查处落实工作，继续组织开展2013年度烟花爆竹安全抽检工作；同时研究增加安全检测项目，建立常态化抽检工作机制，进一步发挥烟花爆竹安全抽检作用。五是认真贯彻《职业病防治法》，进一步理顺职业卫生监管体制，落实监管责任，加强用人单位职业卫生基础工作，深入开展石材加工、水泥生产等职业危害专项治理。六是进一步加强道路运输车辆动态监管，规范联网联控各级系统平台、车载终端的运行管理和安装使用，落实企业监控主体责任，提高卫星定位装置的应用水平；督促客运企业加强对违法违章车辆的处罚力度，要严格执行国发〔2012〕30号文件的要求，依据动态监控系统记

录的数据信息，依法严格处罚客运车辆超速驾驶、疲劳驾驶等交通违法行为。切实加强对高速铁路、城市轨道交通、校车等的安全监管，深入开展长途卧铺客车和超限超载超速及渡口渡船、渔业船舶、农业机械的安全专项整治。七是深化建筑施工安全整治，落实建设各方安全生产责任，加强对升降设备、起重设备、脚手架的安全检查，严防倾覆、断裂、坠落等事故发生。八是继续推行“网格化”管理，大力实施社会消防安全“防火墙”工程，深入开展消防安全整治。通过开展冶金煤气、受限空间作业、高温液态金属调运等安全专项整治，加强冶金机械建材等工商贸企业的安全监管，严防燃气爆炸、人员中毒窒息、钢水包倾覆等事故，加强对重大隐患和重大危险源的治理监控，把防范措施做在前面，做到防患于未然，把“预防为主”落到实处。

3. 以强化安全意识、提高安全素质为着眼点，深化安全生产宣传教育行动，着力强化安全技术人才保障

认真学习宣传贯彻党的十八大精神，特别是要紧密结合安全生产工作实际，加深对党的十八大提出的新思想、新观点、新论断的重要指导意义的理解和把握，切实把加强安全生产作为全面建成小康社会的内在要求，不断推动工作创新。通过开辟专栏专题、做客访谈、重点解读等多种方式，大力宣传贯彻《煤矿矿长保护矿工生命安全“七条规定”》和煤矿安全生产“七大攻坚举措”，集中深入开展以“保护矿工生命，矿长守规尽责”为主题的百日宣教活动。以“强化安全基础、推动安全发展”为主题，结合新闻战线走、转、改，认真组织开展好全国第12个“安全生产月”活动，充分发挥主流媒体的作用，加大正面宣传力度，营造深化“安全生产年”活动的良好氛围，确保“安全生产万里行”活动行出声势、行出效果。

认真贯彻国务院安全生产委员会办公室《关于大力推进安全生产文化建设的指导意见》，推进落实《安全文化建设“十二五”规划》，继续抓好安全文化示范企业、安全发展示范城市试点、安全社区、安全宣传教育基地等安全文化重点工程建设，充分利用社会各方资源，鼓励拍摄、播放安全生产宣传片、电影和电视剧，开展安全生产文艺演出，编发群众喜闻乐见、通俗易懂的安全常识图书、手册、动画，举办安全知识竞赛、论坛等有益活动，倡导先进的安全文化理念，打造安全文化精品。

以农民工、班组长和企业“三项岗位”为重点，加大培训力度。严把准入关，提高专业素质，逐步实现从农民工到现代产业工人的转变；全面落实“三项岗位”人员持证上岗和职工先培训后上岗制度；继续加强重点岗位培训质量和班组安全建设。

推动采取对口单招、校企联合等方式，进一步扩大矿业、化工等院校主体专业招生规模；推动发展职业技术教育，为高危行业安全生产储备必需的专业技术人才。

4. 以完善制度、强化责任为核心，切实加强企业安全基础和公共安全体系建设，着力推动安全责任落实

落实十八大报告关于强化企业安全生产基础工作的指示精神，督促企业主要负责人、实际控制人切实承担安全生产第一责任人的责任，严格遵守安全生产法律法规、规章制度与技术标准，加大安全投入，完善提升安全生产条件。督促指导企业按照有

关规定设立安全生产管理机构，配备工程技术人员和安全管理人员，健全完善企业安全生产责任制和隐患排查治理等各项规章制度。

按照十八大报告关于强化公共安全体系的要求，加快推进安全责任建设。加强调查研究，出台相关政策，深入推进煤矿安全准入标准、地质灾害普查、资源重组和技术改造、煤矿用工制度、矿井安全设施配置以及建立完善安全避险“六大系统”等工作。

认真贯彻即将修订颁布的《安全生产法》，完善安全规范标准体系，启动《煤矿安全规程》的全面修订工作。督促指导非煤矿山企业按照有关法律法规和标准及时绘制矿山相关实测图纸，并逐步实现电子化。根据海洋石油新公约、新标准、新技术、新装备、新工艺的不断发展，组织对《海上固定平台安全规则》的修订工作。进一步完善烟花爆竹安全监管法规标准体系，深入开展调查研究，组织研究制定《烟花爆竹生产经营企业安全监督管理规定》《烟花爆竹工程设计审查规范》《烟花爆竹工程竣工验收规范》《烟花爆竹产品目录》等部门规章和安全生产标准，切实加强烟花爆竹生产经营企业及烟花爆竹建设项目的安全监管。

加强安全生产理论和政策研究，围绕转变发展方式、调整产业结构、创新安全监管监察方式方法，综合运用法律、经济手段和必要的行政手段，推动安全生产向规范化、科学化、法制化方向发展。

加强国家、区域和重点行业（领域）应急救援队建设，强化事故应急处置。在7个国家矿山应急救援队挂牌运行的基础上，抓紧区域矿山和中央企业应急救援队伍及基地建设，强化队伍功能，抓好配套建设，加强训练演练，全面形成救援能力。各地区根据辖区内事故灾害特点及各类应急队伍建设现状，进一步研究解决地方应急救援队伍建设布局、职能定位、体制机制、运行保障等问题；有重点地加强公路（铁路）交通、水上搜救、船舶溢油、建筑施工、电力、旅游等行业领域和高危行业企业专兼职应急救援队伍、志愿者队伍建设；抓好广东大亚湾化工园区应急管理创新试点，探索应急管理新模式。

强化事故督导、挂牌督办和群众举报核实工作，严格按照事故调查“四不放过”和“科学严谨、依法依规、实事求是、注重实效”的原则开展事故调查工作，严肃事故责任追究，加快事故调查处理和结案进度，及时向社会公布事故查处结果，规范安全生产事故报告和处置工作，严厉打击瞒报事故行为。

5. 以强化安全生产科技进步、推广应用先进适用技术装备为手段，切实加强安全保障能力，着力提升安全生产水平

高度重视科学技术对于安全生产的巨大推动作用，整合安全科技资源，建立完善产学研用相结合的安全科技创新体系，推动落实安全科技“四个一批”项目。

抓好列入国家科技支撑计划的重点科研项目，尽快在事故预防预警、防治控制、抢险处置等方面推出一批具有自主知识产权的积极成果。

积极做好安全生产先进适用技术、新型适用产品的应用推广工作。煤矿在继续抓好瓦斯高效抽采与利用示范工程的基础上，提高大型煤矿信息化、自动化水平和中小煤矿采掘机械化水平；推进所有矿井简化生产系统和以避难硐室为重点的井下紧急避险系统建设。非煤矿山依托有关企业开展地下矿山深井开采技术、超大规模提升设备安全保障技术、深井地压监测技术等科研攻关，抓好尾矿库在线监测监控等安全技术示范工程。积极支持、指导有关企业和科研单位开展烟花爆竹生产机械设备研发，组织推进烟花爆竹机械化生产示范工程建设。继续完善道路交通安装卫星监控装置的使用和管理，推进大型起重机械安装安全监控系统的试点工作。

严格执行安全生产技术政策，及时发布淘汰危及安全生产的落后技术、工艺和装备名录，把是否淘汰落后工艺纳入安全生产监管监察的重要内容，加强对企业的督促检查，促进安全设施装备更新改造。对于氯碱、合成氨、电石等产能明显过剩的高危行业，通过提高并严格执行安全准入标准，进一步淘汰工艺落后、不满足安全生产条件的企业，提高本质安全水平，督促企业尽快完成自动化控制系统的改造。

健全完善技术服务体系，高度重视技术服务机构建设，加强对中介机构的监督，进一步规范中介行为，明确中介机构的责任，为企业提供便捷、适用、有效和负责任的技术服务。

大力推进安全监管和隐患排查治理信息化建设，运用高新技术，建立能够实时反映危险源和企业安全状况、便于实施政府动态监管的综合信息网络。开发实施非煤矿山安全生产许可证统一配号、安全生产标准化评审管理、采掘施工企业和地质勘探单位查询系统。统筹设计危化品安全监管信息系统总体框架，结合“金安”工程，以行政许可网上申请和审批为突破口，加快推进相关系统建设和应用工作。全面实施安全监管监察保障能力建设规划，加大对安全执法技术装备的投入，实现科学化、信息化、精细化安全监管。

6. 以反“四风”、转作风为动力，切实推行“四不两直”暗查抽查工作制度，着力开展安全生产大检查

认真贯彻落实习近平总书记关于安全生产的一系列重要讲话要求，深入调研，听取意见，深刻认识“四风”问题对安全生产工作可能产生的危害，查摆执法不严、作风不实等突出问题，制定针对性措施，转变工作作风。国家安全生产监督管理总局和煤矿安全监察局机关、各司局、应急指挥中心定期组织开展安全生产暗查、抽查，并提前制定严密细致的工作方案。

针对以往督查调研工作中存在的层层陪同多、查“盆景”多、听汇报多，随机抽查和揭隐患、查问题、追责任少，以及蜻蜓点水、浅尝辄止等突出问题，全面推行不发通知，不向地方政府打招呼，不听取一般性工作汇报，不用当地安全监督管理局、煤矿安全监察局人员陪同，直奔基层，直插现场的“四不两直”方式开展突击检查、随机抽查的安全生产大检查工作。

坚持“零容忍、严执法”的原则，采取突击检查、现场巡查、交叉执法、联合执法以及发动群众举报等多种方式，对检查发现的安全生产隐患依法依规严肃处理，对

安全生产非法违法、违规违章行为要按照“四个一律”要求依法严厉惩处。

坚持为民务实清廉的作风，严格遵守保密纪律和抽查工作方案，不泄露与暗查抽查工作有关的信息和被检查单位秘密，维护被检查单位正常的工作或生产经营秩序。暗查抽查结束后，及时向被检查单位反馈检查情况，提出整改要求，并通报被检查单位所在地人民政府跟踪督办。

行业篇

中国煤矿安全发展研究报告

新中国成立以来，煤矿安全生产工作始终得到党中央、国务院的高度重视。随着经济发展、社会进步以及改革的不断深化，中国煤炭工业管理体制发生了很大的变化。但煤矿安全监管监察工作一直在变化中前进，在探索中发展，并在各个期不断得到强化。尤其是2000年国家煤矿安全监察体系建立以来，进一步确立了“国家监察、地方监管、企业负责”的工作格局，中国煤矿安全生产工作取得显著成效，煤矿安全生产形势明显好转。

一、煤矿安全生产发展历史总结

（一）煤矿安全生产工作回顾

1949—2012年，中国煤炭总产量58661 Mt，煤矿事故共死亡256724人，平均百万吨死亡率为4.36。煤炭产量与煤矿事故呈现不同的变化趋势。全国煤炭产量由1949年的32 Mt快速增长到2012年的3650 Mt；煤矿事故死亡人数则在波动中经历了先上升后下降的变化过程：1949年全国煤矿事故死亡人数仅有731人，1951年一度降至242人，在此之后煤矿事故死亡人数在几次波动中不断上升，1994年死亡人数达到7016人的最高峰，2003年以后开始大幅下降，2012年降至1384人，如图2-1所示。

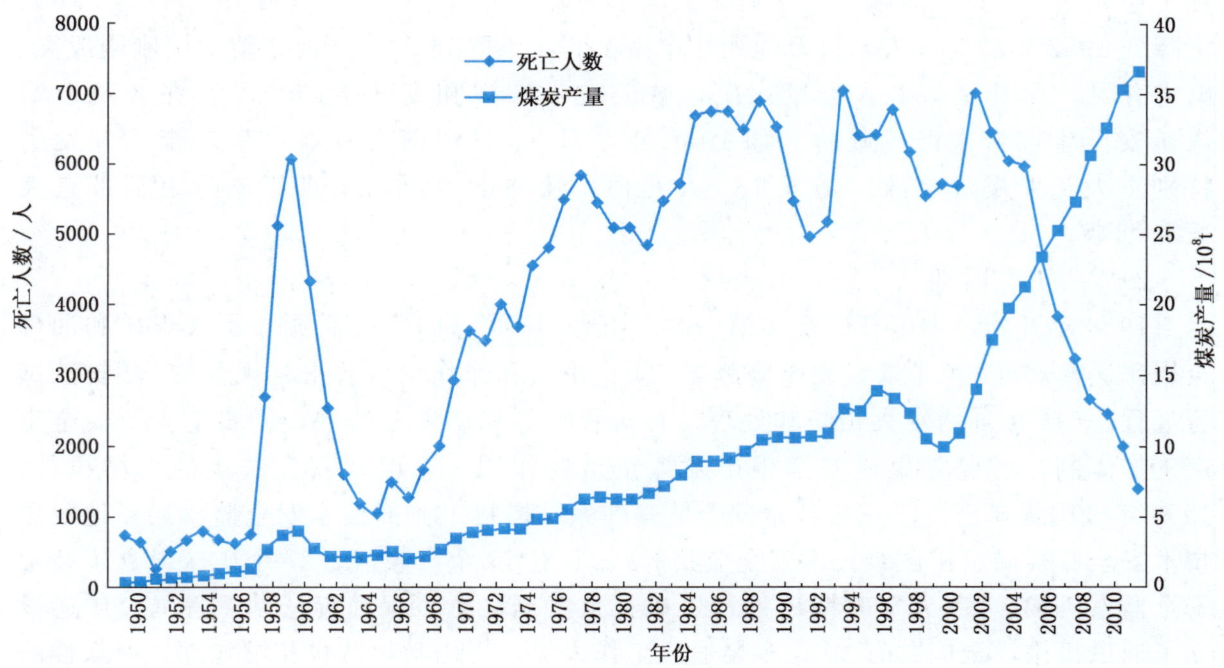

图2-1　1949—2012年全国煤炭产量与煤矿事故死亡人数变化趋势

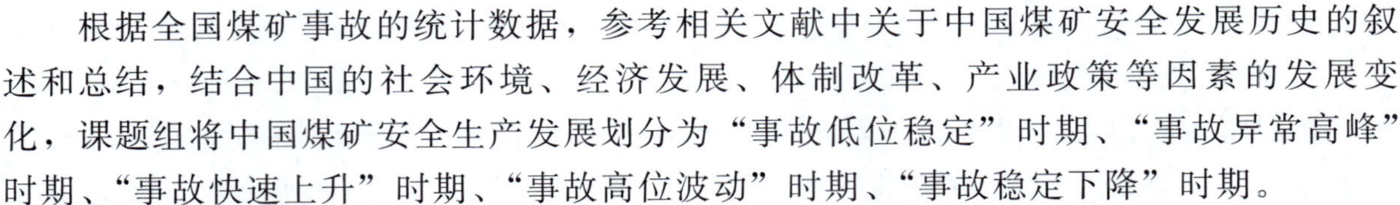

根据全国煤矿事故的统计数据，参考相关文献中关于中国煤矿安全发展历史的叙述和总结，结合中国的社会环境、经济发展、体制改革、产业政策等因素的发展变化，课题组将中国煤矿安全生产发展划分为“事故低位稳定”时期、“事故异常高峰”时期、“事故快速上升”时期、“事故高位波动”时期、“事故稳定下降”时期。

1.“事故低位稳定”时期（1949—1957 年）

1949—1957 年，中国初步建立了安全生产工作体制，全国煤矿安全生产形势保持稳定。1951 年各行业基本建立生产秩序之后，煤矿事故死亡人数基本稳定在 600～700 人之间，百万吨死亡率大幅下降，由 1949 年的 22.54 下降至 1957 年的 5.65。

1）经济恢复时期

新中国成立的最初 3 年是建立生产秩序、恢复经济发展的时期。为迅速扭转旧中国煤矿生产极端落后危险的安全状况，在 1949 年 11 月召开的第一次全国煤矿工作会议上，人民政府就把煤矿安全生产提到了重要议事日程，在强调大规模恢复煤矿生产的同时，提出了“煤矿生产、安全第一”的方针。为促进煤炭资源的合理开发和实现安全生产，1950 年 5 月，当时的燃料工业部做出在国营煤矿推行生产方法改革和加强安全生产的决议，提出改进采煤方法，改善矿井通风，并于 10 月颁发了《公私营煤矿安全生产管理要点》。1951 年 9 月又颁发了《煤矿技术安全试行规程（草案）》。各地煤矿在努力恢复生产的同时，纷纷建立了保安专职机构，制定了煤矿主要工种保安规程及日常安全活动制度。到 1952 年底，部分煤矿还添置了必要的安全设备、仪器、救护设施和劳动保护用品，从而使煤矿安全有了初步保障，对促进全国煤矿安全生产起到了很大作用。这一时期，全国煤矿事故出现明显下降，死亡人数由 1949 年的 731 人下降到 1952 年的 513 人，百万吨死亡率由 22.54 下降到 7.72。加之新中国刚刚成立，财力有限，尤其是新工人大量入矿，缺乏技术知识和安全生产经验，在客观上给煤矿安全生产带来严重威胁。如 1950 年 2 月 27 日河南省宜洛煤矿老李沟井发生特别重大瓦斯爆炸事故，造成 187 人死亡，从井下运出的 4 具尸体身上都带有火柴和纸烟。

2）“一五”时期

1953 年开始，中国开始实施第一个“五年计划”，国家先后颁布了《煤矿和油母页岩矿保安规程》《小煤矿安全规程》《伤亡事故和非伤亡事故报告规程》《救护队试行规程》《矿井自然发火预防和处理试行规程》等煤矿安全法规，初步建立了安全生产工作体制，对保障煤矿安全生产发挥了重要作用。为保证安全法规的贯彻执行，1953 年全国煤矿建立了三级技术安全监察体系（燃料工业部技术安全监察局、地区级技术安全监察局、矿区级技术安全监察局），并有 10 个产煤区、27 个矿区设立了技术安全监察机构。“一五”时期还推行了矿长负责制、总工程师责任制，各局、矿还设立了通风机构，全国共有 3000 多名通风工作人员，矿山救护队也相继建立，群众性的安全监督网逐步形成。随之各煤矿广泛开展了以保安规程为中心的宣传教育，对基层管理干部和技术人员进行轮训，使煤矿职工安全素质有了很大提高。这一时期，中国煤炭工业提出全面生产改革的任务，改革采煤方法，改善通风安全，提高主要生产过程的机械化程度；国家加大了资金投入力度，对煤矿机械化和安全设施投资3.3亿元，占当时煤矿生产和改建矿井总投资的47.8%。煤炭工业部门还陆续兴办了17所煤炭专业中等院校，为煤炭工业培养了一大批技术人才。这个时期，全国煤矿安全生产形势趋于稳定，事故死亡人数在600～700人之间波动。但由于煤炭产量增长较快，百万吨死亡率呈快速下降趋势，由1953年的9.63下降到1957年的5.65。

2.“事故异常高峰”时期（1958—1965年）

这一时期，全国安全生产工作几乎停滞，煤矿伤亡事故大幅上升，1960年全国煤矿事故死亡人数达6036人，百万吨死亡率15.2，出现了新中国成立以来第一次事故高峰。“大跃进”后，国家先后出台了一系列政策措施，稳定了安全生产形势，煤矿事故总量逐渐恢复到正常水平，1965年全国煤矿事故死亡人数下降到1026人，百万吨死亡率下降到4.43。

1）“大跃进”时期

“二五”期间，国家正处于“大跃进”和严重自然灾害时期，对生产提出了高指标，无视科学地安排生产计划，造成采掘比例严重失调，设备失修，安全隐患增加，导致事故接连发生。1961年党中央重申“安全为了生产，生产必须安全”的方针后，在改变煤矿安全生产状况方面虽然作了一些弥补工作，但仍难以改变事故多发的严峻形势。全国煤矿百万吨死亡率由“一五”时期平均的7.46上升到“二五”时期的13.152。1960年煤矿事故死亡人数达到6036人，百万吨死亡率上升到15.2。先后发生一次死亡100人以上特别重大事故5起，其中1960年发生的山西大同矿务局老白洞煤矿“5·9”煤尘爆炸事故死亡684人，是新中国成立以来最大的矿难。

2）“大跃进”后调整时期

该时期政府将煤矿安全生产列为调整重点，恢复了安全监察机构，修订、补充了安全生产规章制度，开展了以消除“五大灾害”（水、火、瓦斯、顶板、机电运输事故）为内容的攻坚战，狠刹乱采乱掘现象，纠正违章指挥、违章作业，制定技术措施，购置仪器装备；1964年开始普遍推行质量标准化，推广全矿井正规循环作业，从而使全国煤矿安全生产逐步好转，又进入了一个稳定时期。这一时期，全国煤矿百万吨死亡率由“二五”时期的13.152下降到5.73，其中1965年死亡人数下降到1026人，百万吨死亡率下降到4.43。

3.“事故快速上升”时期（1966—1978年）

1966—1978年，中国煤矿安全生产进入了“事故快速上升”时期，全国煤矿事故死亡人数和百万吨死亡率整体呈快速上升趋势，死亡人数由1966年的1478人上升到1978年的5830人，百万吨死亡率由5.88上升到9.44；年均死亡3590人，平均百万吨死亡率8.65。

“文化大革命”开始后，煤矿企业管理受到冲击，《煤矿安全规程》被否定，安全监察机构被当作绊脚石而搬掉，安全工作出现无人管的状况，经过调整时期本已恢复的安全生产状况又遭到了破坏。尽管 1970 年 12 月中共中央发出了《关于加强安全生产的通知》，但党中央的要求和安全规章制度难以贯彻执行，且又缺少必要的安全工程资金投入。1975 年，全国煤矿事故死亡人数上升到 4526 人，百万吨死亡率升至 9.39。

1978 年煤炭工业部决定恢复安全监察机构；同年，中共中央发出了《关于认真做好劳动保护工作的通知》，煤炭工业部随即做出切实贯彻该通知的决定。但全国煤矿安全方面亏欠甚大。据统计，全国统配和直属重点煤矿 671 座矿井中，风量不足的有 190 处，占矿井总数的 28%；应建立瓦斯抽放系统的 116 座矿井中，有 89 座没有建立或系统不健全，占 77%；有自然发火危险应建立防灭火系统的 271 座矿井中，有 220 座没有建立或系统不健全，占 81%；井下煤尘普遍超过国家标准。这一时期全国煤矿事故继续上升，1978 年出现第二个事故高峰期，煤矿事故死亡人数达到 5830 人，百万吨死亡率为 9.44。

4."事故高位波动"时期（1979—2002 年）

"文化大革命"结束之后，中国经济快速发展，煤矿安全生产进入了"事故高位波动"时期。这一时期煤矿事故死亡人数在 5000～7000 人之间波动，为历史最高，但由于煤炭产量快速增长，百万吨死亡率有所下降。

1）经济转型时期

这一时期中国开始实行改革开放，生产力得到释放，国民经济开始快速发展，但许多规章制度没有及时配套，煤矿安全生产工作难以适应新形势的要求。1979 年煤炭工业部贯彻中共中央工作会议提出的"调整、改革、整顿、提高"方针进行了煤炭工业第二次大调整。1982 年，国务院颁发了《矿山安全条例》和《矿山安全监察条例》，煤炭工业部相应制定了《煤矿安全监察条例》，使煤矿安全监察工作逐步实现规范化、制度化。为进一步强化"一通三防"管理，控制重大瓦斯煤尘事故，全国煤矿重点加强矿井通风系统的优化改造，改善瓦斯抽放工艺，建立矿井瓦斯监测系统，开展煤与瓦斯突出预测预报，实施区域和局部性防突措施，完善防灭火及综合防尘技术。1986 年，煤炭工业部明确规定各级行政首长是安全生产第一责任者，并实行安全目标管理，提出安全控制指标，建立安全奖励基金和奖惩制度。全国统配煤矿推广肥城矿务局质量标准化经验，到 1990 年全国 36 个矿务局、437 个统配煤矿实现了质量标准化。国家还投资 1.7 亿元在国有重点煤矿和产煤省建起 38 所安全技术培训中心，培训局长、矿长、总工程师、安监局长共 40000 余人，区队长、班组长、瓦检员等 10 万多人。此外，中国从 20 世纪 70 年代初开始逐步推行机械化采煤，并于 1978 年引进了 100 套综采设备和 100 台掘进机，1986 年煤炭工业部确定了现代化矿井建设规划，建设了一批现代化矿井，有力推动了采掘机械化水平的提高。

这一时期煤矿事故的显著特点是：国有煤矿安全生产状况得到有效改善，乡镇煤矿成为事故的重灾区。国有重点煤矿事故死亡人数由 1979 年的 2183 人降至 1993 年的 498 人，百万吨死亡率由 6.1 下降到 1.12；国有地方煤矿事故死亡人数由 1970 人下降到957人，百万吨死亡率由10.91下降到4.9。同时，随着中国对乡镇煤矿生产的政策宽松，乡镇煤矿数量、从业人数、煤炭产量不断攀升。但是由于乡镇煤矿的安全生产没有得到有效保障，致使事故多发，其事故死亡人数由1978年的1276人升至3697人，比重由20%上升到60%。

2）体制变革时期

1992年中国开始社会主义市场经济改革，同时受1997年国际经济危机的影响，中国煤炭生产出现大的起伏，煤炭行业与煤矿安全监管监察进入体制变革时期。1998年，国务院机构改革中撤销了煤炭工业部，国家经贸委下设国家煤炭工业局，原煤炭工业部直属和直接管理的94户国有重点煤矿下放到地方管理。在全国煤矿事故居高不下、煤矿安全生产形势不断恶化的情况下，1999年12月，国务院批准实行垂直管理的煤矿安全监察体制，设立国家煤矿安全监察局，与国家煤炭工业局一个机构、两块牌子。2001年3月，国务院撤销国家煤炭工业局。机构调整造成了煤炭行业管理的弱化，煤矿安全监管监察体制进入变革期与探索期。1998—2002年，受到亚洲金融风暴引发的全球经济危机的影响，中国的经济发展出现短暂的迟缓期，煤炭生产能力出现了阶段性过剩，开始关井压产，2000年全国共生产煤炭989 Mt，创1989年以来的历史最低。连续5年间，国家没有安排建设新井项目，煤炭工业进入萧条时期。另外，由于待遇低、环境条件差，大专院校毕业生进入煤炭企业的数量严重不足，而已有的采、掘、机、运、通主要专业技术人员也大量流失。据统计，2001年国有重点煤矿调入技术工人6200人，而调出人员高达2000人，行业人才十分紧缺。同时，这一时期也是中国部分国有重点煤矿的衰老报废高峰期。

随着煤炭产量的回落，全国煤矿事故也有小幅下降，但2000年以后经济快速发展，煤矿事故也随着煤炭产量呈现快速上升态势。这一时期年均事故死亡6286人，百万吨死亡率5.11。其中，1994年、1997年和2002年分别出现了3个事故高峰，煤矿事故死亡人数分别达到7016人、6753人和6995人。

5.“事故稳定下降”时期（2003年至今）

这一时期，党和政府对进一步加强煤矿安全生产工作作出了一系列决策部署。2005年10月，党的十六届五中全会提出了“安全发展”的科学理念，完善了“安全第一、预防为主、综合治理”的方针；2007年10月胡锦涛总书记在十七大报告中指出，坚持安全发展，强化安全生产管理和监督，有效遏制重特大安全事故。2012年11月胡锦涛总书记在十八大报告指出，强化公共安全体系和企业安全生产基础建设，遏制重特大安全事故。2013年6月，习近平总书记强调发展决不能以牺牲人的生命为代价，这必须作为一条不可逾越的红线。

2004年11月，国务院办公厅《关于完善煤矿安全监察体制的意见》（国办发〔2004〕79号）进一步明确了“国家监察、地方监管、企业负责”的煤矿安全工作格局，增设湖北、广东、广西、青海、福建等5个省级煤矿安全监察局，将71个办事处更名为煤矿安全监察分局。2005年2月，国家安全生产监督管理局升格为国家安全生产监督管理总局，单设国家煤矿安全监察局，由总局管理。2006年7月，国务院办公厅《关于加强煤炭行业管理有关问题的意见》(国办发〔2006〕49号)决定将国家发改委承担的、与煤矿安全生产密切相关的行业管理职能划转到国家煤矿安全监察局，并在原来三个司的基础上增设科技装备司和行业安全基础管理指导司。2008年7月，国务院办公厅《关于印发国家煤矿安全监察局主要职责内设机构和人员编制规定的通知》(国办发〔2008〕101号)批准国家煤矿安全监察局“三定”方案调整意见，将国家煤矿安全监察局对地方煤矿安全监管工作的“检查指导”职能变为“监督检查”，进一步明确了“国家监察、地方监管、企业负责”的煤矿安全工作格局。

各级煤矿安全监察机构、煤矿安全监管、煤炭行业管理部门加强煤矿安全法制建设，以《安全生产法》《矿山安全法》和《煤矿安全监察条例》为主体的煤矿安全生产法律法规体系基本形成；煤矿安全监管监察体制机制不断完善，煤矿安全监察执法效能明显提高；大力开展整顿关闭攻坚战，大量不具备安全生产条件和非法煤矿从煤炭生产经营领域退出；深入开展煤矿瓦斯治理攻坚战，落实煤矿瓦斯治理各项措施，防范重特大瓦斯事故；深入推进安全责任落实，加大安全投入，全面加强煤矿基础管理，大力推进煤矿安全质量标准化、小煤矿机械化、安全教育培训、职业健康和班组安全建设，全国煤矿安全生产形势呈现出持续稳定好转的良好局面。

这一时期，煤矿死亡人数和百万吨死亡率逐年较大幅度下降。2012年，全国煤矿事故死亡人数为1384人，百万吨死亡率为0.374，比“事故高位波动”时期末年的2002年分别下降了80.2%和92.4%。全国煤矿安全生产状况持续稳定好转，也是新中国成立以来煤矿安全生产状况最好的时期。

(二) 煤矿安全生产工作成绩

1. 煤矿安全生产趋稳趋好

新中国成立以来，在党和政府的坚强领导下，中国的煤炭工业发展取得了长足的进步，煤矿安全生产水平得到大幅提高。1999年中国的煤矿安全生产工作进入了崭新的阶段，特别是2003年以后煤矿事故连续10年大幅下降，全国煤矿安全生产形势实现了持续稳定好转。1999—2012年，在煤炭产量持续增长的大背景下，煤矿死亡人数从1999年的5518人下降至1384人，百万吨死亡率由5.3下降至0.374。而世界第二大煤炭生产国美国煤炭百万吨死亡率由1918年的4.19降至1969年的0.393用了约50年的时间。2012年，煤矿安全生产指标已经全面完成了“十二五”规划目标。

2. 煤矿安全法律法规体系基本形成

2000年以来，全国人大、国务院先后颁布了《安全生产法》《煤矿安全监察条例》《安全生产许可证条例》《生产安全事故报告和调查处理条例》等重要法律法规，制定了《关于特大安全事故行政责任追究的规定》《关于预防煤矿生产安全事故的特别规定》等政府规章；国家煤矿安全监察局先后数次修订了《煤矿安全规程》，制定并出台了30余部涉及煤矿安全的部门规章，陆续制修订千余项行业标准，基本形成了完善的煤矿安全法律法规和规章标准体系。

3. 煤炭行业结构调整取得重大进展

全国煤矿数量由 2005 年的 2.48 万处减少到 2012 年的 1.3 万处左右，平均单井规模由 9×10^4 t 增加到 26×10^4 t，全国 10 个产煤省区煤炭产量超过亿吨，14 个大型煤炭基地产量 33×10^8 t，占全国煤炭产量的 90.4%。全国建成年产 1.2 Mt 以上的大型现代化煤矿 743 处，产量 23.6×10^8 t；千万吨级煤矿 53 处，产量 7.3×10^8 t。

煤炭产业集中度大幅提高，中国前十家煤炭生产企业的煤炭产量占全国产量的比重由 2000 年的 21.04%提高至 2012 年的 40.19%。其中，年产 10 Mt 的煤炭企业由 2000 年的 17 家增至 2012 年的 52 家，煤炭产量占全国煤炭总产量的比率由 21%增至 75.6%；年产 30 Mt 的煤炭企业由 2000 年的 2 家增至 2012 年的 26 家，煤炭产量占全国煤炭总产量的比率由 6.81%增至 62.67%。2000 年中国尚无年产 50 Mt 的煤炭企业，2012 年年产煤炭 50 Mt 的煤炭企业已达 18 家，占全国煤炭产量的 54.07%，亿吨煤炭企业共 7 家，总产量 1223 Mt，占全国煤炭产量的 33.5%。

4. 小煤矿整顿关闭取得重大进展

2005 年以来，针对中国小煤矿过多、过滥等问题，全国人大常委会提出、国务院作出“争取用三年左右时间，解决小煤矿问题”的工作部署，国家煤矿安全监察局集中组织开展煤矿整顿关闭攻坚战，建立煤矿整顿关闭工作部际联席会议制度，提出并实施“整顿关闭、整合技改、管理强矿”三步走战略。通过规范煤炭资源整合，推进煤矿兼并重组和整合技改，申请设立“以奖代补”专项资金 20 亿元，推进各地依法关闭小煤矿超过 1 万处，将全国小煤矿数量减少到 1 万处以下，小煤矿产量比重由 2005 年的 45%下降至 2012 年的 17%。小煤矿事故从 2005 年的 2480 起、死亡 4384 人减少到 2012 年的 506 起、死亡 965 人，分别下降了 79.6%和 77.9%。

5. 煤矿瓦斯治理攻坚战效果明显

2005 年开始，根据全国人大常委会提出的阶段目标，国家煤矿安全监察局组织开展瓦斯治理攻坚战。成立了全国煤矿瓦斯治理部际协调领导小组，提出“多措并举、应抽尽抽、抽采平衡”的瓦斯先抽后采工作基本准则和构建“通风可靠、抽采达标、监控有效、管理到位”的瓦斯综合治理工作体系要求，组织实施煤矿瓦斯治理示范矿井和示范县“双百工程”建设，推进各地和煤矿企业落实瓦斯“四位一体”综合防突措施，初步形成“部委协调、上下联动、齐抓共管、综合防治”的工作格局。全国煤矿瓦斯事故由 2000 年的 724 起、死亡 3132 人减少到 2012 年的 72 起、死亡 350 人，分别下降 90.05%和 88.82%。瓦斯抽采总量由 2005 年的 23×10^8 m^3 增加到 2012 年的 100.3×10^8 m^3，上升 336%。

6. 煤矿安全基础管理不断得到加强

国家煤矿安全监察局坚持分类指导，研究出台加强国有重点煤矿和小煤矿安全基础管理的两个指导意见，指导煤矿企业建立完善岗位安全责任制度，推进“两型三化”矿井建设；大力实施煤矿总工程师、班组长“万名培训工程”；大力推进煤矿安全质量标准化和班组安全建设，组织学习推广“白国周班组管理法”，组织开展特聘

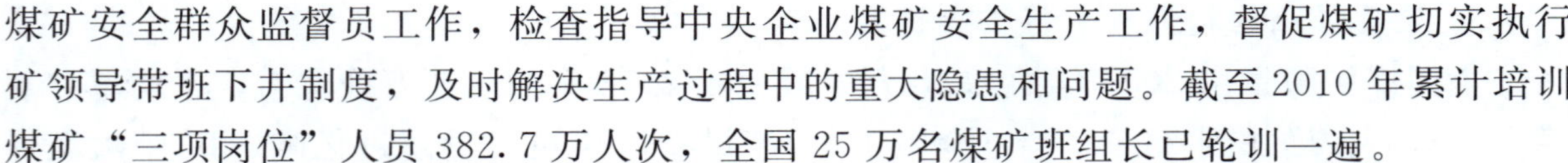

煤矿安全群众监督员工作，检查指导中央企业煤矿安全生产工作，督促煤矿切实执行矿领导带班下井制度，及时解决生产过程中的重大隐患和问题。截至2010年累计培训煤矿“三项岗位”人员382.7万人次，全国25万名煤矿班组长已轮训一遍。

7. 煤矿安全科技支撑能力明显增强

“十一五”期间，煤炭行业积极申报国家科技支撑计划项目，组织开展科技攻关，依托国家基础研究和科技支撑计划，开发一批煤矿安全先进适用技术；开展煤矿安全科技成果推广，淘汰落后设备和工艺59项，完成科技项目3项；总结14家煤矿企业瓦斯治理技术集成体系，提炼10项煤矿瓦斯治理关键技术；推广100项瓦斯治理技术成果，实施10项瓦斯治理示范工程，煤矿现代化、信息化水平和科技支撑能力明显提升。全面推广广西百色煤矿机械化经验，大力推动中小型煤矿机械化上台阶；不断健全完善煤矿安全科技支撑体系，出台了《煤矿井下紧急避险系统建设管理暂行规定》等规章标准，组织召开“六大系统”建设推进会。目前，小煤矿机械化改造已有很好效果；全国国有重点煤矿已经全部完成了除井下紧急避险系统外的其他五大系统建设；国有地方煤矿和乡镇煤矿基本建成了监测监控、压风自救、供水施救和通信联络四大系统。

2010年，全国重点煤矿采掘工作面机械化程度分别升至90%和80%，其中综采、综掘机械化程度已达到85%和37%，原煤全员效率达到5.4 t/工。

8. 煤矿安全投入机制有效建立

“十一五”期间，国家每年安排30亿国债资金，共投入180亿元支持国有重点煤矿安全改造，并带动地方政府和煤矿企业投资1134亿元，开展煤矿安全技术改造，推广应用了一批先进适用的技术成果，治理了一大批事故隐患，进一步完善了煤矿“一通三防”等各大生产系统，推进了煤矿机械化和信息化建设，提升了煤矿安全保障能力。各煤矿企业认真落实煤矿安全生产费用提取使用办法，不断加大安全费用提取力度，专项用于安全设施更新改造，增加煤矿安全生产投入。同时，中央财政还投入“以奖代补”专项资金用于煤矿整顿关闭，并进一步完善煤层气抽采利用相关经济政策，引导支持企业加强煤层气开发利用。

9. 煤矿安全监察执法力度不断加大

各级煤矿安全监察机构立足煤矿安全国家监察的定位，着力健全完善各项制度，认真组织开展重点监察、专项监察、定期监察，着力查大系统、治大隐患、防大事故，停产整顿，对重大安全隐患实施严厉的现场处理和行政处罚，关闭取缔了一批非法违法煤矿。据不完全统计，12年间共查处事故隐患270万余条，隐患整改率平均达到95%；实施行政处罚8万多次，处罚金额由2005年的2亿多元增加到2012年的7.3亿余元，切实发挥了监察执法的震慑和警示作用。严把煤矿建设项目安全核准、安全设施设计审查和竣工验收、安全生产许可证颁发管理的准入关口，从源头上预防煤矿事故。“十一五”期间，累计完成煤矿重大建设项目安全核准128个，审查了15594个煤矿建设项目安全设施设计，对5557个煤矿建设项目安全设施进行了竣工验

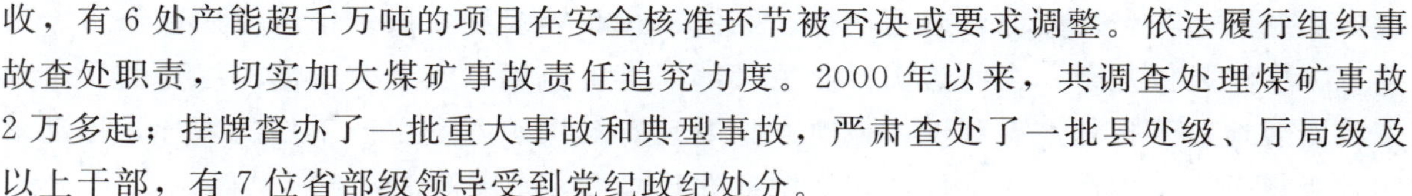

收，有6处产能超千万吨的项目在安全核准环节被否决或要求调整。依法履行组织事故查处职责，切实加大煤矿事故责任追究力度。2000年以来，共调查处理煤矿事故2万多起；挂牌督办了一批重大事故和典型事故，严肃查处了一批县处级、厅局级及以上干部，有7位省部级领导受到党纪政纪处分。

10. 煤矿事故抢险救援工作成效显著

各级煤矿安全监察机构始终坚持把矿工的生命安全放在第一位，坚持全力以赴、科学施救的原则，积极组织事故抢险救援工作。特别在发生煤矿重特大事故时，局领导都率队立即赶赴现场，研究救援方案，全力抢救涉险矿工。据不完全统计，2004—2011年，在各级煤矿安全监察机构的组织和指导下，共有10596人在煤矿事故发生后经抢救生还。其中，山西王家岭煤矿"3·28"透水事故抢救中，成功救出115人；河南陕县支建煤矿"7·29"洪水淹井事故，69名被困矿工全部获救；千秋煤矿"11·3"冲击地压事故，成功救出65人。

（三）煤矿安全生产主要经验

1. 以人为本，促进安全生产与经济社会协调发展

党的十八届三中全会通过的中共中央《关于全面深化改革若干重大问题的决定》指出："深化安全生产管理体制改革，建立隐患排查治理体系和安全预防控制体系，遏制重特大安全事故"，习近平总书记指出要始终把人民生命安全放在首位，发展不能以牺牲人的生命为代价，这必须作为一条不可逾越的红线。这既对煤矿安全生产工作提出了目标，也明确了实现目标的途径。

煤矿安全生产关系国家财产和煤矿职工生命安全。实践证明，必须坚持以人为本，将增进人民福祉作为出发点和落脚点，维护广大人民根本利益。坚持源头治理，标本兼治、重在治本，构建煤矿安全生产长效机制，建立健全与科学发展相适应的煤矿安全生产法制、体制和机制，健全完善与科学发展相符合的煤矿安全生产政策措施，有效防范和坚决遏制重特大事故，推进煤矿安全生产形势的持续稳定好转，保障国民经济平稳较快发展，促进安全生产与经济社会协调发展。

2. 抓住重点，开拓煤矿安全生产新局面

针对中国煤矿瓦斯灾害严重、小煤矿事故多发、全行业安全基础薄弱的现状，努力抓好瓦斯治理、关闭整顿、基础管理"三件大事"。通过近年来的不懈努力，煤矿抵御瓦斯灾害的能力逐步增强，小煤矿数量和事故连年下降，安全生产基础得到强化。为全面建成小康社会，面对新形势和新任务煤矿安全生产工作还面临着一些新矛盾、新问题，这都需要广大煤矿安全工作者解放思想、求真务实，一切从实际出发，总结国内成功做法，借鉴国外有益经验，勇于推进理论和实践创新，实现煤矿安全生产状况根本好转。

3. 落实责任，建立健全煤矿安全责任体系

煤矿安全工作是社会管理的重要内容，是创新社会治理，推进平安中国建设的重要组成部分。解决煤矿安全生产的突出问题，需要依靠各级党委、政府、企业及社会

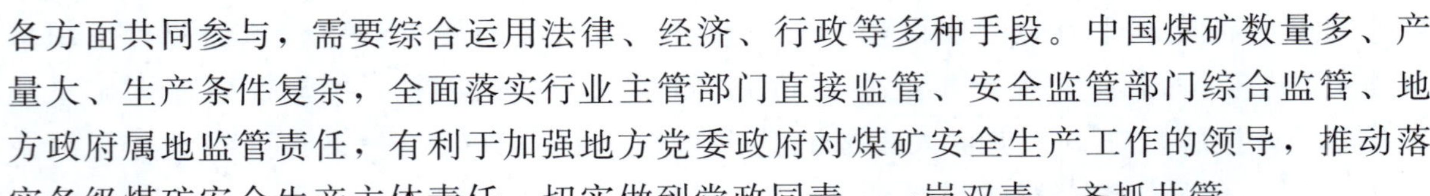

各方面共同参与，需要综合运用法律、经济、行政等多种手段。中国煤矿数量多、产量大、生产条件复杂，全面落实行业主管部门直接监管、安全监管部门综合监管、地方政府属地监管责任，有利于加强地方党委政府对煤矿安全生产工作的领导，推动落实各级煤矿安全生产主体责任，切实做到党政同责、一岗双责、齐抓共管。

4. 安全治本，夯实煤矿安全生产基础

大力推进煤矿安全治本攻坚，夯实煤矿安全生产基础，建立健全煤矿安全长效机制，严格煤矿安全准入，深化瓦斯等灾害治理工作，加快煤矿机械化、安全质量标准化、信息化、自动化水平建设，切实加强煤矿班组安全管理，提高矿工素质，保障矿工权益，增强煤矿应急救援能力和救援装备建设。

5. 监察执法，促进煤矿安全生产持续稳定好转

国家煤矿安全监察体制建立以来，紧紧围绕行政许可、监察执法、监督检查、事故调查四项核心职责，不断健全完善煤矿安全监察工作机制，经过不断摸索和实践，奋力开拓、攻坚克难，锻炼组建了一支不惧辛苦、不怕危险、任劳任怨的煤矿安全监察队伍，建立完善了符合科学行政规律的煤矿安全垂直监察体制，逐步形成了适应社会主义市场经济的煤矿安全生产工作格局，极大地促进了煤矿安全生产形势的持续稳定好转。

二、煤矿安全生产现状分析

（一）煤矿安全总体状况

2012 年，煤矿事故死亡总人数、煤矿较大事故起数等煤矿安全生产各项指标完成情况良好，煤矿安全生产控制指标已经提前达到了“十二五”期末的规划目标。

全国煤矿共发生死亡事故 779 起，死亡 1384 人，同比减少 422 起，死亡人数减少 589 人，分别下降 35.1%和 29.9%。煤矿死亡事故起数首次下降至 1000 起以下。其中，发生一次死亡 3～9 人事故 71 起，死亡 351 人，同比减少 14 起，死亡人数减少 61 人，分别下降 16.5%和 14.8%；发生一次死亡 10～29 人事故 15 起，死亡 225 人，同比减少 5 起，死亡人数减少 82 人，分别下降 25%和 26.7%；发生 1 起特别重大事故，死亡 48 人，同比事故起数持平，死亡人数增加 5 人。

煤炭百万吨死亡率为 0.374，同比减少 0.19，下降 33.7%。其中，国有重点煤炭百万吨死亡率 0.116，同比减少 0.047，下降 29%；国有地方煤炭百万吨死亡率 0.424，同比减少 0.233，下降 35.4%；乡镇煤炭百万吨死亡率 0.754，同比减少 0.350，下降 31.7%。

2012 年，基本完成煤矿安全生产控制指标。按控制指标煤矿死亡人数下降幅度不低于 2.6%，全年控制在 1922 人以内；实际死亡 1384 人，较控制指标死亡人数减少 538 人，实际下降 29.9%。煤矿较大事故起数下降幅度不低于 3.2%，全年控制在 82 起以内；实际发生 71 起，较控制指标少 11 起，实际下降 16.5%。煤矿重大事故起数

下降幅度不低于5.0%，全年控制在19起以内；实际发生15起，较控制指标少4起，实际下降25%。煤矿特别重大事故零控制，实际发生1起。

（1）事故总量大幅度下降，煤矿安全生产形势继续稳定好转。各级煤矿安全监察机构、煤矿安全监管、煤炭行业管理等有关部门和煤炭企业按照深入开展“安全生产年”活动的总体部署和国家安全生产监督管理总局党组的统一安排，坚持突出预防为主、加强监管、落实责任，深入开展“打非治违”专项行动，不断提高煤矿安全生产水平。2012年全国实现了煤矿事故总量、较大事故、重特大事故和百万吨死亡率“四个大幅下降”。

（2）大多数地区煤矿安全生产状况好转，但区域发展不平衡。受开采条件、生产力水平和煤矿现状等因素影响，各个地区煤矿安全发展程度不平衡，四川、贵州、云南、重庆以及山西、黑龙江等省（市）事故比较集中、相对多发。但大多数地区安全生产形势好转，并完成了控制指标。

（3）煤矿瓦斯治理取得新进展，但较大以上瓦斯事故比例仍然较高。通过努力构建“通风可靠、抽采达标、监控有效、管理到位”的瓦斯治理工作体系，落实《煤矿瓦斯抽采达标暂行规定》，强化瓦斯先抽后采、抽采达标。以年产90 kt及以下煤与瓦斯突出矿井为重点，落实停产整顿和瓦斯防治能力评估工作措施，强化区域和局部两个“四位一体”综合防突措施落实。2012年全国煤矿瓦斯事故在连续多年大幅度下降的基础上，事故起数和死亡人数下降幅度超过全国平均下降幅度。但较大以上瓦斯事故仍然相对集中，较大瓦斯事故起数和死亡人数占较大事故总起数和死亡人数的40.8%和41%，重特大瓦斯事故起数和死亡人数占重特大事故总起数和死亡人数的43.8%和58.2%。

（4）水害防治工作稳步推进，但个别时间段重大事故仍集中发生。按照年初制定的水害专项治理方案开展防治水专项治理活动，对重点地区开展督查，特别是针对4—5月连续发生4起重大水害事故的严峻形势，提出了水害防治“十个一律”。召开煤矿水害防治技术经验交流会，开展矿井水害类型划分，督促企业加强防治水基础等工作，水害防治工作得到明显加强，2012年煤矿水害事故起数和死亡人数下降幅度远大于全国平均下降幅度。

（5）乡镇煤矿事故总量持续下降，整顿关闭、兼并重组效果明显。乡镇煤矿安全基础管理水平低，安全保障能力低，事故所占比例高。各地按照年度淘汰落后产能计划，进一步推进矿井关闭退出、升级改造和兼并重组工作。经过各方面共同努力，截至2012年底，全国关闭退出小煤矿628处，技改提升小煤矿662处，兼并重组小煤矿388处，淘汰落后煤炭产能97.80 Mt。全国乡镇煤矿事故同比减少327起，死亡人数减少426人，分别下降39.3%和30.6%。

（6）非法违法生产引发事故比例大，瞒报事故现象比较严重。通过开展“打非治违”专项行动，严厉打击非法违法生产建设行为，坚决整治违规违章现象，非法违法引发的事故大幅减少。但非法违法生产引发的事故比例仍然偏高，仍是制约煤矿安全

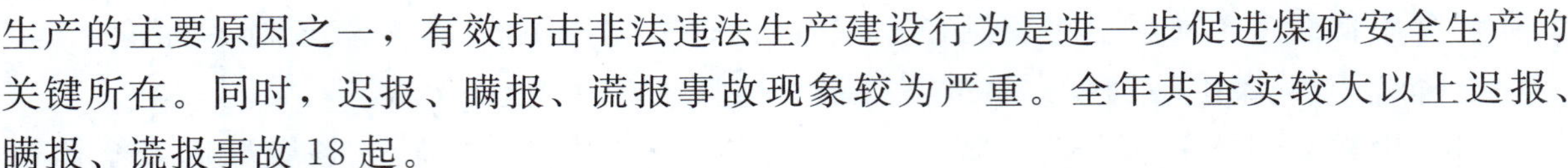

生产的主要原因之一，有效打击非法违法生产建设行为是进一步促进煤矿安全生产的关键所在。同时，迟报、瞒报、谎报事故现象较为严重。全年共查实较大以上迟报、瞒报、谎报事故 18 起。

（二）事故规律特点分析

1. 按所有制分析

按所有制类型对事故分析，2012 年，在国有重点煤矿、国有地方煤矿及乡镇煤矿中，乡镇煤矿的事故绝对量下降最多，但仍然是煤矿事故的重灾区。

（1）乡镇煤矿。乡镇煤矿产量占总产量的 34.6%，事故起数和死亡人数占总事故起数和死亡人数的 65%以上，重特大事故起数和死亡人数占总事故起数和死亡人数的 85%以上。全国唯一一起特别重大煤矿安全事故就发生在乡镇煤矿。

（2）国有地方煤矿。2012 年，国有地方煤矿发生事故 135 起，死亡 191 人，同比减少 40 起，死亡人数减少 98 人，分别下降 22.9%和 33.9%，占全国总事故起数和死亡人数的 17.3%和 13.8%。发生较大事故同比增加 2 起，死亡人数增加 4 人；全年未发生重大以上事故。

（3）国有重点煤矿。2012 年，国有重点煤矿安全状况持续好转，同比上一年度事故发生数减少 55 起，死亡人数减少 65 人。发生较大事故 12 起，死亡 53 人，与上一年度持平。发生重大以上事故 2 起，同比减少 2 起，死亡人数减少 11 人，全年未发生特别重大事故。

从以上数据可以看出，全国煤矿安全持续好转，各类煤矿事故均有不同程度的下降，各项安全指标持续好转。乡镇煤矿事故总量明显下降，煤矿兼并重组和整顿关闭成效显著。但由于本身生产基础仍然薄弱，相当数量的煤矿装备水平差、采掘机械化程度低，从业人员素质亟待提高。乡镇煤矿仍是重点监管和持续改进的对象。

2. 按事故类型分析

2012 年，瓦斯、水害、顶板等主要类型事故总量下降。但顶板事故总量仍最大，是控制事故总量的重点。在较大以上事故中，瓦斯、水害事故较为突出，仍是防范和遏制重特大事故的重点。同时，煤仓倒塌、炸药爆炸燃烧、溺亡、一氧化碳以及地面附属设施、运煤车等发生的其他类事故居高不下，需引起重视。如图 2－2 和图 2－3 所示。

瓦斯事故中，较大瓦斯事故中煤与瓦斯突出事故所占比例较大，重特大瓦斯事故中瓦斯爆炸事故比例较大。乡镇煤矿在瓦斯事故中所占比例较大，在 37 起较大以上的瓦斯事故中占 27 起。瓦斯抽采不达标、局部通风管理混乱和通风系统不合理是造成瓦斯爆炸事故的主要原因，因采空区或密闭等封闭区域瓦斯溢出造成瓦斯爆炸事故大幅度增加。部分发生较大以上瓦斯事故的矿井中瓦斯监测监控系统不能有效发挥作用，一些矿井存在探头数量不足、安装位置不符合要求等问题，因此未能监测到事故区域瓦斯浓度情况。没有采取区域性防突措施，且局部“四位一体”综合防突措施落实不到位，没有真正消突，瓦斯抽采不达标是造成突出事故的主要原因。小煤矿基本上没

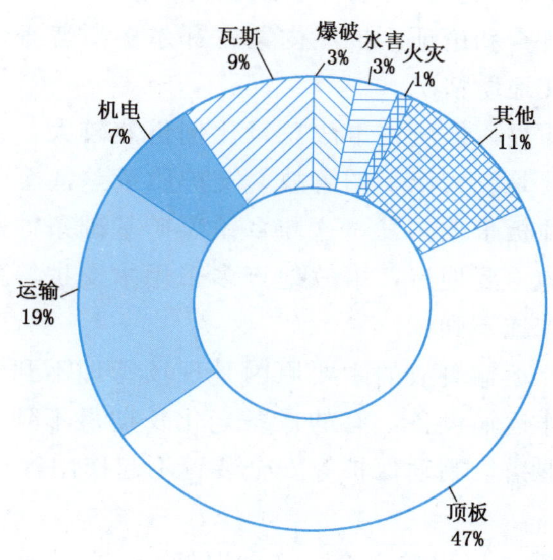

图 2-2　2012 年全国煤矿各类事故起数所占比例

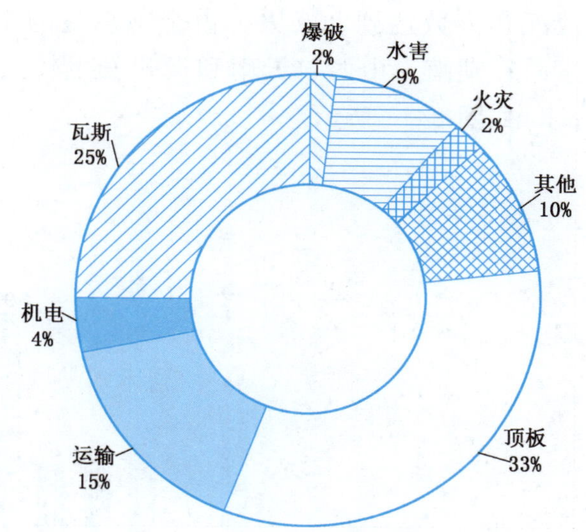

图 2-3　2012 年全国煤矿各类事故死亡人数所占比例

有采取区域防突措施，一部分矿井甚至没有采取任何防突措施，事故反映出相当部分乡镇煤矿不具备防治煤与瓦斯突出能力。

水害防治工作仍是预防大事故的重点之一。地质资料不清、采空区情况不明、探放水措施不落实，在透水征兆明显的情况下不采取立即撤人等措施，仍盲目违规组织生产是造成透水事故的主要原因。事故调查显示，透水水源主要是采空区积水，防治水的关键在于加强老空水的探测。水害事故主要发生在乡镇煤矿，8 起较大水害事故中有 6 起发生在乡镇煤矿，5 起重大水害事故全部发生在乡镇煤矿。在乡镇煤矿集中的地区应开展区域水害普查和论证，推广内蒙古鄂尔多斯普查煤矿采空区经验，探明矿井周边老窑分布和水文地质情况。

顶板事故总量下降明显，但所占事故总量比例仍然较大，是控制事故总量的主要灾害类型。顶板事故主要是较大以下的事故，支护质量差甚至无支护是顶板事故发生的主要原因。乡镇煤矿顶板事故多发，这与乡镇煤矿基础条件薄弱有很大关系。采煤工作面是发生顶板事故的主要地点，事故地点多采用木支护等落后的支护方式，支护质量差或维修巷道安全措施不到位。

运输事故明显下降。运输事故的主要原因是现场管理不到位，设备检查制度不落实，违规违章安装和操作运输设备，有的设备老化长期得不到检修、维护和更新，有的斜井人车运输时人车混搭、制动保护等安全装置不起作用等现象较为严重。

3. 按地区分析

2012 年，全国大多数地区煤矿安全生产状况好转，但由于开采条件、煤矿现状及生产力水平差异，各个地区的煤矿安全发展程度不平衡，四川、贵州、云南、重庆及山西、黑龙江等地区的事故较为集中。全国发生煤矿事故起数最多的为四川、重庆和湖南，其中四川煤矿事故死亡人数达到 200 人，占全国总量的 1/7，还发生了 1 起特别重大事故和 1 起重大事故；湖南、山西、云南和贵州发生较大事故相对较多，黑龙江仅发生了 3 起重大事故，如图 2－4 所示。

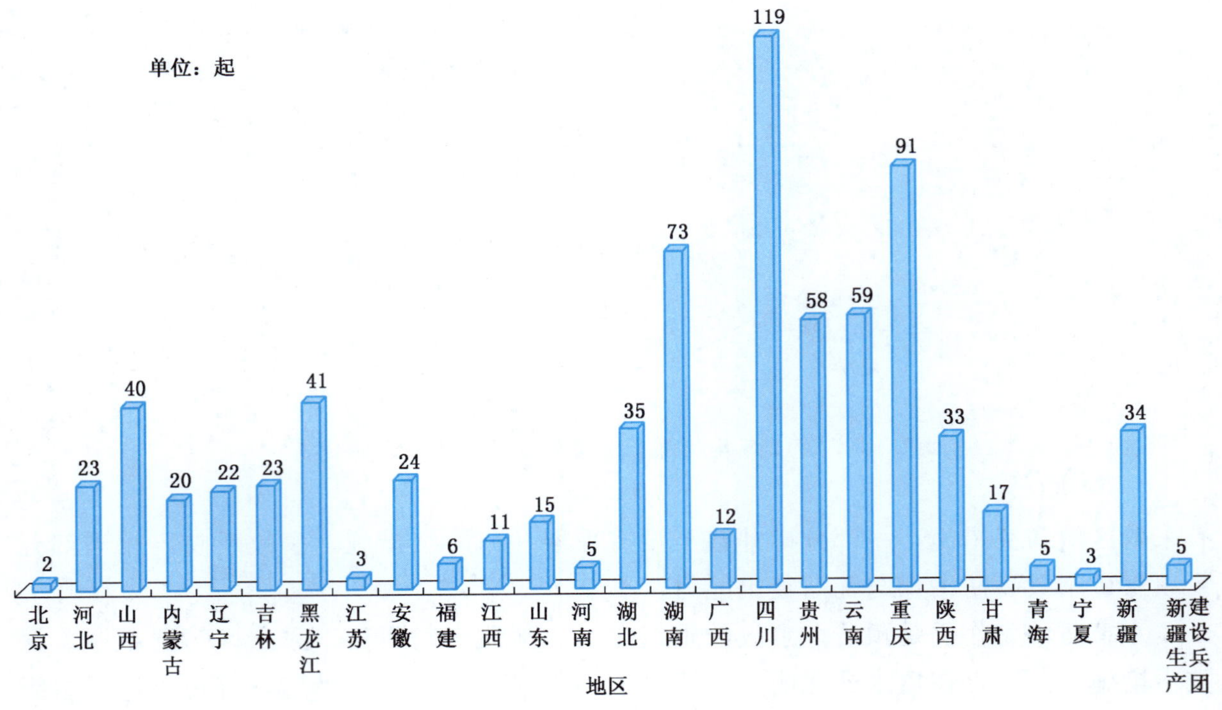

图 2－4　全国各统计单位煤矿事故起数情况

全国煤矿事故死亡人数最多的是四川、湖南和贵州，四川、湖南、贵州、云南、重庆煤矿事故死亡人数超过 100 人；山西和黑龙江煤矿死亡人数超过 50 人；吉林、山西的煤矿死亡人数同比有显著上升，如图 2-5 所示。

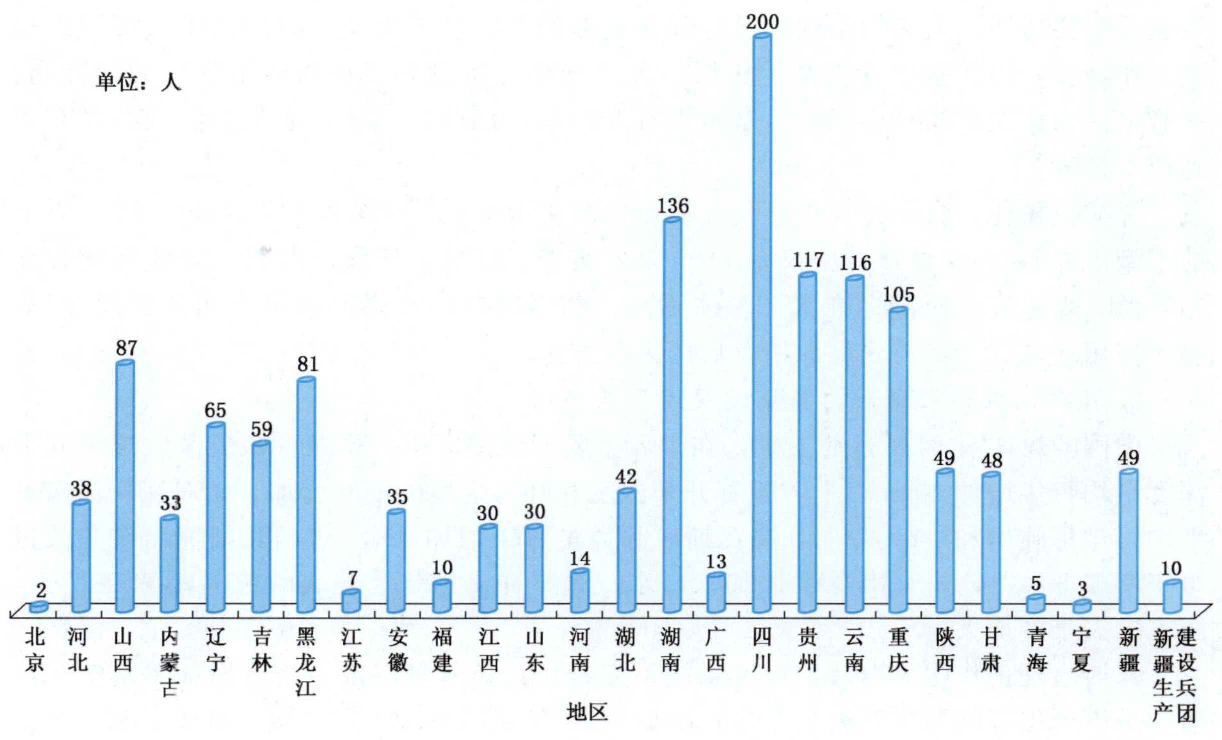

图 2-5　全国各统计单位煤矿事故死亡人数情况

26 个统计单位中，有 22 个单位完成了事故总死亡人数控制指标，21 个单位完成了较大事故起数控制指标，21 个单位完成了重大事故起数控制指标，只有四川省没有完成特别重大事故零控制的指标。

从以上分析可以看出，大多数地区安全生产形势好转，并完成了控制指标，但四川、贵州、云南、重庆、山西、黑龙江等事故比较集中。虽然一些地区事故死亡人数下降幅度较大，但仍没有完成 2012 年控制指标，如云南、山东等没有完成死亡人数控制指标。虽然一些地区下降幅度超过全国下降幅度，但死亡人数仍超过百人，如湖南、贵州、云南、重庆等，尤其是四川省 2012 年死亡人数最多。这些地区仍然需要进一步加大煤矿安全生产工作力度。

（三）存在的主要问题

1. 煤炭产业结构不合理，煤炭工业发展不平衡

2012 年全国煤炭产量达到 36.5×10^8 t，且仍有 14×10^8 t 产能已开工建设或规划建设，煤炭产能过剩的矛盾已经显现。目前全国仍有年产 9×10^4 t 及以下的煤矿 7501

处、产能仅 4.42×10^{8} t，数量占煤矿总数的 57%、产能仅占 12%；但事故起数和死亡人数均占事故总量的 2/3 左右，百万吨死亡率是大中型煤矿的 4 倍，是全国煤矿平均水平的 2 倍以上。这些小煤矿煤层赋存条件复杂、资源储量少，基本不具备灾害防治能力和改造提升价值。此外，还有部分地区仍在新建规模小、灾害重的矿井，前关后建、边关边建。大多数小煤矿没有配备足够的专业技术人员，有的技术人员没有相应工作经验，煤矿技术管理水平较低。大部分小煤矿没有依法与矿工签订劳动合同，没有依法为矿工购买社会保险，基本没有开展职业病防治工作，矿工合法权益没有得到根本保障。

煤矿机械化、自动化、信息化、质量标准化水平低。全国现有年产 30×10^{4} t 以下的小型矿井共 9834 处，其中仅有 1300 余处实现了机械化开采，占 13%，机械化程度相当低。煤矿安全质量标准水平整体不高，相当部分的小煤矿还没有实现正规开采，仍然使用仓储式、巷道式等原始落后的采煤方法。

2. 瓦斯治理进程滞后，隐蔽致灾因素未查明

中国的煤矿有 91% 是井工矿，在世界主要产煤国家中开采条件最复杂。煤矿开采深度平均每年增加 20 m 以上，随着开采深度和开采强度的不断增加，相对瓦斯涌出量平均每年每吨增加 1 m^3 左右，高瓦斯矿井数量每年增加 4%，煤与瓦斯突出矿井数量每年增加 3%。矿井突出危险性加大，水、火、冲击地压、热害等灾害越来越严重，防灾抗灾难度加大。

瓦斯治理工作明显滞后，通风系统不完善、瓦斯管理混乱、防突措施不落实、瓦斯抽采不到位等问题仍然大量存在。根据 2012 年瓦斯等级鉴定结果，全国 12281 处矿井确定了瓦斯等级，其中，煤与瓦斯突出矿井 1191 处，占 9.7%；高瓦斯矿井 2093 处，占 17.0%；瓦斯矿井 8997 处，占 73.3%。全国 3284 处高瓦斯和煤与瓦斯突出矿井中只有 1938 处进行了瓦斯抽采，全国瓦斯抽采率约平均 30%。2008—2012 年，全国煤矿共发生重特大瓦斯事故 58 起，死亡 1294 人，分别占重特大事故总量的 48.7% 和 54.6%。全国目前共有年产 9×10^{4} t 及以下的煤与瓦斯突出矿井 513 处，年产能 30 Mt 左右，仅占全国煤炭产量的 0.82%。2011 年，此类矿井共发生较大以上事故 15 起，死亡 148 人，占到小煤矿较大以上事故死亡人数的 38.5%。

部分煤矿没有查明隐蔽致灾因素，治理更不到位。2005 年以来，全国累计取缔非法煤矿 5.4 万处次，关闭各类小煤矿 1.6 万余处，多年来小煤矿滥采乱挖遗留大量的采空区，且缺少技术资料。老窑、采空区的积水、瓦斯积聚等问题给生产煤矿留下了严重安全隐患。同时，由于小煤矿缺乏专业技术人员，加之煤矿水文地质条件普查尤其是区域性普查工程量大、投入多，小煤矿没有能力单独探查隐蔽致灾因素，隐蔽致灾因素已经成为煤矿事故的主要原因之一。

3. 非法违法现象严重，企业安全意识淡薄

煤矿非法违法开采行为仍然较为严重。有的是在证照不全、证照过期的情况下非法组织生产；有的私挖盗采、以探代采，或是超层越界、以各种名义违法露天开采；

有的在井下做假密闭规避检查；有的拒不执行监管执法指令。超层越界开采、煤矿拒不停产等典型的非法违法生产行为已经成为近年来煤矿事故尤其是重特大事故的重要原因。2008—2012 年 5 年期间，超层越界、拒不执行停产指令、证照不全等违法生产建设矿井共发生较大事故 102 起，死亡 539 人，分别占较大事故总量的 20.8%和 23.6%；共发生重特大事故 66 起，死亡 1261 人，分别占重特大事故总量的 55.4%和 58.2%。2013 年上半年，因非法违法行为造成的较大以上事故起数与死亡人数，分别占到总数的 53.5%和 57.2%。

部分煤矿矿长责任不落实，重生产、轻安全，不执行国家有关法律法规、政策标准，对隐患熟视无睹、违章指挥，甚至强令冒险作业，安全生产规章制度形同虚设，违规违章现象普遍存在。还有一些缺乏煤矿专业技术人员、没有办矿经验的企业也在投资开办煤矿，不具备相应的灾害防治能力和管理能力。

4. 人员素质有待提高，应急救援能力有待加强

据统计，截至 2012 年底，全国各类煤矿的主要负责人、安全管理人员中，煤矿主体专业人员缺口达 8.6 万人。全国共有初中及以下文化程度的煤矿从业人员 254.73 万人，占从业人员总数的 59.8%。其中，乡镇煤矿初中及以下文化程度人数占其从业人员总数的 77%。

全国尚有 7700 余处煤矿没有建立救援队伍，大部分没有储备足够的应急救援装备和物资，一些煤矿的生产、通风、安全监控调度之间环节过多，没有统一管理。一旦发生灾变，难以及时高效处置，极易造成事故扩大。

5. 监察任务相对繁重，监察指令难以落实

全国现有煤矿约 1.3 万处，而驻各地煤矿安全监察机构总编制 2764 名，如仅考虑监察执法人员数量，平均每名监察员负责 6～10 个煤矿的监察执法工作，是国外主要产煤国家监察人员工作量的数倍（美国矿山安全监察局平均每个监察员负责监察 2～3 个矿山）。尤其是四川、湖南、贵州等西南地区，矿点多，分布广，交通不便，监察力量严重不足，监察人员加班加点、超负荷运转现象极为普遍。如贵州盘江分局 18 名监察员负责 12 个县、241 处煤矿的监察执法工作，并且大部分煤矿都在山区，平均监察半径 210 km；云南曲靖分局 17 名监察员更是要完成 484 处煤矿的监察执法工作，任务十分艰巨。

《煤矿安全监察条例》赋予煤矿安全监察机构行政执法和处罚权，但面对不重视煤矿安全生产工作的地方政府、司法机关和大型企业，煤矿安全监察机构做出的行政处罚和处理意见经常难以落实。有的煤矿企业拒不缴纳罚款，申请地方法院强制执行有的不予受理，有的地方政府对于煤矿安全监察机构的处理意见不予支持，对提请关闭的矿井不予反馈。如湖南娄底分局曾于 2006 年 5 月和 2007 年 6 月两次提请邵阳市政府关闭市属短陂桥煤矿，邵阳市政府却两次回复不予关闭，2008 年 5 月 17 日该矿发生了较大瓦斯爆炸事故，造成 8 人死亡。

三、2012年煤矿安全生产主要工作

（一）2012 年煤矿安全法规标准

1.《企业安全生产费用提取和使用管理办法》

2004 年以来，为落实国务院《关于加强安全生产工作的决定》（国发〔2004〕2 号），财政部会同国家发展改革委、国家安全生产监督管理总局等部门，先后制定并实施了《煤炭生产安全费用提取和使用管理办法》（财建〔2004〕119 号）《关于调整煤炭生产安全费用提取标准、加强煤炭生产安全费用使用管理与监督的通知》（财建〔2005〕168 号）和《高危行业企业安全生产费用财务管理暂行办法》（财企〔2006〕478 号）。这些政策的制定和实施，对于煤炭企业提升安全生产能力发挥了重要作用。为了进一步构建安全生产投入的长效机制，在总结经验、广泛调研、征求意见的基础上，对原有政策规定等进行了整合、修改、补充和完善，形成了统一的《企业安全生产费用提取和使用管理办法》（财企〔2012〕16 号）（以下简称《办法》），并于 2012 年 2 月 14 日发布，以满足企业安全生产新形势的需求，进一步提升企业安全生产水平。

该《办法》的主要变化：一是扩大了政策的适用范围，在原有煤矿、非煤矿山、危险品、烟花爆竹、建筑施工、道路交通等行业基础上，将需要重点加强安全生产工作的冶金、机械制造和武器装备研制三类行业纳入了适用范围，同时拓展了原非煤矿山、危险品生产、交通运输行业的适用领域，如非煤矿山行业中增加了地面煤层气开采等；二是提高了安全生产费用的提取标准，其中各类煤矿原煤单位产量安全费用提取标准大幅提高，煤（岩）与瓦斯（二氧化碳）突出矿井、高瓦斯矿井吨煤 30 元，其他井工矿吨煤 15 元，露天矿吨煤 5 元；三是扩大并细化了安全生产费用的使用范围，安全费用使用不再局限于安全生产设施，还包括安全生产条件项目及安全生产宣传教育和培训、职业危害预防、井下安全避险、重大危险源监控及隐患治理等预防性投入和减少事故损失的支出，扩展了安全费用对企业安全保障的空间，将对企业安全生产发挥更大的促进作用。

2.《煤矿班组安全建设规定（试行）》

2012 年 6 月，国家安全生产监督管理总局、国家煤矿安全监察局、中华全国总工会印发了《煤矿班组安全建设规定（试行）》（安监总煤行〔2012〕86 号）。该规定明确了地方各级煤炭行业管理部门是煤矿班组安全建设的主管部门，各地工会组织协调、督促煤矿企业开展煤矿班组安全建设工作；规定煤矿企业应当建立健全从企业、矿井、区队到班组的安全建设体系，把班组安全建设作为加强煤矿安全生产基层和基础管理的重要环节；明确煤矿是班组安全建设的责任主体，围绕班组安全建设建立各项制度，落实建设资金和各项保障措施；明确班组长的任职条件、选拔、职责、权利及应遵守的原则；强调班组要严格落实现场安全管理，严格执行班前会制度、交接班

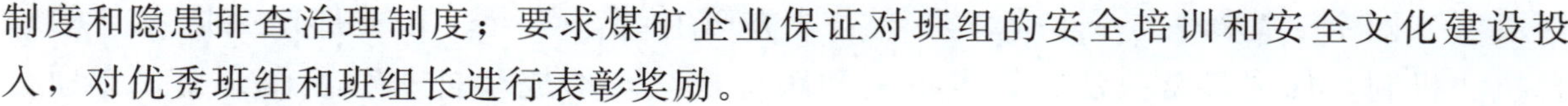

制度和隐患排查治理制度；要求煤矿企业保证对班组的安全培训和安全文化建设投入，对优秀班组和班组长进行表彰奖励。

3.《煤矿安全培训规定》

2012年7月，国家安全生产监督管理总局以总局令的形式发布了《煤矿安全培训规定》（国家安全生产监管总局令　第52号），规范煤矿企业从业人员的安全培训、考核、发证、复审及监督管理工作。该规定对煤矿从业人员提出基本条件，对部分岗位还有更严格的规定，生产能力或者核定能力每年30×10^4 t及以上煤矿和煤与瓦斯突出煤矿的矿长、副矿长、总工程师、副总工程师或者技术负责人要求具备大专及以上学历，具有煤矿相关工作3年及以上经历；安全生产管理机构负责人还应具备煤矿相关专业中专及以上学历，具有煤矿安全生产相关工作2年及以上经历。对生产能力或者核定能力每年30×10^4 t以下的上述人员应具备中专及以上学历，具有煤矿相关工作3年及以上经历；安全生产管理机构负责人应当具备高中及以上文化程度，具备煤矿安全生产相关工作2年及以上经历。

4.《关于印发加强煤矿建设安全管理规定的通知》

2012年12月，国家安全生产监督管理总局、国家煤矿安全监察局、国家发展改革委、国家能源局和住房城乡建设部联合发布《关于印发加强煤矿建设安全管理规定的通知》（安监总煤监〔2012〕153号），主要解决煤矿建设过程中违反建设程序、违背工程建设规律，前期工作不到位、工程设计不规范、建设施工安全问题突出、安全生产主体责任不落实，部分建设项目安全监管职责不清、监管体系不完善、监管力度亟待加强等问题。加强煤矿建设安全管理，规范煤矿建设程序，保障煤矿建设项目安全生产，促进全国煤矿安全生产形势持续稳定好转。通过强化安全管理职责、设计管理、施工现场安全管理、工程监理和监督管理，落实煤矿安全建设责任。

通过对煤矿建设中重要环节的掌控，对建设过程中涉及单位各自的职责进行了规范。一是强调责任落实和制度建设，明确建设单位、设计单位、施工单位、监理单位和各级主管部门职责；二是程序管控，从煤矿建设项目的招标直到竣工验收，每个环节均有单位和部门进行管控，保障项目建设安全。

（二）2012年煤矿安全生产主要措施

1. 进一步强化煤矿安全执法

煤矿安全领域各类非法违法、违规违章行为仍是导致事故的主要原因。2012年，全国煤矿因非法违法生产建设导致的较大以上事故共22起，死亡231人，分别占较大以上事故的25.3%和37%。2012年8月29日，四川省攀枝花市肖家湾煤矿超层越界、乱采滥挖、破坏资源、违法违规组织生产，造成特别重大瓦斯爆炸事故。个别地区非法采矿问题比较突出，充分暴露了部分煤矿企业守法意识差、安全生产有法不依的严重问题，也暴露出日常监管软弱、重点检查不规范、监管监察跟踪落实不够、违法必究不到位等问题和漏洞。

为进一步规范煤矿安全法治秩序，各地大力开展煤矿“打非治违”专项行动，严格落实“四个一律”，进一步完善和落实地方政府统一领导、相关部门共同参与的联合执法机制，加强日常执法、重点执法和跟踪执法，形成“打非”工作合力。专项行动突出以事故多发地区和煤矿企业，高瓦斯、煤（岩）与瓦斯（二氧化碳）突出煤矿和水害、煤层自燃、冲击地压等灾害严重煤矿，以及新建、改扩建、整合技改、兼并重组等煤矿建设项目为重点，采取更加严厉、有效的措施，集中进行打击和整治。特别是严厉打击非法违法生产建设行为，严格重大煤矿建设项目安全核准，对无证、证照不全或过期，关闭后又擅自生产，超层越界开采进行查处。全国煤矿安监机构按执法计划共监察煤矿 1.76 万矿次，查处一般隐患 11.9 万项、重大隐患 1123 项，实施行政处罚 7.3 亿元。全年查处了 773 个停产整顿和因非法违规被大额处罚的煤矿。同时严格重大煤矿建设项目安全核准，对 1131 个项目进行了安全审查，855 个项目进行了安全验收；颁发、延期和变更了 2183 个安全生产许可证。因非法违法所造成的较大以上事故同比减少 8 起，死亡人数减少 81 人，分别下降 24.2%和 26.9%。

2. 进一步优化煤炭产业结构

近些年，国家通过“关小建大”，建立以大基地、大集团、大煤矿为主的新型煤炭工业格局，推进煤炭工业结构战略性调整。同时，继续以关闭退出、技改提升、兼并重组为途径，积极推动淘汰煤炭落后产能工作，要求各地根据煤炭产业政策和国家有关规定，区分不同地区资源禀赋条件，按照煤炭开发与经济发展、安全生产、节约资源、环境保护等相协调的原则，明确落后产能标准，对限期内达不到要求的小煤矿进行淘汰关闭，有序退出；提高办矿门槛，严格准入，停止核准新建 30×10^4 t/a 以下的高瓦斯矿井、4.5×10^5 t/a 以下的煤与瓦斯突出矿井项目；对瓦斯、水害、自然发火、冲击地压灾害严重，经评估论证现有技术条件难以有效防治的小煤矿，要责令停产整改，对整改不达标的要依法予以关闭。

国家安全生产监督管理总局、国家煤矿安全监察局以小煤矿关闭退出为重点，会同有关部门研究推进淘汰落后产能工作，并与国家财政部、国家能源局联合出台了中央财政支持煤炭行业淘汰落后产能工作以奖代补资金政策。国家煤矿安监局督促各地区因地制宜，“一省一策”“一市一策”制定整顿关闭工作方案，加强监督检查，加快工作进度。2012 年，全国关闭退出小煤矿 628 处、技改提升小煤矿 662 处、兼并重组小煤矿 388 处，淘汰落后产能 97.80 Mt。山西省 30×10^4 t 以下煤矿已经全部退出。公布了“十二五”期间关闭煤矿名单。全国乡镇煤矿百万吨死亡率由 1.104 下降到 0.754，下降 31.7%。

3. 进一步深化煤矿瓦斯治理

2012 年，国家安全生产监督管理总局、国家煤矿安全监察局、国家能源局联合下发了《关于切实做好 9 万吨及以下煤与瓦斯突出矿井停产整顿工作的通知》，要求所有 9×10^4 t 及以下煤与瓦斯突出矿井要严格执行煤矿瓦斯防治工作“十条禁令”，其隶属企业应向煤炭行业管理部门申请瓦斯防治能力评估。经评估不具备瓦斯防治能力的煤矿企业，其所属高瓦斯和煤与瓦斯突出矿井要依法停产整顿、限期整改，或由具备瓦斯防治能力的煤矿企业兼并重组；对于整改期满后经评估仍不具备瓦斯防治能力或未被兼并重组的高瓦斯和煤与瓦斯突出矿井，应当提请地方政府依法予以关闭。同时要求企业积极落实2011年底颁布的《煤矿企业瓦斯防治能力评估办法》和《煤矿企业瓦斯防治能力基本标准》，对高瓦斯和煤与瓦斯突出矿井开展瓦斯防治能力评估。经评估不具备煤与瓦斯突出防治能力的煤矿企业，要坚决停止生产，提请地方政府关闭或由具备瓦斯防治能力的煤矿企业对其整合或重组。进一步督促煤矿企业落实瓦斯防治主体责任，健全瓦斯防治制度，确保瓦斯综合治理措施落实到位；严格执行《防治煤与瓦斯突出规定》，落实两个“四位一体”综合防突措施；严格执行《煤矿瓦斯等级鉴定暂行办法》，严格瓦斯等级鉴定程序和标准，认真做好瓦斯等级鉴定工作。

通过以法规政策制定为先导，以重点督查、强化落实为手段，强化瓦斯先抽后采、抽采达标、综合治理的治本措施，强化两个“四位一体”综合防突措施落实，进一步深化煤矿瓦斯防治工作。全年煤矿瓦斯抽采量1.003×10^{10} m^3，同比提高17.4%；煤矿瓦斯事故起数同比减少47起、死亡人数减少183人，分别下降39.5%和34.3%。

2012年4—5月全国煤矿连续发生了“4·6”吉林蛟河、“4·10”中煤大屯、“4·13”山西长治、“4·14”河南平顶山、“4·26”贵州铜仁、“5·2”黑龙江鹤岗等6起较大以上透水事故，造成61人死亡或下落不明。事故集中反映出非法违法开采、探放水措施不落实、水文地质资料不清、领导带班下井制度不落实、迟报瞒报谎报事故、安全监管不到位等突出问题。针对煤矿水害事故多发的状况，国家煤矿安全监察局组织了4个防治水专项督查组对8个重点地区开展了督查，并开展煤矿水害防治技术经验交流会，总结分析煤矿水害事故原因教训、水害防治技术现状、存在的问题及对策，交流水害防治先进适用技术和工作经验，积极探索煤矿水害防治新技术、新工艺和新途径，研究对策与措施，推进提高全国煤矿水害防治技术及管理水平，并提出了“十个一律”的防治水工作要求。通过深入开展煤矿水害专项治理工作，有效遏制了煤矿透水事故多发势头，全年煤矿水害事故同比减少20起，死亡人数减少70人。同时，还相继开展了煤矿作业场所粉尘危害防治专项监察和煤矿冲击地压专题调研等活动，深入开展煤矿灾害防治工作。

4. 进一步夯实煤矿安全基础

通过对《煤矿安全质量标准化基本要求及评分办法》、《煤矿安全质量标准化考核评级办法》进行修订，完善煤矿安全质量标准化考核标准，不断深入开展安全质量标准化达标创建工作。国家煤矿安全监察局组织开展煤矿安全质量标准化交叉互检活动，对394处国家级标准化煤矿进行了命名表彰，对出现滑坡的40处煤矿进行了警示公告，降级安全质量标准化矿井71处、取消等级77处，查处违规使用木支护煤矿233处，有力推进了安全质量标准化工作。

为进一步规范和加强煤矿班组安全建设，制定了《煤矿班组安全建设规定（试行）》，要求煤矿企业应当建立健全从企业、矿井、区队到班组的班组安全建设体系，把班组安全建设作为加强煤矿安全生产基层和基础管理的重要环节，推进煤矿班组安全建设，加大班组安全建设新典型、新经验的推广力度，推进煤矿企业落实班组安全建设规划，完善班组安全建设长效机制，进一步夯实安全生产基层基础。

安全培训是推进基层安全工作的重要手段，2012 年中国进一步规范煤矿企业从业人员的安全培训、考核、发证、复审及监督管理工作，为加强安全培训工作颁布了《煤矿安全培训规定》，命名了 15 家煤矿安全教育培训示范基地。举办了煤矿安全监察分局负责人专题研究班、涉煤中央企业和省属煤矿企业高层管理人员安全资格培训班、煤矿水害防治培训班、煤矿井下安全避险“六大系统”专题培训班等一系列的培训教育活动，继续实施班组长和总工程师两个“万名培训工程”。全年共培训、复训“三项岗位人员”81.2 万人、总工程师 9 千余人、班组长 21 万人、煤矿企业高管 359 人。此外，通过建立完善煤矿领导带班下井制度事故查处与定期通报制度，推动煤矿领导带班下井制度的落实。

5. 进一步提升安全保障能力

2012 年，国家煤矿安全监察局确定了 33 项煤矿安全科技“四个一批”项目，组织实施了“十二五”国家科技支撑项目——深部及中小煤矿灾害防治关键技术研究与示范，推广了防治煤与瓦斯突出和防治水新技术，对《禁止井工煤矿使用的设备及工艺目录》执行情况进行了检查，推进淘汰落后技术和装备。全年落实煤矿安全改造项目 459 个，确定瓦斯治理示范工程项目 19 个。目前，全国生产矿井已基本完成压风、供水、通信、监测监控和人员定位五大系统建设。在调研的基础上，印发了《关于煤矿井下紧急避险系统建设管理有关事项的通知》，明确了优先建设避难硐室，优先选择专用钻孔、专用管路供氧（风）方式的紧急避险设施建设思路，井下紧急避险系统取得了一定进展。

同时，加快推进小型煤矿机械化改造，充分发挥政策导向扶持和典型经验示范带动作用，要求各地认真落实《关于推进小型煤矿机械化的指导意见》（安监总煤行〔2010〕178 号），不断推动各地煤矿提高机械化水平。

6. 进一步加强安全警示教育

2012 年，国家安全生产监督管理总局通过媒体宣传煤矿安全生产法律法规、政策措施和重大活动，宣传典型经验和先进人物，努力营造“关爱生命、关注安全”的舆论氛围，并召开了全国煤矿安全生产经验交流现场会，总结了神华集团推进风险预控管理体系先进经验；大力宣传煤矿安全监察监管系统贯彻落实国务院《关于坚持科学发展安全发展促进安全生产形势持续稳定好转的意见》的好做法，转发《贵州省煤矿安全监管监察“三位一体”执法办法（试行）》给各省级煤矿安全监察局进行借鉴学习；表彰了国家级安全质量标准化煤矿 394 处，公布了全国实现连续安全生产 1000 天以上且“六证”齐全有效、安全质量标准化达标、生产能力在 9×10^4 t/a 及以上的井工煤矿，共有 1046 处。

加大推广神华宁煤班组建设、淮南矿业集团瓦斯治理、广西百色小煤矿机械化等典型经验，以及山西、河南、河北和内蒙古等地煤矿企业兼并重组经验的推广力度，

引导推动全系统学习先进经验，促进煤矿安全生产水平提高。在加强推广先进经验的同时，召开了全国煤矿事故分析暨警示教育会和国有重点煤矿事故警示教育专题视频会议。通过对典型煤矿事故的深刻分析，吸取煤矿重特大事故教训，认真查找安全监管监察工作的薄弱环节，突出抓好事故预防，确保实现煤矿安全生产目标。建立了煤矿事故警示信息发送通道，及时将事故教训发送到全系统和所有煤矿企业，全年累计发送警示信息近5万条，努力实现“一矿出事故，万矿受教育”。

（三）2012年煤矿安全重要会议和专项检查活动

2012年，国家安全生产监督管理总局和国家煤矿安全监察局举办全国范围内的煤矿安全生产会议，推进煤矿安全科技支撑体系建设，推广煤矿安全先进经验交流，推动煤矿本质安全落实。

1. 重要会议

1）全国安全生产工作会议

2012年1月14—15日，全国安全生产工作会议在北京召开，会议总结了2011年安全生产工作取得的积极进展和明显成效。号召认真学习贯彻国务院国发〔2011〕40号文件精神，进一步增强做好安全生产工作、推动科学发展安全发展的自觉性和坚定性。要求突出重点、狠抓落实，扎实抓好2012年安全生产各项工作，要紧紧围绕“一个树立、三个坚持、三个强化”来进行。

会议对2012年的煤矿安全生产工作进行了部署，明确要求严格执行监管监察工作“十项要求”，加强安全生产日常执法、重点执法和跟踪执法，全面落实煤矿安全生产责任制；把“打非治违”作为有效防范和坚决遏制煤矿事故的重大举措，进一步规范煤矿安全生产秩序；注重以瓦斯防治为重点的专项整治，进一步深化隐患排查治理；加大煤炭产业结构调整力度，进一步提高煤矿本质安全水平；要深入开展煤矿安全质量标准化建设，强化以班组为核心的现场安全管理，加强安全教育培训，不断提高煤矿安全管理水平；强化科技支撑作用，进一步提升煤矿安全保障能力；把短期应对措施与长期制度建设结合起来，致力于健全完善有效管用的规章制度，促进煤矿企业提高安全生产管理水平。加强能力建设，进一步提高监管监察执法效能。

2）全国煤矿安全生产经验交流现场会

2012年7月19日，全国煤矿安全生产经验交流现场会在宁夏银川召开。此次会议的主要任务是交流推广神华集团煤矿安全生产经验，认真把握神华经验的实质和要点，在落实煤炭企业安全生产主体责任上狠下工夫，采取切实措施加强煤矿安全生产，有效防范遏制重特大事故发生。

神华集团经过多年实践，在煤矿安全生产方面探索和积累了许多宝贵经验，学习这些经验，就是要学习神华集团强烈的安全生产主体责任意识、勇于创新的精神、在安全生产上严格的管理和安全生产工作的有效机制。

神华集团提出并践行“煤矿能够做到不死人”的理念，并在这一理念的引领下，立足于实践，着眼于效果，激发全体员工的智慧，提炼出了一系列富有生命力的安全管理理念，以理念指导行动，从源头上控制人的不安全意识和行为，从方法手段上消除了引发事故的隐患，实现了安全生产工作的“知行合一”。在煤矿安全发展的目标上，坚持“从零开始，向零奋进”；在煤矿的安全定位上，力争把煤矿建设成为安全的产业；在煤矿的劳动组织上，奉行“无人则安，人少则安”的理念；在煤矿瓦斯治理上，坚持“瓦斯超限就是事故”；在煤矿安全投入上，坚信“安全投资能产生最佳的效益”。

经过 6 年多的艰苦探索和实践，神华集团形成了一套以危险源辨识和风险评估为基础，以风险预控为核心，以不安全行为管控为重点的安全管理方法——风险预控管理体系。该体系由五部分构成：一是风险辨识与管理。主要规定了煤矿危险源辨识、风险评估流程和职责、风险控制措施的制定和落实，以及危险源监测、预警和消警等要求。二是不安全行为控制。主要规定了煤矿各岗位不安全行为的梳理、机理分析和管控纠正的要求。三是生产系统控制。主要规定了煤矿采、掘、机、运、通等生产活动，特别是防突、防瓦斯、防灭火、防治水等系统的管控要求。四是综合要素管理。主要规定了生产系统以外的其他煤矿生产辅助系统安全管理的要求。五是预控保障机制。主要规定了体系运行组织机构及其安全责任制、体系方针和目标、体系文件化以及体系评价等要求。

国家安全生产监督管理总局、国家煤矿安全监察局组成专题调研组，对神华集团煤矿安全生产经验进行了系统总结，形成了《强化风险预控管理努力实现安全发展——神华集团走煤矿安全发展之路的探索和实践》的经验材料，向全国进行推广和学习。

3）煤炭行业淘汰落后产能工作座谈会

2012 年 8 月 9—10 日，全国煤炭行业淘汰落后产能工作座谈会在北京召开。会议指出，2005 年以来通过整顿关闭和淘汰落后产能，中国乡镇煤矿事故总量大幅下降，煤矿安全保障能力显著增强，煤炭产业结构进一步优化，促进了安全生产形势进一步稳定好转。但一些不符合条件的小煤矿仍是隐患集中区和事故重灾区，淘汰落后产能工作依然十分紧迫。要充分认识淘汰落后产能工作的重要性和紧迫性，顺势而为、迎难而上，加快淘汰落后产能，优化煤炭产业结构，提高煤矿安全保障能力。

会议指出加快淘汰落后产能是转变经济发展方式、调整和优化煤炭产业结构的重要举措，是落实科学发展观、实施安全发展战略、推动煤矿安全生产形势持续稳定好转的迫切需要，是走中国特色新型工业化道路、推动中国煤炭工业由大变强的必由之路。下一步工作，一要深入开展“打非治违”专项行动，严格执行“四个一律”要求，巩固和发展煤矿整顿关闭工作成果；二要提高准入门槛，继续停止审批新建 30×10^4 t/a 以下小煤矿，防止不符合要求的小煤矿前关后建；三要加大整顿关闭力度，通过瓦斯防治能力评估、安全质量标准化建设、事故查处、严格执法等关闭退出一批小煤矿，建立小煤矿正常退出机制；四要加快兼并重组和整合技改进度，提高煤矿集约化水平和安全保障能力；五要大力实施管理强矿，进一步推进煤矿安全质量标准化工

作，提高小煤矿安全生产水平；六要加强对淘汰落后产能工作的组织领导，完善工作机制，今年的淘汰落后产能计划任务要真正做到目标、时间、责任、政策和保障措施“五落实”。

2. 专项监察和检查

为严厉打击非法违法的生产和建设行为，巩固“打非治违”成果，进一步落实煤矿企业安全生产主体责任，促进煤矿企业持续保持安全生产条件，坚决遏制煤矿重特大事故的发生。国家安全生产监督管理总局和国家煤矿安全监察局开展了数次全国范围内的监察和检查行动，夯实煤矿安全生产基础。

1）煤矿建设项目安全专项监察

2012 年 3—4 月全国连续发生 4 起重大煤矿安全事故，其中 3 处为整合技改矿井，1 处为资源整合保留矿井。国家煤矿安全监察局组织全国煤矿安全监察系统对包括新建、改建、扩建及资源整合、兼并重组煤矿的建设项目进行专项监察，严厉打击非法违法生产建设行为。

专项监察重点围绕检查煤矿建设项目开工备案手续，施工、监理单位资质、业绩和安全管理人员安全资格等的合法性；项目依法依规施工情况；项目建设单位、施工单位、监理单位安全责任和地方政府及有关部门安全监管责任落实情况展开，并要制定针对性的监察方案，严格执法，发现煤矿建设、施工、监理单位有非法违法、违规违章行为或者存在重大安全生产隐患的，依法从严处罚；对发现的突出问题和共性问题，要向地方人民政府提出改进意见和建议，督促地方政府做好煤矿安全监管工作。

2）对部分重点产煤省（市）进行异地专项监察执法

2012 年 6 月，为深入开展煤矿“打非治违”专项行动，按照国家安全生产监督管理总局、国家煤矿安全监察局《关于印发煤矿“打非治违”专项行动实施方案的通知》(安监总煤监〔2012〕65 号）国家煤矿安全监察局决定抽调部分省级煤矿安监局监察人员于 2012 年 6 月上、中旬对部分重点产煤省（市）进行异地专项监察执法。

检查地方政府贯彻落实国务院办公厅《关于集中开展安全生产领域“打非治违”专项行动的通知》(国办发明电〔2012〕10 号）精神，部署开展煤矿“打非治违”专项行动情况；检查煤矿重大隐患挂牌督办及跟踪整改情况；落实煤矿瓦斯、水害防治规定和开展煤矿安全质量标准化建设情况；检查深入开展煤矿整顿关闭工作情况。

监察煤矿企业开展“打非治违”专项行动情况，取得有关证照情况，安全管理机构设置及人员配备情况，煤矿企业负责人、安全管理人员和特种作业人员经安全培训持证上岗情况；落实隐患排查治理、领导带班下井等管理制度情况；贯彻执行《防治煤与瓦斯突出规定》《煤矿防治水规定》等安全标准、规定情况；落实《煤矿建设安全规范》及执行建设项目安全设施“三同时”规定情况，安全生产费用提取和使用、安全质量标准化建设情况。

3）煤矿瓦斯防治专项监察

2012 年 6—8 月，依据《煤矿“打非治违”专项行动实施方案》的要求和部署，国家煤矿安全监察局决定开展煤矿瓦斯防治专项监察。监察内容包括，一是煤矿瓦斯抽采达标工作落实情况，煤矿企业是否建立健全专业的瓦斯抽采机构和瓦斯抽采达标自评估体系、管理考核等制度；是否落实抽采达标责任、规划和计划；是否建设完善瓦斯抽采系统，切实做到先抽后采、抽采达标；对应抽未抽的矿井是否责令停产整顿，对抽采不达标的采掘工作面是否责令按规定停止生产。二是防治煤与瓦斯突出工作落实情况，煤矿企业是否建立和完善防突机构和专业队伍，编制煤与瓦斯突出矿井的区域性防突技术方案；是否落实开采保护层、预抽煤层瓦斯等区域性防突措施；是否严格执行区域性措施效果不达标不得进行采掘作业的规定；是否认真编制揭露煤层设计，并经严格审批，杜绝未经批准擅自揭露突出煤层。三是瓦斯“零超限”目标管理制度建立和落实情况，是否建立瓦斯超限立即停产撤人，并比照事故处理查明超限原因，落实防范措施相关制度；1 个月内发生 2 次瓦斯超限的矿井是否停产整顿；矿井安全监测监控系统是否正常运转，传感器安装位置、数量是否符合相关标准要求，是否按规定对系统和传感器进行定期维护。四是 9×10^{4} t 及以下煤与瓦斯突出矿井停产整顿相关工作落实情况。是否按要求停产整顿并开展瓦斯防治能力评估工作；经评估不具备瓦斯防治能力的是否限期整改或由具备瓦斯防治能力的煤矿企业兼并重组；整改期满后经评估仍不具备瓦斯防治能力或未被兼并重组的是否予以关闭；停产整顿期间是否存在违法违规生产行为。五是重大瓦斯隐患挂牌督办制度建立和落实情况，是否明确重大瓦斯隐患认定标准；对重大瓦斯隐患，是否做到整改方案、责任人员、整改资金、整改期限、应急预案五落实；是否进行挂牌督办，强制整改落实。

4）煤矿安全质量标准化检查

2012 年 8—9 月，为扎实推进煤矿安全质量标准化建设，推动煤矿“打非治违”专项行动的深入开展，夯实煤矿安全生产基础，国家煤矿安全监察局决定组织开展 1 次煤矿安全质量标准化检查，对全国 25 个产煤省（区、市）及新疆生产建设兵团进行检查。检查的重点内容包括，各地贯彻落实关于安全质量标准化达标工作有关要求的情况，降低或取消安全质量标准化煤矿达标等级的情况，各地煤矿企业安全质量标准化工作开展情况及安全生产隐患自查自纠情况，抽查部分三级安全质量标准化煤矿的标准化建设情况。

5）煤矿企业安全生产许可证持证条件专项监察

2012 年 8—9 月，为切实做好煤矿企业安全生产许可证颁发管理工作，促进煤矿企业持续保持安全生产条件，深入推进煤矿“打非治违”专项行动，根据今年监察计划安排，决定于 8 月中旬至 9 月中旬组织开展一次煤矿企业安全生产许可证持证条件专项监察。监察内容包括：煤矿企业是否持续保持《煤矿企业安全生产许可证实施办法》〔原国家安全生产监督管理局（国家煤矿安全监察局）令第 8 号〕规定的安全生产条件；煤矿从业人员是否依法进行培训，取得相应资格证书；有关煤矿领导带班下井、隐患排查治理、防治煤与瓦斯突出、煤矿防治水、煤矿安全质量标准化、煤矿“六大系统”建设等制度和规定是否贯彻落实到位；整合主体煤矿、被兼并煤矿安全

生产许可证是否被暂扣，被整合煤矿安全生产许可证是否被吊销；地方人民政府依法关闭的煤矿、暂扣安全生产许可证后未按期整改或者逾期仍不具备安全生产条件的煤矿，安全生产许可证是否被吊销。

6）煤矿井下安全避险“六大系统”专项检查

2012 年 9—11 月为推进煤矿井下安全避险“六大系统”建设（以下简称“六大系统”），国家安全生产监督管理总局和国家煤矿安全监察局决定于 2012 年 9 月下旬至 11 月组织开展“六大系统”专项检查。检查内容包括：①矿井是否按照《煤矿井下安全避险“六大系统”建设完善基本规范（试行）》（安监总煤装〔2011〕33 号）的要求，完成了煤矿井下人员定位系统、压风自救系统、供水施救系统和通信联络系统的建设完善工作；②煤矿企业是否按照《煤矿安全监控系统及检测仪器使用管理规范》（AQ 1029—2007，以下简称《规范》）的要求，建设完善了监测监控系统，实现对煤矿井下甲烷和一氧化碳的浓度、温度、风速等的动态监控，甲烷、馈电、设备开停、风压、风速、一氧化碳、烟雾、温度、风门、风筒等传感器的安装数量、地点和位置是否符合《规范》要求；③煤（岩）与瓦斯（二氧化碳）突出矿井以及中央企业和国有重点煤矿中的高瓦斯、开采容易自燃煤层的矿井，是否按照国家安全生产监督管理总局、国家煤矿安全监察局《关于建设完善煤矿井下安全避险“六大系统”的通知》（安监总煤装〔2010〕146 号）、《关于印发煤矿井下紧急避险系统建设管理暂行规定的通知》（安监总煤装〔2011〕15 号）和《关于煤矿井下紧急避险系统建设管理有关事项的通知》（安监总煤装〔2012〕15 号）等文件精神及要求，建设了符合实际、经济实用、安全可靠的紧急避险系统、其他煤矿是否按要求组织建设紧急避险系统。

7）煤矿设备安全专项检查

2012 年 11—12 月，为进一步加强煤矿设备安全管理，及时发现和整改煤矿设备安全隐患，有效防范和坚决遏制煤矿重特大事故发生，在 11—12 月组织开展了煤矿设备安全专项检查，检查对象是所有煤矿企业及其所属井工矿井。重点检查内容包括：矿用空气压缩机使用和维护管理情况。重点检查矿井是否已按规定淘汰禁止使用的滑片式空气压缩机，井下空气压缩机是否具备安全标志，保护装置、检测检查记录，安装位置、维护管理是否正确到位等；矿井斜井（巷）提运人员设备设施使用和管理维护情况。重点检查提运人员设备是否按规定安装各类安全保护装置并按规定定期检验检测，设备使用和管理维护记录是否完善等；《禁止井工煤矿使用的设备及工艺目录》执行情况。重点检查是否建立应予淘汰设备台账，是否按规定期限进行淘汰，未按期淘汰的设备、工艺的数量、比例及主要涉及的淘汰项目类别等。

四、2013年煤矿安全生产工作重点

2013 年煤矿安全工作总体思路是全面贯彻落实党的十八大、中央经济工作会议和全国安全生产电视电话会议精神，在国家安全生产监督管理总局党组的坚强领导下，

攻坚克难，严格执法，加强服务，坚决打非治违，深化整顿关闭，推进企业排查治理重大隐患，督促企业强化安全生产基础建设，强化矿区公共安全体系建设，提升监察监管能力和水平，坚决防范遏制重特大事故，为煤矿安全生产形势根本好转打下坚实基础。

1. 狠抓《七条规定》贯彻落实

按照国家安全生产监督管理总局的统一组织，向全国煤矿矿长致信，发放《煤矿矿长保护矿工生命安全七条规定》（以下简称《七条规定》），并组织专题培训和考试，现场签署“承诺书”等。针对驻地辖区煤矿灾害特点，结合《七条规定》要求编制监察执法计划，强化重点监察和专项监察，适时开展集中监察和异地执法；分级加强执法监督，促进规范执法。高度重视并督促地方煤矿安全监管执法，对违反《七条规定》的行为依法实施行政处罚；督促地方加强对驻矿监管员的管理。

2. 组织开展煤矿安全生产大检查

按照国务院办公厅《关于集中开展安全生产大检查的通知》（国办发明电〔2013〕16 号）要求，开展一次彻底的煤矿安全生产大检查，按照“四不两直两自”进行暗访暗查，打击煤矿非法违法和违规违章生产建设行为。具体检查矿井《七条规定》落实情况、生产布局、灾害防治、隐患排查和安全培训等。

3. 推动煤炭工业结构战略性调整

大力推进煤矿安全治本攻坚，把淘汰落后产能、推进煤炭产业结构调整作为提升煤矿安全生产水平的主攻方向，明确 2015 年全国关闭小煤矿 2000 处以上。停止核准新建小型煤矿和煤与瓦斯突出的中型煤矿，提出安排淘汰落后产能奖励资金、鼓励兼并重组、发展替代产业、加强基础设施建设等支持政策，组织召开煤矿安全整顿关闭部际联席会议，对四川、重庆、贵州、云南、湖南、黑龙江、江西、湖北、辽宁等小煤矿数量多、灾害严重的地区，提出要求交换意见，推动整顿关闭工作。

4. 督促企业扎实排查治理重大隐患

落实煤矿安全生产“七大举措”，增强煤矿安全基础保障能力，深入开展隐蔽致灾因素普查和推动瓦斯抽采利用。落实矿长主体责任，督促煤矿企业建立完善隐患排查管理制度，推进国有重点煤矿隐患排查信息管理系统建设，开展专项督查，落实整改措施、责任、资金、时限和预案。加强通风瓦斯管理，严格落实“两个四位一体”综合防突措施，推进 9 kt 及以下煤与瓦斯突出矿井停产整顿和评估工作，坚决关闭不具备瓦斯防治能力的煤矿；加强水害治理，在小煤矿集中地区开展区域水害普查和论证，督促企业严格执行探放水的“三专”规定和加强机电运输管理，坚决淘汰落后设备，强化人员提升安全管理。

5. 引导企业强化煤矿安全生产基础建设

推进煤矿安全“四个一批”科技项目落实；提高煤矿安全质量标准化和信息化、自动化水平，提高中小煤矿采掘机械化水平；推进所有矿井简化生产系统，减少采掘头面个数和下井人员数量；要求生产矿井按规定时间完成“六大系统”建设；加强预

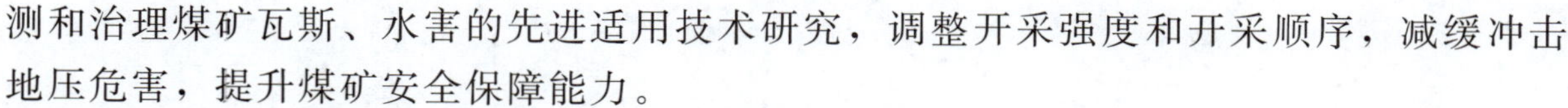

测和治理煤矿瓦斯、水害的先进适用技术研究，调整开采强度和开采顺序，减缓冲击地压危害，提升煤矿安全保障能力。

强化安全培训，继续加强班组安全建设，“三项岗位”人员必须持证上岗，从业人员全部培训合格后上岗；强化管理创新，探索适合地区特点、行业特点的现代企业管理方法，推广风险预控管理经验；加强职业危害防治，贯彻落实《职业病防治法》，出台《煤矿工作场所职业危害防治规定》，加强煤矿建设项目职业卫生“三同时”和职业卫生许可工作。

6. 注重用事故教训推动工作

继续对重大事故和非法违法、瞒报谎报较大事故挂牌督办、跟踪督办，加快调查进度，做到按期结案，提高事故查处实效性，及时向社会公布调查处理结果。将典型事故案例宣讲到所有矿长、班组长、一线职工和基层监管人员，及时发送事故警示信息，实现警示教育全覆盖；不断创新完善警示教育的方式和手段，达到“一矿出事故、万矿受教育”的目的。

开展煤矿安全监察业务培训班，培训内容包括职业病危害防治与安全监察专题和煤矿灾害防治与安全监察专题。组织学习八宝煤矿事故警示教育专题，在思想认识、技术管理、应急救援、事故报告、监管监察等5个方面，汲取八宝煤矿事故的教训。

7. 强化矿区公共安全体系建设

健全完善煤矿技术服务体系，高度重视技术服务机构建设，加强对中介机构的监督，明确中介机构的责任，为煤矿企业特别是小煤矿提供便捷、适用、有效和负责任的技术服务；推进培训教育体系建设。健全完善煤矿安全培训教育体系，发挥矿区各类培训中心和宣传教育机构的作用，重点提高培训教育的针对性和实效性；继续完善煤矿安全立法和标准体系，启动《煤矿安全规程》的全面修订工作；健全完善煤矿事故应急救援体系，在煤矿企业广泛建立兼职救护队，提高现场应急处置能力。

专题篇

中国安全生产法律法规体系建设研究报告

安全生产是社会文明和进步的重要标志，关系到人民群众的生命财产安全、改革开放、经济发展和社会稳定的大局。搞好安全生产工作，是全面落实科学发展观的必然要求和具体实践，是保证国民经济持续健康协调发展和建设社会主义和谐社会的重要途径。中国宪法作出的“依法治国，建设社会主义法治国家”的规定，必然要求将中国安全生产工作全面纳入法制轨道，实现依法治安，法治兴安。

新中国成立以来，特别是在改革开放以后，中央和地方各有关部门陆续颁布实施了一系列与安全生产有关的法律、法规、部门规章、地方性法规和地方政府规章，初步建立了中国安全生产法律法规体系，促进了中国安全生产的发展。近年来，随着中国经济、社会的快速发展，现有的安全生产立法与中国安全生产形势的迫切需要产生了一定的差距。与外国一些发达国家相比，在立法上的某些环节和方面显得落后，亟待制定规划，加强立法，以进一步健全和完善中国安全生产法律法规体系，将安全生产工作全面纳入法制轨道，促进安全生产形势的稳定好转。

一、中国安全生产法律体系的现状

1. 中国安全生产法律体系构成

所谓安全生产法律体系，是指中国现行的有关安全生产法律规范及规章形成的有机联系的统一整体；具体讲，就是指中国所有现行的安全生产法律规范按照一定的原则和标准划分为不同的类别并进行排列组合所形成的有机联系的整体；换而言之，中国安全生产法律体系，就是指将各种安全生产法律规范按照法律制定的主体、法律效力的层级等标准，遵循一定的原则来进行上下排列或者平行并列所构成的有机系统。

经过长期持续努力，中国安全生产初步建立了以《中华人民共和国安全生产法》为核心的安全生产法律体系，主要包括宪法、法律、法规、规章等四个方面。此外，标准及与安全生产有关的国际条约和规范性文件也是法律体系的重要补充。安全生产法律体系结构如图 3－1 所示。

目前，中国的安全生产立法按照不同的标准可以作不同的分类。从立法主体的性质来看，分为权力机关立法（人大及其常委会立法，包括宪法、法律、地方性法规）和行政机关立法（行政机关立法，包括行政法规、部门规章、地方政府规章）；从法律效力的层级来看，分为中央立法（法律、行政法规、部门规章）和地方立法（地方性法规、地方政府规章）。

2. 中国安全生产立法现状概述

按照依法治国、建设社会主义法治国家的要求，安全生产秩序除了采用经济和必要的行政手段外，更重要的是依靠法律的手段来维护。目前现行有效的涉及安全生产的立法主要包括以下几个层面：

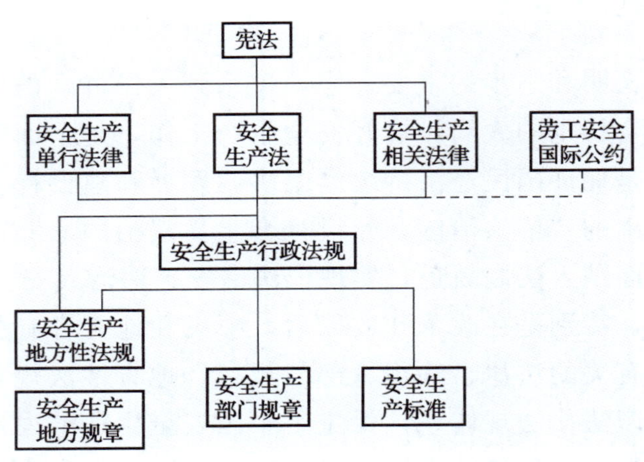

图3-1　安全生产法律体系结构示意图

1）宪法

宪法是国家根本大法，具有最高法律效力。1982年《宪法》第42条关于“加强劳动保护，改善劳动条件”是安全生产方面最高法律效力的规定。

2）法律

中国关于安全生产的法律包括基础法、专门法律和相关法律。

（1）基础法。《安全生产法》和《职业病防治法》适用于在中华人民共和国领域内从事生产经营的单位及其职业病防治活动，是中国安全生产法律体系的基础。

（2）专门法律。专门安全生产法律是规范某一专业领域安全生产法律制度的法律。我国专业领域的法律有《矿山安全法》《道路交通安全法》《消防法》《海上交通安全法》《石油天然气管道保护法》《特种设备安全法》等。

（3）相关法律。与安全生产的相关法律是指在安全生产专门法律以外的其他法律中涵盖有安全生产监督管理内容的法律。相关行业法律包括《煤炭法》《矿产资源法》《建筑法》《铁路法》《民用航空法》等；相关专业法律包括《劳动法》《工会法》等；安全生产监督执法工作相关的法律包括《刑法》《刑法修正案（六）》《刑事诉讼法》《行政监察法》《行政处罚法》《行政复议法》《行政许可法》《国家赔偿法》《标准化法》等。

3）行政法规

安全生产行政法规是由国务院组织制定并批准公布的，是为实施安全生产法律或规范安全生产监督管理制度而制定并颁布的一系列具体规定，是实施安全生产监管监察工作的重要依据。

中国安全生产行政法规中，综合类包括《安全生产许可证条例》《生产安全事故报告和调查处理条例》《工业产品生产许可证管理条例》《国务院关于特大安全事故行政责任追究的规定》《劳动保障监察条例》等；煤矿安全类包括《煤矿安全监察条例》

《关于预防煤矿生产安全事故的特别规定》；非煤矿山安全类包括《矿山安全法实施条例》；危险化学品安全类包括《危险化学品安全管理条例》《使用有毒物品作业场所劳动保护条例》《易制毒化学品管理条例》；烟花爆竹安全类包括《烟花爆竹安全管理条例》；民用爆破器材安全类包括《民用爆炸物品安全管理条例》；建设工程安全类包括《建设工程安全生产管理条例》；交通运输安全类包括《道路交通安全法实施条例》《铁路交通事故应急救援和调查处理条例》等；其他安全生产类包括《大型群众性活动安全管理条例》《电力监管条例》《水库大坝安全管理条例》等。

4）部门规章

部门规章由国务院有关部门为加强安全生产工作而公布的规范性文件组成，有关部门安全生产规章作为安全生产法律法规的重要补充，在中国安全生产监督管理工作中起着十分重要的作用。

目前，中国有关安全生产的部门规章中，综合类包括《安全生产行政复议规定》《安全生产领域违法违纪行为政纪处分暂行规定》《安全生产违法行为行政处罚办法》《注册安全工程师管理规定》《安全评价机构管理规定》《安全生产行业标准管理规定》《安全生产监督罚款管理暂行办法》《安全生产培训管理办法》《生产经营单位安全培训规定》《劳动防护用品监督管理规定》等；煤矿安全类包括《煤矿企业安全生产许可证实施办法》《煤矿安全规程》《防治煤与瓦斯突出规定》等；非煤矿山安全类包括《尾矿库安全监督管理规定》《海洋石油安全生产规定》等；危险化学品安全类包括《危险化学品建设项目安全许可实施办法》《危险化学品生产企业安全生产许可证实施办法》等；烟花爆竹安全类包括《烟花爆竹生产企业安全生产许可证实施办法》《烟花爆竹经营许可实施办法》等；民用爆破器材安全类包括《民用爆炸物品销售许可实施办法》《民用爆炸物品生产许可实施办法》等；建设工程安全类包括《建筑施工企业安全生产许可证管理规定》《建筑工程施工许可管理办法》等；交通运输安全类包括《游艇安全管理规定》《道路交通事故处理程序规定》等；其他安全生产类包括《特种设备质量监督与安全监察规定》《消防监督检查规定》等。

5）地方性法规、地方政府规章

安全生产地方性法规、地方政府规章是指由有立法权的地方权力机关——地方人民代表大会及其常务委员会和地方政府制定的安全生产规范性文件，是由法律授权制定的，是对国家安全生产法律、法规的补充和完善，具有较强的针对性和可操作性。

改革开放以来，中国地方安全生产立法工作不断加强，依法制定发布了一系列可操作性强的安全生产地方性法规和地方政府规章。在《安全生产法》颁布实施后，各地依照国务院《关于进一步加强安全生产工作的决定》中所确定的原则，结合本地区的实际，大大加强了地方安全生产立法工作，制定了与《安全生产法》等安全生产法律、行政法规相配套的一系列地方立法。大部分省（区、市）都相继出台了《安全生产条例》及《安全生产法实施办法》《危险化学品安全管理条例》及配套的地方性法规和规章，细化了《安全生产法》的规定。

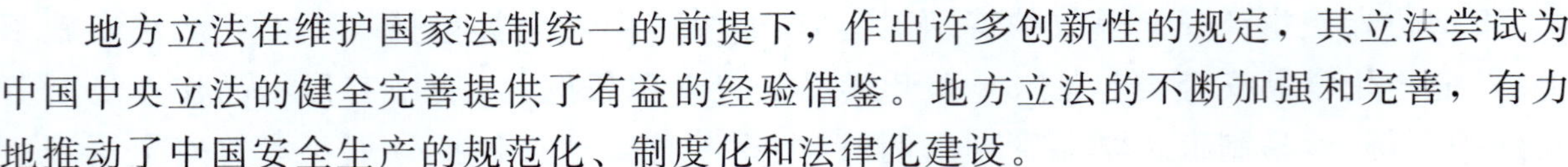

地方立法在维护国家法制统一的前提下，作出许多创新性的规定，其立法尝试为中国中央立法的健全完善提供了有益的经验借鉴。地方立法的不断加强和完善，有力地推动了中国安全生产的规范化、制度化和法律化建设。

6）安全生产标准

安全生产标准是安全生产法律体系的重要组成部分，是安全生产法律法规贯彻实施的重要手段和技术支撑。党和政府始终重视安全生产标准化工作。新中国成立 60 年来，中国安全生产标准化工作发展迅速，据不完全统计，国家及各行业颁布了涉及安全的国家标准超过 1500 项，各类行业标准也在几千项以上。中国安全生产方面的国家标准或者行业标准，均属于法定安全生产标准，《安全生产法》有关条款明确要求生产经营单位必须执行安全生产国家标准或者行业标准，通过法律的规定赋予了国家标准和行业标准强制执行的效力。此外，中国许多安全生产立法直接将一些重要的安全生产标准规定在法律法规中，使之上升为安全生产法律法规中的条款。因此，安全生产国家标准和行业标准，虽然和安全生产立法不无区别，但在一定意义上，可以被视为中国安全生产法律体系的重要组成部分。当然，其主体内容属于技术规范的范畴。2004 年，国家煤矿安全监察局通过的《安全生产行业标准管理规定》进一步规范了安全标准的制定程序，明确规定由国家煤矿安全监察局统一编号、发布，安全生产标准代号为 AQ，这对安全标准的法制化、科学化管理具有极其重要的意义。

7）规范性文件

规范性文件是由行政机关制定的除规章以外的有关行政管理的规则，它以文件的形式发布，具有普遍约束力。

总之，中国以《安全生产法》为龙头，以相关法律、行政法规、部门规章、地方性法规、地方政府规章和安全生产国家标准和行业标准为主体的安全生产法律体系已经初步形成，并日趋健全完善，如《矿山安全法》《煤矿安全监察条例》正在修订，《安全生产应急管理条例》等立法正在加紧制定。中国整个安全生产法律体系基本形成一个金字塔形或者是一个扇形结构，即以《安全生产法》《职业病防治法》等法律为塔尖，以行政法规、部门规章为基石的金字塔形或者扇形结构。

3. 中国安全生产法律体系的实施情况

中国安全生产法律体系总体上适应中国安全生产国情，有力地推动了各项安全生产事业的顺利进行。安全生产的有关法律法规和标准规范为中国安全生产领域行政执法工作和企业加强自我管理提供了法律规范依据，安全生产法制建设在安全生产各项工作中的地位日益重要。具体贯彻实施情况表现在以下方面：

（1）地方各级政府领导日益重视安全生产法制建设。随着各地经济社会发展水平和安全生产形势的不断变化，各地政府领导都注重加强安全生产法制建设。不断加强执法和法律法规的宣传教育，加大执法力度，安全生产形势逐步稳定好转。安全事故起数和伤亡绝对数、相对数等都大幅度下降，这与已基本形成的安全生产法律体系所起的保险作用是分不开的。

（2）安全生产法律体系基本形成。总体来看，安全生产法制建设步伐比较快，安全生产法律体系已基本形成，安全生产各方面工作基本有法可依。但仍然存在某些规定过于原则、不便操作、内容落后于时代发展和技术要求等问题，需要不断补充完善。

（3）安全生产行政执法制度建设得到加强。安全生产行政执法制度建设是近几年中国安全生产执法工作的重点内容之一，通过梳理执法依据、分解执法职权、明确执法责任，建立评议考核机制，旨在建立权责明确、行为规范、监管有力的行政执法体系。

（4）安全生产法律责任机制趋于健全完善。近年先后出台的国务院446号令、《刑法修正案（六）》《安全生产违法违纪处罚办法》等法律法规进一步明确了两个主体责任。不但加大对违法相关人的处罚力度，明显增加其违法成本，有力遏制了安全生产违法犯罪行为，而且逐步健全和完善了安全生产行政执法责任制度，通过确立首长负责制和事故调查处理"四不放过"原则，严格政府监管责任，加大了事故调查处理力度，对安全监管监察行政执法起到了有效规范和约束作用。

（5）安全生产法律法规宣传和贯彻力度进一步加强。宣传教育是法律得以贯彻执行的重要制度保障，安全生产法制宣传教育在各地取得了明显成效。但基层执法人员在掌握法律法规和熟练运用安全生产立法方面仍有很大发展空间，机械理解法条和机械执法情况仍然存在。而且，基层执法力量如县级安监局工作人员在最新法律学习、领会方面仍存在参差不齐现象。此外，安全培训方面，部分领域安全教育培训工作落实不到位。企业员工流动性太大，企业很难做到完全依法培训，如造船行业、小煤矿、高危行业仍存在不少问题。

4. 中国安全生产法律体系的总体评价

（1）总体来看，中国安全生产立法虽然基础较为薄弱，起步比较晚，但发展速度很快，成果显著。目前，中国安全生产法律体系已经初步建立和形成，并在不断健全完善之中。

（2）从立法内容来看，法律体系涉及面很广，涵盖了安全生产的各主要方面。现行有效的一系列安全生产立法，涉及生产经营单位安全准入、安全生产管理、政府及其有关部门监管监察执法、事故调查处理、从业人员权益保护、职业卫生健康、技术装备以及安全教育培训、安全社会中介机构及其服务等各个方面。

（3）从立法时期看，中国安全生产立法主要集中在20世纪80年代至今。现行有效的安全生产立法，制定时间最早的为80年代初，至今已有20多年。2001年至今是中国安全生产法制建设的全面发展阶段，安全生产立法进入了系统化建设的新阶段。

（4）从立法进程上看，安全生产工作经历了以政策调整为主，到政策、立法的互替调整和共同发挥作用，再到以立法调整为主、法制地位日益突出这样一种发展过程。当然这也是一种必然趋势，表明了随着中国经济社会的深入发展，安全生产法治建设的地位将越来越重要。

（5）从立法特点来看，中国安全生产立法，特别是安全生产行政立法的应急性特点依然明显。国家和社会各界对安全生产的预期很高，一些突发的重特大生产安全事故，尤其是煤矿事故受到极大关注，与此相关的立法则应运而生。如广东梅州 2005 年“8·7”特别重大透水事故，造成 121 名矿工遇难，促使 9 月 3 日国务院《关于预防煤矿生产安全事故的特别规定》（国务院令第 446 号）这一重要煤矿安全生产行政法规的出台。

（6）从安全生产立法机关看，立法部门较多。除了全国人大常委会制定的法律、国务院制定的行政法规外，由于中国的安全监管监察体制和机构改革的原因，制定安全生产部门规章的部门也经历了原劳动部、原煤炭工业部、原能源部、原国家经贸委、原国家煤炭工业局、原国家安全生产监督管理局（国家煤矿安全监察局）直到国家安全生产监督管理总局等部门的变化。

（7）从安全生产立法的原动力来看，中国安全生产立法的发展与中国经济体制、行政管理体制的改革关系密切，从当初《矿山安全法》《安全生产法》《煤炭法》《煤矿安全监察条例》等重要法律法规的制定，到目前正在进行的《矿山安全法》《煤矿安全监察条例》的修订，都深刻说明立法和法治进程与经济发展、体制转型不可分离，正是社会主义市场经济体制的建立健全为安全法治建设提供了根本动力。

（8）从立法指导思想上来看，中国安全生产立法越来越注重体现以人为本的科学发展观、保护从业人员合法权益，实现“安全发展”，构建社会主义和谐社会的要求。在计划经济体制下，国家依所有制形式区别对待生产经营单位，当然包括对安全生产的要求标准和监督管理。当前，立法在尊重科学规律和市场法则的前提下注重对不同所有制生产经营单位的平等保护和对待。这对改善中国安全生产基本条件，提高安全生产工作水平，保障从业人员人身安全和健康，具有重要的意义。

（9）从立法技术上看，中国安全生产立法越来越重视法律规范的针对性和可操作性。新制定的立法都注重规定内容的明确具体，表现出很强的针对性和可操作性。其所做的要求和规定，都是针对当前安全生产领域存在的薄弱环节和突出问题。如 2005 年 9 月 3 日制定的国务院《关于预防煤矿生产安全事故的特别规定》，就吸纳了各地实践中的创新经验和有效做法，对每个环节上的违法违规行为作出的处罚规定都有量化标准，便于操作。该规定还明确了煤矿事故预防工作的程序和步骤，包括排除隐患、停产整顿和关闭煤矿。这些程序性要求在以前的法律法规中虽有原则性规定，但此法的细化规定把预防煤矿事故的各个环节进一步程序化、规范化和制度化，增强了立法的可操作性。

二、中国安全生产法律体系存在的主要问题

目前，中国正处在社会主义初级阶段，社会主义法制乃至安全生产法制的建设也处在起步阶段，这就决定了短期内中国安全生产立法不可避免地存在着某些发展中的

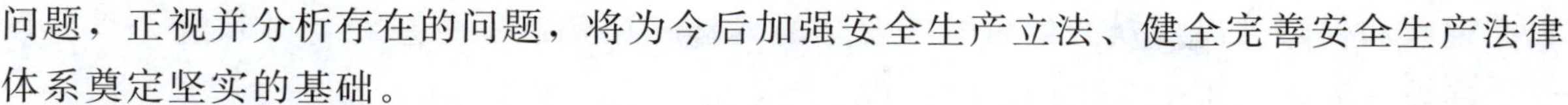

问题，正视并分析存在的问题，将为今后加强安全生产立法、健全完善安全生产法律体系奠定坚实的基础。

(1) 法律体系不够健全和完善。从中国现行安全生产法律体系来看，法律体系不够健全和完善，一些与现行安全生产法律、法规配套的、起支撑作用的法规、规章亟待制定。一些已经颁布实施的法律、法规、规章在实践过程中暴露出不少问题，如《矿山安全法》《煤矿安全监察条例》等立法的背景已经发生了明显变化，中国安全生产基本法律《安全生产法》在一些环节和方面也不能完全适应形势发展的需要，现有规范的滞后性阻碍着法律的良性运行，不利于安全生产法治建设，应在作出修订后及时颁布实施。

(2) 不同法律法规的规定不够配套、衔接。由于各具体行业的安全状况和立法思路不同，各法律法规制定起草的时代背景不同等原因，加之中国安全生产立法的应急性特征比较明显，使中国安全生产法律体系框架中的一些法规和法规之间、规章和规章之间、法规和规章之间不可避免地出现了相关立法不够配套和衔接不完善等问题，不少规范之间缺乏有机的联系，一些规范之间存在交叉重叠，有些甚至存在矛盾和冲突，如《煤矿安全监察条例》中的某些条款与《矿山安全法》中的一些条款之间存在冲突，给安全生产执法工作带来一定难度。

(3) 现有立法的一些规定内容存在问题和缺陷。虽然中国已经颁布和实施的安全生产立法在较大程度上发挥了保障安全生产的基本作用，但有关立法在实践中也暴露出不少问题，如现有立法对综合监管和专项监管职责规定不明确，对有关监督管理体制没有完全理顺，职业危害防治规定不够具体，对保障和充分发挥工会和从业人员在安全生产中作用的规定和保障条款可操作性不强等。

(4) 综合监管和专项监管需要进一步明确分工。目前中国安全生产监督管理体制有待完善，安全生产综合监督管理部门和专项监督管理部门的职能划分问题，需要通过立法加以解决，实践中依然存在综合监管和专项监管职责不清、监督管理效率亟待提高的问题。各执法部门在证照管理和监督执法等方面职能交叉重叠，因职责界定不清所产生的职能交叉或者管理缺位在中央和地方都不同程度地存在着，使得安全生产管理责任不够明确，各部门之间争抢权力或者推诿扯皮以及重复执法、重复检查现象时有发生，许多人力、物力、财力等宝贵资源被无谓消耗，而一些亟待强化的环节和方面执法监管又跟不上，从而增加了企业的负担。

(5) 安全生产应急管理立法不健全。当前，《安全生产法》等有关立法规定太原则，对许多应当明确的问题缺乏规定。从总体上看，中国安全生产应急救援立法仍然存在一些亟待通过立法解决的问题。这些问题主要表现在中国生产安全事故救援管理体制尚未理顺，事故应急救援缺乏统一的管理机构，各级应急人员职责不明确，应急预案缺乏针对性，应急管理预案可操作性差，实施预案的组织工作不严谨，有时甚至可能会出现现场指挥混乱、延误救援时机等问题。

总之，中国的安全生产立法与国外发达国家和地区相比仍显得落后，与中国安全

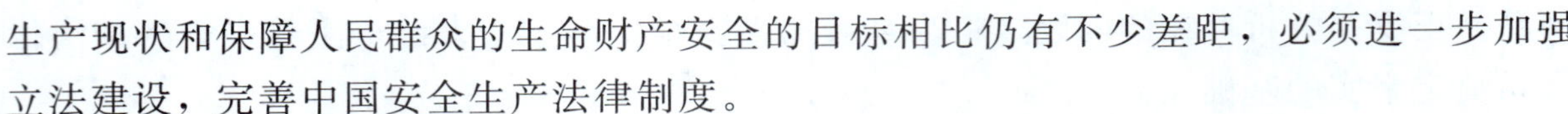

生产现状和保障人民群众的生命财产安全的目标相比仍有不少差距，必须进一步加强立法建设，完善中国安全生产法律制度。

三、中国安全生产法律体系存在问题的深层次原因分析

中国安全生产法制实践中，有法不依、执法不严、违法不究的问题，在一定程度上也是由于中国安全生产法律体系不够健全完善、安全生产立法存在问题和缺陷、所立之法质量有待提高所造成的。实现安全生产立法的法治化、民主化和科学化，提高立法质量，必须分析安全生产立法存在一系列问题的原因所在。总体来说，中国安全生产立法不够健全完善，原因很多，既有客观的原因，又有主观的原因，也有深层次的原因。

（1）中国安全生产立法起步晚，基础薄弱。安全生产立法是保护人民群众的生命安全与健康，保障生产经营单位从业人员合法权益，保障国家和人民群众财产安全的法律。近现代意义上的安全生产立法起源于18世纪工业革命后，是工业生产技术发展的需要，是工人运动高涨和不断斗争的结果。英国、德国、美国等当今安全生产状况良好的发达国家安全生产立法，从无到有，从单一的、零星的、只适用于某一特定范围的法规到综合的、全面的、适用范围更为广泛的基本法并辅以一系列从属、配套的立法，形成一个较为健全完善的安全生产法律体系，是经过很长的历史发展时期的。而中国安全生产立法20世纪才开始起步，最早的安全生产立法是1922年5月1日在广州召开的第一次劳动大会上提出的《劳动法》大纲，其主要内容是要求资本家合理地规定工人的工时、工资及劳动保护条件等。新中国安全生产立法建设是在1949年新中国成立以后才开始起步的，虽然在国民经济恢复时期、“一五”时期以及在国民经济调整时期开局和发展良好，取得很大成就，但在“大跃进”和“文化大革命”期间，中国安全生产立法建设受到了严重破坏，导致中国安全生产立法不仅起步较晚，而且基础十分薄弱。

（2）安全生产立法出台多，速度快，但缺乏统筹规划。新中国成立以后，中国很长时期内主要使用政策手段对安全生产和职工劳动保护进行调整，原有安全生产立法基础十分薄弱，十一届三中全会确定了改革开放的总方针，随着生产力的解放和国民经济快速发展，中国进入了事故易发的工业化发展中后期阶段，生产经营领域内的安全生产问题变得十分突出，事故频发，导致安全生产立法迅速发展，许多立法出台仓促，缺乏统筹规划和长远安排，不少立法的规定很快又不适应形势发展需要，而改变起来又需要时间，或者干脆放在一边，制定新的立法来解决新形势下的问题，而原来立法又依然有效，导致许多立法滞后于形势的发展、立法之间缺乏衔接和配套，使中国安全生产法律体系不论从体系架构还是从规定内容上，都产生了现存的许多问题和缺陷。

（3）全民安全生产法律意识亟待进一步增强。社会主义法律意识是加强立法工

作，促进立法健全完善的思想基础。随着中国社会主义法治建设的不断发展，全民社会主义法律意识不断增强，极大促进了中国社会主义法治国家的建设。但必须看到，中国是封建历史很长的国家，封建专制社会所形成的以言代法、以权抗法、因人用法的传统影响仍然存在，部分人的社会主义法律意识还亟待进一步提高。如果法律意识水平低，看不到法律必须适合客观形势的需要，那就很难及时地制定、修改、补充和废止法律。为此，必须加大力气开展社会主义法治建设，包括安全生产法治的宣传教育，形成全社会广大干部群众支持、拥护法治建设，支持并积极参与安全生产立法，有效促进安全生产立法法治的良好环境和氛围，推动中国安全生产法律体系不断健全完善，推动社会主义法治国家建设迈上新台阶。

（4）立法的民主化意识亟待进一步提高。在立法实际工作中，欠缺立法的民主化意识，也是安全生产立法存在一系列问题的重要原因之一。中国经历了几千年的封建社会，缺少民主和法治的传统。中国的民主意识，特别是立法上的民主意识先天不足、后天失调，表现在立法观念上，人治观念根深蒂固，而法治观念较为淡漠。虽然立法第五条已经明确规定了立法的民主原则——“立法应当体现人民的意志，发扬社会主义民主，保障人民通过多种途径参与立法活动”，但彻底消除封建传统观念，贯彻立法民主原则还需要一定的时间。在以后的安全生产立法中，应当进一步注重开门立法和民众参与，提高立法的透明度、参与度和公开性、民主性和科学性。

除上述原因外，中国安全生产法律体系不够健全完善，还有许多其他方面的原因，譬如较之西方发达国家而言，中国安全生产法律体系是体制转型时期的安全生产法律体系，具有计划经济向市场经济过渡时期的典型特征，对安全生产立法所应遵循的指导思想和基本原则在认识和把握上需要一个循序渐进的过程，过去较长时间内立法的指导思想和基本原则不够明确，一段时期内还比较习惯于用计划经济体制下的行业管理部门抓安全的思维方式来规范和解决现实问题，对如何尊重市场经济条件下安全生产的发展规律、深入贯彻落实科学发展观要求、充分发挥政府安全监管主体责任和企业安全生产主体责任等方面的内容与要求在立法上体现不够。再譬如中国的立法技术包括安全生产立法技术尚有待提高等，这些原因都应当引起我们的高度重视。

四、完善中国安全生产法律体系的对策建议

1. 进一步健全完善中国安全生产法律体系结构

做好安全生产法律法规的立、改、废工作，以《安全生产法》为核心，加快配套法律、法规、规章建设，加快地方法规规章建设工作，完善安全生产法律体系。尽快颁布修订后的《安全生产法》《矿山安全法》，加快修订《矿产资源法》等其他相关法律；加强行政法规制定修订工作，对制定行政法规调整时机尚不成熟的，可以考虑先制定部门规章；充分发挥地方性法规、规章和一般规范性文件在贯彻和实施中央立法和上位阶立法中的作用；对于安全生产起着基础性规范作用的标准和规程，在清理现

行安全生产标准、调整其体系结构基础上，制定亟须标准，修订有待完善标准，加强安全标准应用性研究，加强与国际标准接轨研究，完善安全生产标准规范体系，提高其科学性、合理性和实用性。

2. 从内容上健全完善中国安全生产法律体系

(1) 进一步明确与安全生产有关责任主体的权利义务、职权职责。落实政府监管责任，落实生产经营单位的安全生产主体责任，落实生产经营单位法定代表人安全生产第一责任人的责任，明确各级政府及其有关部门正职负责人、有关负责人和其他执法工作人员在安全监督管理中的职权职责，明确生产经营单位负责人、管理人员、实际控制人、投资人等不同责任主体的安全生产权利义务。

(2) 健全完善中国安全生产和与安全生产紧密相关的行政许可证照制度，撤销或合并一些性质和内容相似的行政许可，减少有关行政许可证照数量，进一步规范行政审批的程序，减轻生产经营单位的负担。

(3) 体现以人为本要求，加强对从业人员的全面保护。在安全生产的立法内容上，要充分体现以人为本，进一步加强对从业人员的全面深入保护。不仅要重视对劳动者的生命安全的保护，也要注意对劳动者身体健康的保护；不仅要重视防范死亡事故，也要注重防范各种伤残事故，还要重视职业病的防治和其他各种职业危害的防范；不仅要关注从业人员的身体生理健康，也要重视从业人员的精神心理健康，还要重视对从业人员因工作引起或者可能引起的心理疾患的防治。

(4) 注重发挥从业人员在安全生产工作中的作用。一线从业人员能够最早发现和意识到危险的出处和来源，因此充分发挥其主观能动性，对防范事故发生、搞好安全生产工作意义重大。必须制定更加明确具体、可操作性强的立法规范，切实保障从业人员知情权、拒绝进入危险场所工作权、在工作场所发生危险时的紧急撤离权等权利的行使和落实，使从业人员行使这些权利时没有后顾之忧，不担心遭到解雇等报复，充分发挥其在安全生产工作中的主观能动作用。

(5) 健全完善安全生产教育培训立法。针对中国现有安全生产教育培训法规制度已暴露出的缺陷和问题，通过立法提高各方面对安全生产教育培训重要性的认识，扩大安全培训覆盖面，特别是加大对农民工安全培训的广度和力度，健全完善培训的监督管理机制，完善安全生产教育培训大纲和考核标准，建立严格的培训质量考核认证监督管理体制机制，提高教育培训的针对性和质量，加大对生产经营单位安全培训情况的监督检查力度。

3. 通过立法理顺安全生产监督管理体制

健全和完善安全生产监督管理体制，强化对安全生产的监督管理，仍然是下一步中国安全生产立法的重中之重。通过立法理顺安全生产监督管理体制，应当注重遵循市场经济原则、公共利益原则和行政效率原则。在此基础上，着力理顺安全生产监督管理体制，强化其对安全生产的监督管理，重点是明确安全生产监督管理部门与其他监督管理部门之间的协作关系和职责分工，理顺安全生产综合监督管理部门与安全生

产专项监督管理部门之间的关系，在分工协作基础上进一步理顺安全生产监督管理体制。

4. 健全完善生产安全事故应急救援管理制度

通过立法进一步明确各级政府在应急救援工作中的责任，规范重大事故应急处置的相关程序，为各级政府部门应急救援工作提供必要的法律依据，使中国事故应急救援工作进一步实现法律化、规范化和制度化，提高中国应对生产安全事故的调查处理能力。针对中国安全生产应急管理中暴露出的亟待解决的问题，建议制定《安全生产应急管理条例》作为《安全生产法》的配套行政法规，并在此基础上制定与该行政法规相配套的部门规章。

5. 建立安全生产法律评估与反馈机制

针对中国安全生产法律法规数量众多、修订不及时、可操作性不强的问题，建议研究制定安全生产立法预评估及后评估制度、规范性文件定期清理制度、政策执行反馈报告等制度，建立法规政策体系运行信息化反馈系统，健全法律法规、政府规章、规范性文件等的修正机制，增强法规政策的自我纠错能力。

6. 加强安全生产法律宣贯力度

党的十八大报告强调："深入开展法制宣传教育，增强全社会学法遵法守法用法意识"。建议充分利用各种主流媒体，加强安全生产法律法规宣贯力度，深入宣传、贯彻落实安全发展的科学理念，突出抓好安全生产法律法规政策宣传培训活动，提高从业人员的法律维权意识，在全社会营造安全氛围。

热点篇

中国安全产业发展研究报告

中国正处于工业化、城镇化加速发展过程中安全生产矛盾问题凸显和各类生产安全事故易发波动的特殊阶段，安全生产工作面临着严峻形势，存在着诸多挑战。如何进一步降低事故总量、有效防范遏制事故发生，成为政府、企业乃至全社会共同的目标和任务。

造成中国安全生产形势依然严峻的原因十分复杂，除了生产力总体水平较低、监察体制不够完善、法制不够健全和企业安全投入较低之外，企业安全技术装备水平落后也是一个非常突出的问题。长期以来，安全生产基础建设方面投入不足、安全欠账较多等问题依然突出。由于设备老化、技术落后、一些重大危险源得不到有效治理，形成了事故隐患，时时威胁着广大职工和人民群众的安全与健康，已成为制约中国安全生产工作的瓶颈。进一步提升安全技术装备水平、推动安全产业发展，将为企业改变安全现状提供有力支撑，使安全生产条件得到根本改善，不断促进安全生产形势持续稳定好转。因此以科技进步为动力，积极应用先进技术和产品提升企业安全技术装备水平，逐步淘汰落后工艺和装备，努力提高安全要素中“物”的本质安全水平，同时采取安全评价、安全认证、人员培训、宣传教育等措施，减少人的不安全行为，是实现中国安全生产形势根本好转的治本之策。

一、安全产业的概念与范畴

1. 安全产业的概念

国外对于安全生产技术装备及服务相关的产业尚无确切的定义。美国、日本等发达国家所谓的安全产业主要指与国土安全、社会安全、防灾减灾、安全保卫等相关的产品及服务。

安全产业的概念在中国也是刚刚提出。同安全的范畴一样，安全产业可分为广义的安全产业和狭义的安全产业。广义的安全产业包括生产安全产业、减灾救灾产业、信息安全产业、社会安全产业、食品安全产业等；狭义的安全产业是指为安全生产提供配套技术、装备及服务的产业。《关于促进安全产业发展的指导意见》（工信部联安〔2012〕388 号）中所指的安全产业是为安全生产、防灾减灾、应急救援等安全保障活动提供专用技术、产品和服务的产业。

从安全生产的概念和范畴出发，国家安全生产监督管理总局信息研究院安全产业课题组将安全产业定义为：以保障企业正常生产经营和从业人员安全健康为目标，为国民经济各行业和领域提供专业性安全科技研发、设备装备生产、产品流通销售和技术咨询服务等一系列企业、机构及其活动的集合体。

2. 安全产业的分类

安全产业属于跨领域整合型的产业，涵盖范围几乎遍及各个领域，到目前为止还没有相关组织或学术机构给出权威的安全产业界定和分类。

国务院《关于进一步加强企业安全生产工作的通知》（国发〔2010〕23 号）中把安全检测监控、安全避险、安全保护、个人防护、灾害监控、特种安全设施及应急救援等作为安全产业发展的主要领域范畴。

中国地质大学（北京）罗云曾把安全产业分为硬产业和软产业。硬产业即安全技术产业，包括社区安防、消防安全、防护装备、工业安防装备和应急救援器材五大产业；软产业即安全文化产业，包括安全培训、安全宣传教育、安全咨询和安全软件四大产业。

中石油西南气田公司李文龙和重庆科技学院李强按照安全活动的属性将安全产业分为四大类，即安全器材制造、安全工程施工、安全信息处理和安全服务。其中安全器材制造属于制造业，指安全设备和用品的加工制造；安全工程施工属于建筑业；安全信息处理属于信息传输、计算机服务和软件业；安全服务属于批发和零售业、科学研究、技术服务和地质勘查业、教育等国民经济门类。

山东经济学院张文昌和于唯英认为，目前所提到的安全产业，主要是狭义的安全生产产业，按照服务安全的形式，可分为安全技术装备产业（硬产业）和安全服务（软产业）两大范畴。安全技术装备产业包括安全检验检测、安全避险、安全保护、个人防护、灾害监控、特种设备及应急救援等安全生产专用设备的研发制造，安全服务产业包括安全标准、咨询评价、安全宣传、安全文化、安全培训、安全科技与安全教育等。

根据《关于进一步加强企业安全生产工作的通知》（国发〔2010〕23 号）、《关于坚持科学发展　安全发展促进安全生产形势持续稳定好转的意见》（国发〔2011〕40 号）和《安全生产“十二五”规划》中关于安全产业的论述，参考《国民经济行业分类》（GB/T 4754—2011）国家标准以及相关专家的分类，按照产品和服务的性质，可将安全产业划分为技术装备和安全服务两个一级分类，具体又可划分为 20 个二级分类。详见表 4-1。

表 4-1　安全产业的分类

一　级	二　级	说　明
技术装备	劳动防护用品	劳保服装、劳保鞋、安全帽、防护网等
	工业安全设备	防护罩、安全阀、漏电保护装置等
	劳动卫生设备	除尘设备、降温设备、气体净化设备等
	应急救援装备	自救器、破拆工具、生命探测仪、矿用救生舱等
	检测监控设备	安全检测设备、安全监控系统、人员定位系统等
	软件信息系统	安全管理软件、数据库等
	矿山安全设备	瓦斯抽放设备、矿压检测设备、井下降温设备等
	消防安全设备	消防梯、消防栓、灭火器等
	交通安全设备	检测设备、交通护板、反光护栏等
	其　他	其他安全设备装备

表 4-1（续）

一　级	二　级	说　　明
安全服务	安全科技	安全科学理论研究、技术研发等
	安全设计	安全工程设计、安全设施设计、劳动卫生设计等
	安全检验检测	安全相关产品、设备、环境的检验、检测等
	安全施工安装	安全工程施工、设备安装等
	安全设备租赁	安全设备装备租赁、服务等
	安全咨询与评价	安全管理咨询、技术咨询、安全评价等
	安全教育培训	安全专业人才教育、安全技能培训等
	安全文化宣传	安全报刊、杂志、图书、音像、网站等
	装备产品销售	产品销售、市场服务等
	其　他	其他技术中介服务

二、发达国家和地区安全产业发展概况

1. 发达国家和地区安全产业范畴

第二次世界大战结束后，伴随着社会的不断进步和公众生活水平日益提高，欧、美、日等发达国家十分重视安全产业的发展，各类安全技术装备与产品得到越来越广泛的应用。美国将国土安全列为国家最高优先处理事项。日本 21 世纪“U-Japan”计划将“安心安全”生活列为首要目标。

世界主要发达国家和地区国情不同，自然环境与社会环境不同，安全产业的定义、范畴与内容也不同，其市场规模也有较大差异。美国、日本和中国台湾地区对安全产业的定义如下：

（1）美国安全产业的概念与范畴。美国将安全产业定义为：维护基础设施、保障人民生命财产相关的产品与服务。具体包括为通信设施、邮政设施、公共卫生、运输、金融、反恐、应急救援等提供安全保障的产品及服务。

（2）日本安全产业的概念与范畴。日本将安全产业定义为：与安全领域相关，可降低自然灾害损失，以及保障人民安心安全生活的相关产品与服务。具体包括门禁系统、自动探测报警系统、安全设备系统、影像监控系统、防盗安检系统、信息安全系统等。

（3）中国台湾地区安全产业的概念与范畴。中国台湾地区将安全产业定义为：为个人、家庭、企业、银行、政府部门、公共场所及重要基础设施提供安全防护产品、设备及服务的产业。具体包括安全监控（安全监控设备、安全保卫服务）、工业安全与消防（工业安全设备、消防设备）、信息安全领域（信息安全软件、硬件产品及服务）、系统整合与服务（系统规划设计、维护、咨询、检测）等四大领域。但不包括

国土安全、社会治安、交通安全、公共卫生等相关领域（图4－1）。

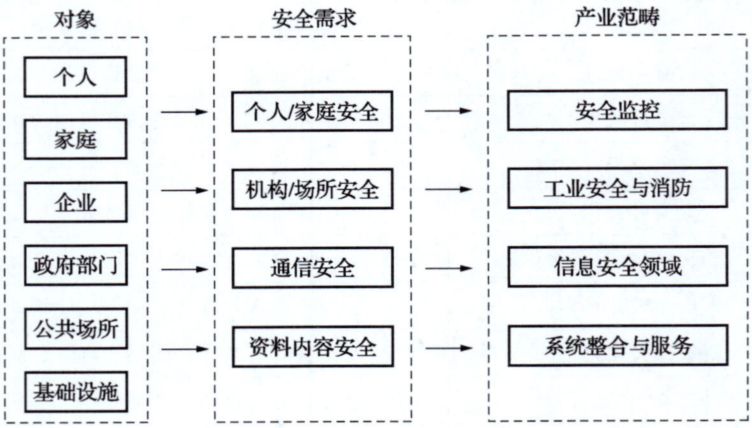

对象
个人
家庭
企业
政府部门
公共场所
基础设施
安全需求
个人/家庭安全
机构/场所安全
通信安全
资料内容安全
产业范畴
安全监控
工业安全与消防
信息安全领域
系统整合与服务

图4－1　中国台湾地区安全需求分类与产业范畴

2. 发达国家和地区安全产业市场状况

发达国家安全产业发展早在20世纪80年代已经趋于成熟，在安全防控技术、自动控制检测、安全事故应急处理设备等方面，基本垄断世界市场。进入新世纪以来，国际安全产业市场规模持续成长，安全技术与计算机网络技术结合，正在朝系统化、网络化、智能化方向发展。

安全产业属于新兴的综合产业，涵盖范围几乎遍及各个领域，各个国家对于安全产业的概念和范畴也不尽相同，市场规模或产值部分大都依照本国解释和界定进行统计。根据美国弗里多尼亚集团公司（The Freedonia Group，Inc.）数据显示，2006年全球安全产业产值约为1380亿美元，2010年达到2658亿美元，年平均增长率达9%以上，如图4－2所示。预计未来5年安全产业市场年均增长率在7.4%左右，2015年全球安全产业产值将达到3800亿美元，约占全球GDP的0.5%。The Freedonia Group，Inc. 定义的安全产业包括灭火器、火灾报警器、保险柜、闭路电视、电子门

3000
2500
2000
1500
1000
500
0
产值/亿美元
575
802
1380
2010
2658
1996
2001
2006
2008
2010
年份

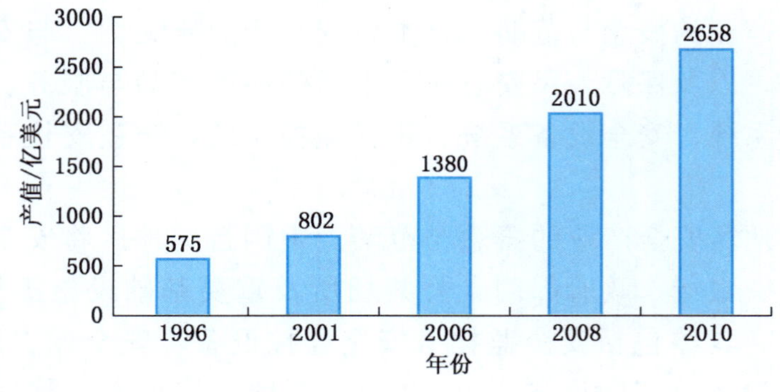

图4－2　全球安全产业产值

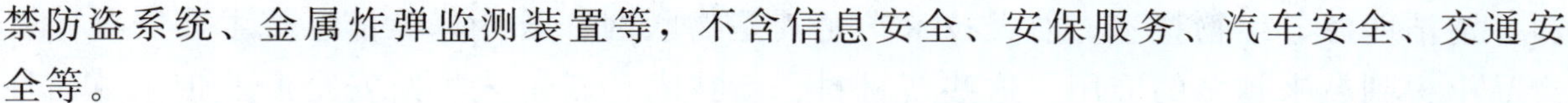

禁防盗系统、金属炸弹监测装置等，不含信息安全、安保服务、汽车安全、交通安全等。

(1) 安全监控领域。根据 Frost & Sullivan 统计资料，近年来安全监控器材市场呈稳定增长趋势，2008 年全球市场规模达到 796 亿美元，年均增长率达 13%。其中北美市场占 47%，欧洲占 40%，亚洲占 13%。

(2) 个人防护领域。全球个人防护用品市场规模在 1100 亿元左右，并每年以 2%～3%的速度增长。然而各地区发展速度不一，北美和西欧市场因发展成熟，其增长速度相对缓慢，而新兴市场则发展迅猛，如巴西、俄罗斯、印度和中国市场，均保持着高速增长。

美国的个人防护装备市场趋于成熟阶段，先进的防护衣及防具、呼吸口罩、防护手套每年约有 23 亿美元的市场规模，预估有 3%的年增长率，至 2010 年市场规模达 33.5 亿美元。根据美国消防协会（NFPA）统计，北美消防设备市场在 2004 年就已达约 45.8 亿美元，并且未来仍可维持稳定的增长率。

欧盟第 89/686/EEC 号指令《个人保护装备》发布后，欧洲从业人员劳动保护的意识高涨，其市场销售逐年成长。2003 年个人防护装备的市场规模约 41.24 亿欧元，2008 年市场规模约 48.54 亿欧元，年增长率约 3.3%。其中防护服装和手套市场增长较快，2003 年时防护服装和手套市场销售额约 23.92 亿欧元，2008 年增长至 30 亿欧元。欧洲各国个人防护具的使用率存在着差异性，德、法、英等国的员工个人防护用品上花费成本最高。各行业对于个人防护用品的需求度也不尽相同，如石化企业与应急救援单位的防护用品使用率最高，而建筑施工企业防护用品的使用量较大。

(3) 工业安全与消防安全领域。根据台湾拓墣产业研究所资料显示，2008 年中国台湾地区安全产业总产值可达 1396 亿元新台币，其中工业安全与消防产值 269 亿元，约占全部安全产业市场的 20%。

3. 发达国家和地区安全产业发展趋势

全球产业市场发展前景良好。全球安全产业相关市场平均年增长率达 9%左右，发达国家和地区的安全产业规模已经达到相当成熟的水平，安全装备产品技术优势明显，安全生产相关服务趋于完善，安全产业竞争实力强，发展前景宽广。在亚洲、拉丁美洲等国家，随着经济的发展，外来投资增加，促使安全产业市场快速成长。预计中国在未来 5 年间将成为全球安全产业成长最快的地区。

高附加价值及低廉价格两极分化。安全技术设备与产品需求向国际化、本地化与定制化发展，产品与服务向低价格、高利润两个方向发展，企业通过扩大生产规模、提高生产效率降低产品价格，同时通过为客户提供整体解决方案提升附加价值。

由单一产品向成套系统发展。安全监控、安全信息、工业安全与消防设备等系统整合与应用是未来安全技术装备的主要发展方向，生产制造服务化，硬件与软件并重，不同系统间互通与整合，将成为未来安全产业技术的发展趋势。

高新技术在安全装备产品中逐步得到应用。随着全球科技的快速发展，纳米材

料、清洁能源、生物技术、航天技术，尤其是物联网、云计算等信息技术在安全装备产品中得到越来越多的应用，这些新材料、新技术、新工艺将给安全产业带来革命性的改变和发展。

三、中国安全产业发展现状

（一）中国安全产业产值估算

我们对中国天津、上海、浙江等15省（市、区）进行了问卷调查，建立数学模型对全国安全产业产值进行估算，通过分析研究，发现安全产业产值主要与国民经济中的第二产业和第三产业产值有一定的线性相关性。

根据各地上报的安全产业产值数据，以第二、第三产业产值为横轴，以安全产业产值为纵轴，可以发现两者间具有较好的线性关系（拟合度判定系数 $R^2=0.7755$）。如图4-3所示。

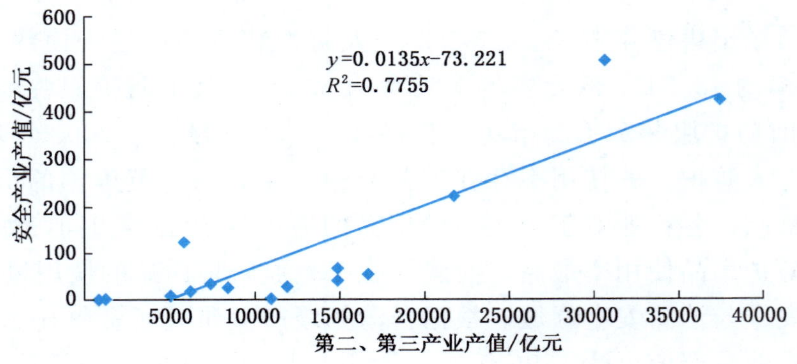

图4-3　2011年各地区第二、第三产业与安全产业产值关系

根据中国15个省（市、区）的第二、第三产业与安全产业产值数据建立二者之间的线性关联方程，即

$$Z=a(X+Y)+b$$

式中　Z——安全产业产值；

X——第二产业产值；

Y——第三产业产值；

a——比例系数；

b——修正系数。

进而可以通过全国的第二、第三产业产值来估算出全国的安全产业总产值。

将2011年中国15个省（市、区）的第二、第三产业及安全产业产值作为样本进行回归分析，得到回归模型为

$$Z=0.014\times(X+Y)-80$$

将2011年的全国第二、第三产业产值带入方程，可估算全国安全产业产值：

$$0.014\times(220412+204982)-80=5875 亿元$$

经过初步估算，2011年中国安全产业总产值约为5875亿元，约占全国GDP的1.2%（中国安全产业的范畴与其他国家相比有所不同，产业产值及占GDP的比重缺乏可比性）。

（二）主要产业发展现状分析

1. 安全科技研发产业现状分析

1）行业发展概况

“十一五”期间，中国加大了安全科技的投入，安全科研经费投入达到3.4亿元，比“十五”期间增长了近5倍，其中国家科技支撑计划项目达到11个项目61个课题，国家拨经费2.64亿元，国家安全生产监督管理总局投入经费8600万元，持续开展20余项安全生产基础研究，引导企业和科研院所自筹经费约10亿元自主开展安全科技研究。在煤矿瓦斯、火灾、顶板、水灾重大灾害防治，非煤矿山尾矿库在线监测，帷幕注浆堵水隔障地压监测与控制，危险化学品生产企业重大危险源定量风险评价，智能监控等方面取得100多项技术成果，见表4-2。

表4-2 “十一五”期间重点行业（领域）安全科技攻关投入

重点行业领域	项目数	课题数	经费总额/万元	国家拨经费/万元
煤　矿	3	22	18786	9400
非煤矿山	2	10	10055	5165
危险化学品	1	3	2060	1560
烟花爆竹	1	5	4625	1625
职业危害	1	4	1660	1415
事故应急救援	2	7	5716	2816
检测检验	1	5	3205	2305
其　他	0	5	3243	2168
合　计	11	61	49350	26454

全国共建立了11个安全生产领域的国家级、省部级安全生产重点实验室。建设矿山、非矿山、职业危害和基础研究4个国家级专业实验室31个，以及矿山、非矿山、职业危害3个省级专业实验室94个，共配置设备5511台（套），初步建成国家级、省级安全生产技术支撑专业中心。建立6大类安全生产科技支撑平台，8大类60个安全生产技术示范工程，提升了安全科技成果研发、试验、检测、孵化、生产、应用、推广能力。

2）发展形势分析

虽然安全生产科技研发取得了长足进步，但还存在安全生产科技基础相对较差，安全生产基础理论、重大关键技术研究和创新能力不强，安全生产科技成果转化率和产业化率不高，安全生产科技投入较低，特别是企业安全生产科技投入缺乏动力，安全生产科技投入的主体地位尚未真正形成等问题，安全生产科技发展仍不能满足日益增长的生产发展需要。随着中国经济持续平稳较快发展，工业化、信息化、城镇化、市场化、国际化进程不断加快，资源环境和安全生产压力加大，实现科学发展、安全发展，加快转变经济发展方式，都给安全科技发展提出了新的要求。

根据《安全生产科技“十二五”规划》，中国在“十二五”期间将继续大力整合安全生产科技优势资源，推动企业、科研院所和高校组建安全科技创新战略联盟，加快科技研发、成果转化和企业安全技术装备升级，不断推进安全科学技术进步。建立门类相对齐全、领域广泛、布局合理的 9 大类 100 个技术支撑平台，培育和创建 30 个安全工程专业技术研发中心、50 个安全技术创新中心、5 个国家安全生产监督管理总局安全生产重点实验室，引导、支持、鼓励各地创建一批安全产业园，培育 5 个安全产业示范园，打造安全生产重大科技成果研发、试验、检测、孵化、生产、应用、推广等功能完整的安全生产技术支撑链。“十二五”时期中国安全科技发展主要目标见表 4-3。

表 4-3 “十二五”时期中国安全生产科技发展主要目标

类　别	“十二五”时期	“十一五”基数	增长幅度
基础理论研究	9 类	8 类	12.5%
创新技术成果	100 项	61 项	63.9%
创建示范工程	100 个	60 个	67%
打造支撑平台	100 个	42 个	138%
创建研发中心	30 个	0	30 个
创建创新中心	50 个	0	50 个
培育安全生产重点实验室	5 个	3 个	67%
遴选科技创新型中小企业	100 个	0	100 个
推广新成果新技术	100 项	85 项	17.6%
推广新型实用产品	1000 个	80 个	1150%
创建安全产业示范园	5 个	0	5 个
制定安全技术标准	200 个	161 个	24%

2. 安全教育培训产业现状分析

1）行业发展概况

安全教育培训是安全生产工作的重要支撑。2000 年，原国家安全生产监督管理局印发了《煤矿安全培训机构及教师资格认证办法》，按照培训对象将煤矿安全培训机构分为四级，并在全国认定一、二级安全培训机构 130 余家。2004 年，原国家安全生

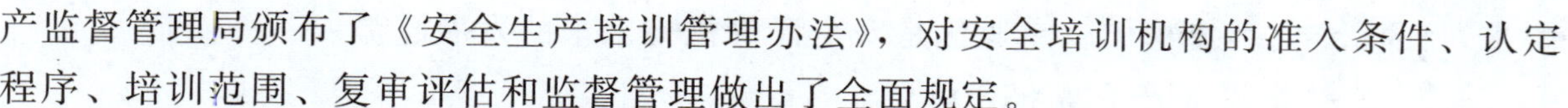

产监督管理局颁布了《安全生产培训管理办法》，对安全培训机构的准入条件、认定程序、培训范围、复审评估和监督管理做出了全面规定。

截至2010年底，全国安全培训机构3661家，专职教师2万余人。2006—2010年，全国累计培训高危行业企业“三项岗位”人员2201万人次，其中主要负责人210.4万人次，安全管理人员315.6万人次，特种作业人员1675万人次；累计培训工矿商贸企业农民工8217.7万人次。

截至2010年，全国设置安全工程本科专业的高校有127所，其中有博士授予权的20所、硕士授予权的46所，在校生3万余人；每年招收博士生约280名、硕士生（含工程硕士）约1000名。

2）发展形势分析

中国安全培训机构虽然发展比较快速，但依然存在一些问题，如培训管理人员队伍和教师队伍素质不是很高；培训教学方法缺乏创新；培训质量和培训效果的检查不到位；缺少安全救援的技能培训等。

在当前高危行业大量文化程度低、安全意识差、缺乏安全技能农民工就业的情况下，应鼓励和支持各类企业申办四级安全培训机构，加强师资建设，特别是要吸收既有理论基础又有实践经验的安全管理人员加入教师队伍，加强职工岗前安全培训，注重现场操作与应急处置，从而提高从业人员的整体安全素质。

3. 安全咨询与评价产业现状分析

1）行业发展概况

20世纪80年代初期，安全评价有关理念方法引入中国，受到许多大中型企业和行业管理部门的高度重视。随着安全生产工作的关口前移，安全评价成为安全监管部门和企业安全生产的基础工作和重要组成部分。

原国家安全生产监督管理局于2004年10月20日颁布了《安全评价机构管理规定》，将安全评价机构的资质证书分为甲、乙两级，对从事安全评价的中介机构实行了严格的资质准入许可制度。截至2010年底，全国共有国家安全生产监督管理总局批准的甲级资质安全评价机构159家，各省（自治区、直辖市）安全监管部门批准并报国家安全生产监督管理总局备案的乙级资质安全评价机构282家，评价人员约1.9万人。全国共有14.9万人取得注册安全工程师执业资格证，其中9.8万人注册登记执业；各类安全主任或助理注册安全工程师约40万人。

2）发展形势分析

虽然中国安全评价行业有了较快发展，但由于安全评价市场正处于逐步成熟和规范阶段，安全评价人员资质参差不齐，一些安全评价机构管理水平不高，少数评价机构采取低于成本价承接业务，有的以不正当竞争方式获取安全评价业务，严重破坏了安全评价机构形象，搅乱了正常的安全评价市场秩序。

中国现在安全评价机构的数量增长比较快，在数量增长的同时，更应注重质量的提高。加强安全评价过程控制，提高评价报告质量，是安全评价咨询行业发展的必然要求，而标准化、技术化、专业化是安全评价机构未来的发展趋势。

4. 应急救援设备产业现状分析

1）行业发展现状

中国自然灾害频发，并且正处于工业化和城市化加速发展阶段，应急救援设备需求庞大，按照国际发达国家救援装备水平来测算，每年我国将会产生数百亿元的购买力，从事紧急救援及相关专业的人员需要数十万人。2009年工业和信息化部《关于加强工业应急管理工作的指导意见》（工信部运行〔2009〕446号）中提出，“实施应急工业产品应用示范工程，促进应急工业产品推广。加快应急创新成果产业化，推动形成一批应急产业发展聚集园区”。据国家发改委、财政部等相关部委的预测，目前我国应急产业市场年容量为500亿～1000亿元。

2009年国家安全生产监督管理总局与重庆市政府签署了《备忘录》，确定在重庆建设中国西部安全（应急）产业基地，2011年基地正式开工建设。2009年民政部紧急救援促进中心在东莞松山湖开始筹建中国紧急救援产业支持中心。各地区应急救援产业发展情况见表4-4。

表4-4 各地区应急救援产业发展情况

地区	产业基地	规划目标
东莞	中国紧急救援产业支持中心	打造应急救援产业园区，华南应急救援基地总部
绵阳	防灾减灾科技产业园	2010年完成防灾减灾产业园的建设，2015年园区将为国家近期和未来地震防灾抗灾及恢复重建提供科学技术支撑、先进实用产品、成套技术、成功范例及有益的经验和借鉴参考模式
重庆	中国西部安全（应急）产业基地	到2012年，形成一个直接产值上百亿元，拉动产值数百亿元的新型产业集群，打造成为全国安全（应急）产业研发、制造、物流的基地和龙头
乐清	应急产业联盟和投资联盟	力争成为全国应急产业发展的试验区

浙江乐清应急产业发展较快，相关产品的产值约100亿元。其中防爆电器企业年产值60多亿元，约占全国市场的60%以上；消防用品、应急电源企业年产值20多亿元，约占全国市场的80%；电力抢修工具企业年产值约10亿元，约占全国市场的70%；还有其他如全地形消防车、警用摩托车，以及急救包、警用头盔等，年产值10多亿元。

2）发展形势分析

相关研究表明，一个国家或地区人均GDP在1000～3000美元时，是其公共事件高发时期。2003年非典（SARS）事件后，中国大力加快突发公共事件应急体系建设步伐，应急管理各项工作取得了重大进展。但中国应急产业起步较晚，关键应急装

备，如航空应急救援、应急通信、特种救援装备与专业工具等领域发展滞后，应急产业基地建设主要还停留于地方产业发展规划阶段。

应急救援是一个新兴产业，在中国具有广阔的市场前景。要以救援与运输装备、应急能源与动力装置、应急通信与信息设备、医药与防护用品等为重点，编制当前鼓励和支持发展应急产品目录，加快制定应急工业产品相关标准。实施应急救援产品应用示范工程，促进产品推广。加快应急创新成果产业化，推动形成一批应急产业发展聚集园区。

5. 检测监控设备产业现状分析

1）安全监控系统发展概况

近年来，国家加大安全生产监管力度，企业投入大量资金提高安全技术装备水平，中国安全监控产业得到了快速发展。2009 年，全国安全生产监控设备的企业达到 700 多家，从业人数超过 9 万人，产值约 700 亿元。安全监控设备生产企业利润前景也十分可观，几乎 90%以上的企业都处于盈利状态。

2）气体检测仪器发展概况

国内仪器仪表行业企业数量众多，市场集中度低。经过十年来的发展，中国仪器仪表行业技术上总体已达到 20 世纪 90 年代中后期的国际水平，少数产品接近或达到当前国际水平，许多产品具有自主知识产权。据仪器仪表行业协会统计，2006—2011 年，全国仪器仪表行业工业总产值和销售总额年均增长率达到 21.7%，气体检测仪器仪表市场增长率更是在 30%以上。

国内气体检测仪表行业由于发展时间较短，民用、商用气体检测仪器技术门槛较低，法规要求不严，市场主要为国内企业占有，众多小规模企业瓜分了超过半数的市场份额。工业用气体检测仪器仪表由于技术和资金门槛较高，高端市场主要为进口产品占据，但普遍价格昂贵。国内生产企业相对较少，一般实力和规模都相对较强，大多用于工业安全和民用燃气安全领域。

3）发展形势分析

中国安全检测监控技术水平与国际水平相差 10～15 年，只有少数接近或达到国际水平。主要问题包括：研发投入严重不足，自主创新成果少，转化率低，应用技术落后，缺少中高档产品，低水平重复生产较为严重。

安全检测监控行业的广阔前景、快速发展及较高利润水平吸引了相关自动控制和仪器仪表巨头的高度关注，市场竞争越来越激烈。国内一些小型的生产企业面临洗牌的危险，而规模相对较大的企业也需要加强研发和技术创新，扩大生产规模，提高市场占有率，迅速建立核心气体传感器研发和生产能力，以便尽快做大做强，才有足够实力与跨国巨头竞争，在今后的市场发展过程中还需要政府出台相关政策加以扶持和引导。而有害气体快速检测、工作环境实时监控及智能化预警系统将是未来发展的主要方向。

6. 消防安全设备产业现状分析

1）行业发展概况

消防安全设备是安全产业的重要市场之一。中国消防安全器材产业已经初具规模，形成包含灭火器、消防水带、消防水枪、防火材料、消防闸门、消防箱等消防器材的生产制造体系。中国消防设备生产企业已从单一所有制模式转变为个体、集体、国有、股份、合资、独资等多种所有制形式，军工、机械、航空、化工、核工业等一批国家骨干企业加入到消防安全设备产业中，现代化管理模式在不少的企业也已经建立，提高了消防产品的结构档次，促进了规模经济的初步形成。中国目前有近4000多家的消防安全器材生产企业和近万家的施工企业，从业人员近100万，年均产值超过200亿元人民币，整个行业市场年增长率为15%～20%，已成为国民经济发展中日趋活跃的一个重要组成部分。

中国消防报警产品市场增长较快，报警装置生产企业数量由2003年的390家增长到2010年的600余家，国外消防报警产品在中国销售的也有30家左右，每年共计销售约400万只探测器，市场年均增长量在10%～15%之间，目前仍处于快速成长期。

中国消防车行业已初步形成了较为完整的制造体系，国外一些著名消防车企业也逐步进入中国市场，基本满足公安和职业消防队装备建设的需要。国内消防车的生产企业有30多家，部分产品还出口国外。2010年，全国共有政府专职消防队7375个、单位专职消防队2544个，配备各类消防车辆1.5万余台。

2）发展形势分析

在中国消防设备产业稳步发展的同时，也存在一些比较突出的问题，如缺少龙头企业和产品，市场竞争力弱；行业宏观调控不够，重复建设现象普遍，资源浪费十分严重；企业研发能力不足，对科研投入资金较少，缺少自主研发的产品及科技成果等。

中国消防设备产业要打破政府干预，建立市场化运营的企业集团，同时引进先进技术，实施品牌战略，大力开拓国际市场，才能在未来的市场竞争中赢得优势。

7. 劳动防护用品产业现状分析

1）行业发展概况

劳动防护用品是指由生产经营单位为从业人员配备的，使其在劳动过程中免遭或者减轻事故伤害及职业危险的个人防护用品。近年来，国家对劳动生产安全的重视及劳动者安全意识的提高，对劳保用品的质量、功能、款式及服务都有了更高的要求。劳动防护用品已成为安全产业发展不可缺少的重要组成部分。

目前全国从事劳动防护用品生产的企业有数千家，从业人员达数百万人。仅就劳动保护用品就有约360亿元的市场份额，其中直接保护劳动者安全健康的特种防护用品市场份额约为250亿元。根据特种劳动防护用品安全标志管理中心统计数据，截至2010年12月，全国共有786家特种劳动防护用品生产企业，主要分布在江苏、浙江、上海、山东等工业发达地区。其中生产防静电工作服的企业最多，为277家；其次为生产保护足趾安全（防护）鞋/靴、阻燃防护服、安全帽、电绝缘鞋、防静电鞋/靴和

防刺穿鞋/靴的企业，数量分别为178家、146家、141家、137家、122家和111家。

中国有世界上最大的劳动力市场，劳动防护用品市场需求庞大。据统计，全国防护服装每年需求量为8000万套，其中特种防护服1000多万套，阻燃防护服260万套，防酸碱工作服270万套，防静电工作服500万套；各种防护鞋年需求量为9600多万双，其中防砸鞋4500万双，防静电鞋127万双，耐酸碱鞋255万双，耐油鞋187万双，绝缘鞋255万双，防刺穿鞋187万双，其他防护鞋2115万双；各种防尘口罩需求量1.56亿个；各种防毒面罩仅煤炭、化工两个行业年需求量就达310万～450万个，并且每年以超过20%的幅度增长，正处在黄金增长期。

在劳动防护用品市场，如劳保手套、工作服、劳保鞋、安全头盔、呼吸口罩等，国内中低端市场主要由中国产品占有，属于成熟市场，但在高端市场缺乏明星企业和品牌产品。基于中国劳动防护用品产业的巨大潜力，众多中外知名企业纷纷涉足这一领域，行业竞争也日趋白热化。2009年外国品牌在内地个人防护用品的销售量约为20亿元人民币。

2）发展形势分析

虽然中国特种劳动防护用品生产企业众多，但大多企业规模小、分散大、技术力量薄弱，产品品种单一，且多数企业的产品属于技术含量较低的劳动密集型产品。2008年以来，由于受到国际金融危机、国内人工成本不断提高、原材料价格上涨等因素影响，中国个人防护用品行业遭遇了严峻挑战，先后出现出口下滑、用工困难、成本提高等问题，今后传统劳动保护产品企业生存问题将会日趋严峻，而高端个体防护装备市场预计将会有较快增长。

中国劳动防护用品企业要生存、要发展，必须将分散的财力、物力、资源进行重新组合，逐步建立一批规模化、集团化企业，树立知名品牌，提高产品质量和科技含量，向高端化、轻便化、舒适化、系统化、多功能化发展。

（三）安全产业发展存在的主要问题

近年来，中国安全产业虽然取得了长足发展，但与发达国家相比，产业发展仍然较为滞后，还不能在更高的水平上为企业安全生产提供有效的技术装备保障。当前中国安全产业发展存在的问题主要表现在以下几个方面：

（1）社会认知程度不高，产业发展缺乏规划指导。安全产业所占国民经济比例较小，尚属于弱势产业，社会对大力发展安全产业的认知程度和社会需求有待提高。产业发展缺乏统一的规划和指导，各级政府的政策支持十分有限，市场培育不足，安全产业发展的市场机制尚未建立。

（2）市场规模较小，产业集中度低。中国安全产业起步较晚，安全产业规模小，未形成与国家经济规模相适应的格局。与美国、日本等发达国家相比仍有一定差距。并且产业布局分散，产业集中度较低，企业的规模都不大，市场竞争力弱，在产品质量、研发投入、营销和服务等方面都不能与国外的大公司相提并论。

（3）技术研发能力较差，产品附加值低。受科技发展水平所限，中国相关企业技术装备的研发能力和动力不足，科技成果转化能力不强，内部管理水平不高，导致产品质量较差。同类同功能的产品设备，国外知名品牌要比国产贵几倍。产品主要集中在低端劳动防护用品市场，缺乏高技术含量、高附加值的安全产品。

（4）管理体制不顺，未形成独立的行业。安全产业的范畴十分广泛，尚未形成一个独立行业，由于许多企业和产品与其他产业混合在一起，给政府有关部门把握产业现状、指导产业发展带来一定困难。虽然专业上属于安全生产领域，但体制上归属于工业与信息化部门管理，安全生产监管部门对整个产业发展的指导作用有限。

（5）市场秩序混乱，无序竞争严重。中国从事安全产业的企业多为中小型民营企业，没有知名品牌和驰名商标产品。存在较多无证生产、无证经营等问题，低水平的无序竞争较为激烈，拥有自主知识产权核心技术的企业凤毛麟角，多数企业处在有制造无创造、有产品无产权的状态，甚至靠仿制、制假生存。

（6）国外厂商进入国内，市场竞争日趋激烈。中国改革开放尤其是加入 WTO 以来，越来越多的世界安全产业知名外商进入中国，并以其一流的技术、产品和服务在中国站稳了脚跟，占据了高端市场。国内安全产业市场竞争日趋激烈，给国内相关企业发展和壮大带来巨大压力。

四、中国安全产业重点领域与产品分析

1. 波士顿矩阵分析

1）分析方法

波士顿矩阵（BCG）是由美国著名的管理学家、波士顿咨询公司创始人布鲁斯·亨德森于 1970 年首创的一种用来分析和规划企业产品组合的方法。这种方法的核心思想是：使企业的产品适合市场需求的变化，将企业有限的资源有效地分配到合理的产品结构中去，是企业在激烈竞争中能否取胜的关键。

波士顿矩阵认为一般决定产品结构的基本因素为市场引力与企业实力。市场引力包括企业销售量（额）增长率、目标市场容量、竞争对手强弱及利润高低等。其中最主要的是反映市场引力的综合指标——销售量增长率，这是决定企业产品结构是否合理的外在因素。企业实力包括市场占有率，技术、设备、资金利用能力等，其中市场占有率是决定企业产品结构的内在要素，它直接显示出企业竞争实力。销售量增长率与市场占有率既相互影响，又互为条件：市场占有率大，销售量增长率高，可以显示产品发展的良好前景，企业也具备相应的适应能力，实力较强；如果仅是市场占有率，而没有相应的高销售量增长率，则说明企业尚无足够实力，则该种产品也无法顺利发展。相反，企业实力强，而市场引力小的产品也预示了该产品的市场前景不佳。

通过以上两个因素相互作用，会出现四种不同性质的产品类型，形成不同的发展前景，如图 4－4 所示。

（1）明星产品（Stars）。是指处于高增长率、高市场占有率象限内的产品群，这

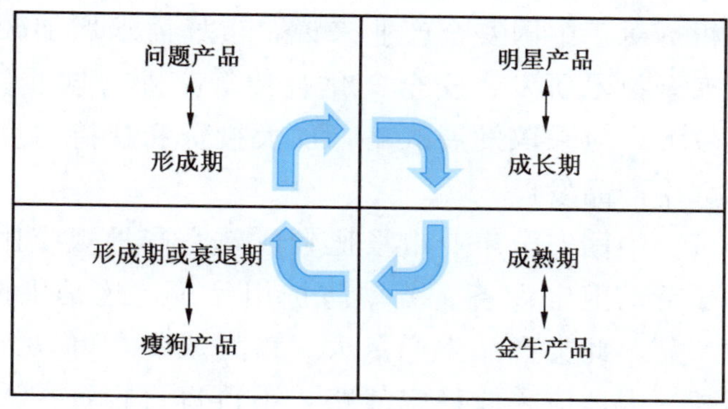

图 4-4 波士顿矩阵

类产品可能成为企业的金牛产品，需要加大投资以支持其迅速发展。

(2) 金牛产品 (Cash Cow)。又称厚利产品，是指处于低增长率、高市场占有率象限内的产品群已进入成熟期。其财务特点是销售量大，产品利润率高，负债比率低，可以为企业提供资金，而且由于增长率低，也无需增大投资。

(3) 问题产品 (Question Marks)。是处于高增长率、低市场占有率象限内的产品群。前者说明市场机会大，前景好，而后者则说明在市场营销上存在问题。其财务特点是利润率较低，所需资金不足，负债比率高。

(4) 瘦狗产品 (Dogs)。也称衰退类产品，是处在低增长率、低市场占有率象限内的产品群。其财务特点是利润率低、处于保本或亏损状态，负债比率高，无法为企业带来收益。

2) 分析结论

根据中国安全产业发展的实际情况，对主导产品按照波士顿矩阵分析法进行划分。见表 4-5。

表 4-5 中国安全产业重点领域及产品 BCG 分析

问题产品	明星产品
安全评价咨询 安全培训 安全设备租赁 安全产品销售	信息监控设备 应急救援装备 矿山安全设备 安全技术研发 安全文化宣传
瘦狗产品	**金牛产品**
低端劳动防护用品	矿山安全设备 工业安全设备 劳动卫生设备 劳动防护用品

（1）明星产品分析。对于中国安全产业来说，市场需求增加较快的是信息监控设备、应急救援设备、安全技术研发、安全文化宣传等产业。这些领域仍处于形成期，市场份额和发展空间较大，应采取发展战略，加大投资和扶持力度，进一步支持其产业发展，使其尽快向金牛产品发展。

（2）金牛产品分析。中国安全产业市场比较成熟，产量规模比较大的是工业安全设备、矿山安全设备、劳动卫生设备、劳动防护用品等，这是中国的传统安全产品，也是市场比重最高的产品。此类产品生产量大、市场成熟，可以提供稳定而持续的利润，但市场增长率不高。因此应采取稳定战略，不再盲目投资扩大生产，进行深入的产品结构调整、技术升级和更新换代，并采取产品差别化战略，力求打造品牌、名牌产品，增强国际竞争力。

（3）问题产品分析。问题产品是市场培育不足、销售不畅的产品，但是也可能有进一步发展的机会，如安全评价咨询、安全培训、安全设备租赁等安全服务产业，应采取选择性投资战略，选取可能会成为明星的产品进行重点投资，同时注重培育市场，使其发展为明星产品。

（4）瘦狗产品分析。瘦狗产品主要是市场萎缩、销售不畅、利润微薄的劳动防护产品，如线手套、橡胶鞋、安全帽等低端防护产品，应采取撤退战略，尽快退出低端市场。

2. 重点发展领域

1）技术装备领域

对于安全信息监控、安全避险、应急救援等安全技术装备的研发制造业，应采用“进攻型发展战略”，加大资金投入和自主研发力度，扩大市场占有量，动员大企业、大资本进入安全技术装备生产领域。

对于矿山设备、工业安全设备、劳动卫生设备、劳动防护用品等领域，应该采取“稳定型发展战略”，适当控制规模与产量，重点开展产业结构调整与要素资源整合，实现产品升级换代，提升产业利润。

2）安全服务领域

对于安全服务行业，应采取选择性投资战略。围绕市场需求，重点发展安全规划、安全设计、检验检测、设备租赁、技术管理咨询、文化宣传、产品推广销售等业务，稳步推进安全评价、安全培训、安全建设施工等业务，逐步完善安全服务体系，为各级政府、各类工程项目和中小企业提供专业技术支持和服务。

3. 重点技术装备

1）重点装备产品

根据产品领域的波士顿矩阵分析结果，目前中国安全产业应当重点发展的领域和技术装备包括矿山安全装备与系统、安全监控设备与系统、应急救援装备与系统、工业安全设备与装备、职业健康设备与装备。

（1）矿山安全装备与系统。包括安全监控检测系统、人员定位系统、紧急避险系

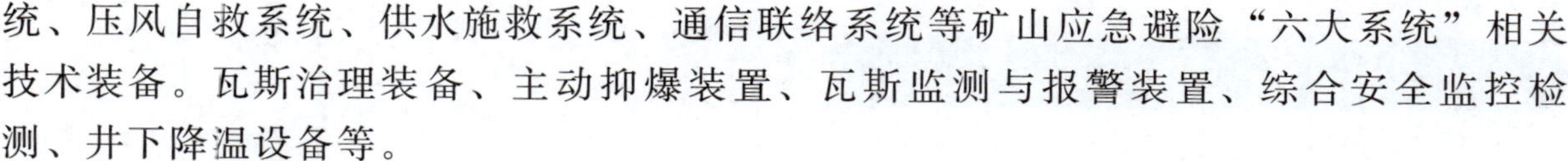

统、压风自救系统、供水施救系统、通信联络系统等矿山应急避险“六大系统”相关技术装备。瓦斯治理装备、主动抑爆装置、瓦斯监测与报警装置、综合安全监控检测、井下降温设备等。

（2）安全监控设备与系统。包括危险化学品、大型尾矿库、长距离油气管道等重大危险源安全监控预警系统，特种机械装备安全监控管理、火灾监控报警及自动喷淋灭火系统，陆上车辆卫星定位、水上船只定位与防撞系统，城市轨道交通安全监控系统等。

（3）应急救援装备与系统。包括应急供电照明设备，应急通信系统、井下快速抢险掘进装备、矿井灭火与排水设备、应急指挥与辅助决策系统、移动视频监控系统、救援探测机器人、生命探测仪、人员定位及搜救装置、矿井潜水救生装备、单兵轻型集成救援装备、大型特种机动救援装备等。

（4）工业安全设备与装备。包括危险化学品抑爆及快速堵漏装置、高层建筑消防装备及消防车辆、压力容器及管线安全装置、射频识别（RFID）装置、建筑安全防护用品等。

（5）职业健康设备与装备。包括职业危害快速检测仪器、复合气体快速探测设备、人体静电释放装置、工作场所降温系统、尘毒检测监控系统、个人劳动防护用品等。

2）重点研发技术

（1）重大安全基础理论研究。围绕安全生产社会学、安全经济学、安全管理学、安全行为学等基础安全科学理论，重点开展典型重大灾害事故的发生机理、演化致灾过程、预防控制，以及应急处置关键技术、装备等的研发。

（2）重大灾害事故防治关键技术。重点开展深部矿井瓦斯、突水、火灾、冲击地压、冒顶和动力性灾害等防控关键技术；矿井粉尘、热害及职业危害预防与检测技术；危险化学品重大灾害防治技术、化学工业园区生产安全保障关键技术、大型储油罐区防火防爆监测控制技术；超前感知安全物联网技术研究等一批提升中国重点行业领域安全生产保障能力的关键技术研究。

（3）安全避险及应急救援技术。以应急通信信息管理系统、应急避险系统、应急救援关键技术为重点，重点开展灾区侦检探测技术、救援模拟仿真与演练技术、专家智能快速决策系统、矿山井下人员安全感知技术等关键技术研究。

（4）职业危害防治技术。以防尘、防毒为重点，重点研究粉尘、毒物防治技术，工作场所高效降温技术，职业危害快速检测技术等。

（5）安全信息化技术。加强安全生产的物联网、故障在线诊断、控制系统仿真等技术的研究与应用，加强对信息技术与安全生产融合产生的新型安全技术的攻关，提升企业安全生产设备装备的信息化水平。

五、中国安全产业发展的主要任务

1. 制定产业发展战略

组织开展安全产业基础理论研究，明确界定安全产业的定义及范畴，研究建立安全产业发展统计指标体系，建立完善相关统计制度及标准，进一步对安全产业从业企业进行全面的统计，组织全国范围内的大规模安全产业发展现状普查，了解各地安全产业发展的现状及基础条件。

研究制定全国安全产业发展战略和规划，具体包括安全产业中长期发展战略、安全产业园区发展规划、安全生产关键技术装备发展规划、安全服务行业发展规划。支持鼓励各地区结合产业发展实际，研究制定本地区安全产业发展战略规划，为引导全国及地方安全产业发展提供理论政策依据。

2. 创建产业示范园区

建立全国安全产业示范园区规划建设专业机构，依托各地现有产业基础，以高新技术产业为导向，科学规划布局，推进5个国家级及20个省级安全产业示范园区建设。通过政府组织领导、部门依法推动、研究院所和高校技术支撑，企业自主发展的工作格局，共建安全产业园区。在园区内配套安全产业技术孵化器、安全产业工程技术中心、安全技术装备展示和交易中心及工业厂房，形成完善的安全产业发展综合服务体系，实现“创新、孵化、集聚、辐射、示范”五大功能。引导园区围绕国家安全生产重大需求，瞄准国际安全产业科技前沿，集聚多方优势资源，重点研发制造先进适用的安全技术装备，对全国的安全产业发展起到引领和示范作用。

鼓励各地充分利用现有产业基础优势和资源，进一步优化组合生产要素，实现产业聚集和规模效益，形成较为完整的产业链集群，争创国家级及省级安全产业示范园区，带动整个地区产业结构升级和经济增长方式的转变。

3. 建设技术研发平台

整合现有科技资源，建立门类相对齐全、覆盖高危行业领域的安全技术研发平台，重点支持重大事故及隐患防治、重大危险源监控、井下无线通信与人员定位、事故避险与应急救援等关键技术装备研发实验室，通过示范工程消化、吸收、集成、创新加快科技成果转化与推广，推动企业安全技术装备的升级换代。

积极开展专业技术服务。主要包括安全产业各领域技术发展过程中出现共性问题的解决方案和关键技术的研究开发，推动安全产业研发过程中所需的科技成果、专利技术、仪器设备、专业人才等资源信息的共享，为企业和高校提供产品、成果、专利技术的展示交易、投融资服务。

吸引海内外安全科技人才创新创业，鼓励企业及个人开发具有自主知识产权的关键技术装备，形成核心技术和前沿技术，提高整个产业的核心竞争力。

4. 培育大型骨干企业

加快安全产业大型骨干企业集团的培育和引进，完善产业链条，优化产业布局，加强配套服务，打造区域品牌，通过上市、兼并、联合、重组等形式，不断壮大企业主体，提高产业集中度，加快形成若干具有产业优势、规模效应和核心竞争力的大型企业集团，以及一批具有行业特色、研发能力和发展活力的中小型企业。

进一步鼓励国内外投资者投资发展安全产业，鼓励支持高校、科研机构及研究人员创办企业，引进安全产品制造、技术研发、评价咨询、教育培训等领域国外知名企业，吸引产业链条的相关配套企业，加快培育我国安全产业市场体系，夯实产业发展基础。

5. 安全科技成果转化工程

加快全国安全生产科技成果推广中心建设，尽快形成政府、科研院所、高校、企业等互联共享的科技成果研发、示范、服务、推广应用的技术平台。为先进的安全生产装备和技术提供产、学、研一体化平台，大力推动安全生产科技成果的规模化、产业化发展。

整合全国安全产业相关企业、高校、科研院所、高科技园区各自资源优势，打造集科研攻关、产品研发与推广应用、管理运作模式示范、科技成果转化与产业化于一体的、产学研相结合的区域性安全生产科技成果转化基地。

6. 技术装备展示推广工程

依托安全产业园区组建安全技术装备体验与交易中心。为企业负责人和从业人员了解安全生产相关产品，学习和掌握安全设备装备的使用方法提供了平台，也为先进的安全生产技术和装备提供展示和宣传平台，进而推动安全生产设备装备的产业化和规模化，促进自主创新，推动新技术、新工艺、新材料、新设备的推广和应用。通过开展产品体验与展示，推进全民安全教育与培训工作，逐步形成覆盖全社会的公共安全宣传、教育、培训体系。

开展安全科技成果 100 推、新兴实用安全科技产品 1000 推和安全科技中小型企业 100 推的推广活动。组织遴选 100 项安全产业关键技术装备示范工程，通过召开“重点安全技术装备应用现场会”，发挥科技成果示范影响和推动作用，加快先进适用、具有巨大市场开发潜力的重要安全技术装备的推广。

六、中国安全产业发展的对策建议

1. 加强政策引导扶持

不断完善安全产业发展相关的政策措施，抓紧出台促进安全产业发展的战略规划与指导意见。研究出台安全产业发展扶持政策，对属于安全产业固定资产投资的项目前期费用予以补助，对经济带动力强、科技含量高的新建安全产业项目给予政策支持，对境外投资者投资新建一定规模的安全产业项目，所得税享受国家减免优惠政策。遵循市场为主、政策引导原则，结合各地经济状况和产业发展实际，特别对西部经济欠发达省区，加大政策倾斜力度，给予适当引导扶持。

制定安全技术装备研发资金支持政策，采用无偿资助、以奖代补、贷款贴息等方式，重点对安全产业园区建设、重大产业和科技专项、科技成果产业化服务等项目予以支持。加大对企业技术装备研发的财政资金投入力度，按企业研究与开发投入额的一定比例给予财政补贴或退税优惠，鼓励安全技术装备开发。

以市场需求为导向，加强规划、投资、财税、人才、政策等引导，重点支持符合国家产业政策要求、科技含量高、市场潜力大、有自主知识产权、有发展前景的重要安全技术装备，推进安全产业结构不断优化升级。

2. 优化产业发展环境

改善投资环境，在市场准入、税收优惠等方面为社会资本进入安全产业领域创造便利条件，促进安全产业快速健康发展。建立完善安全产业信息系统，为社会提供全面、及时、透明的产业发展信息。强化政府部门服务功能，大力发展各类安全服务机构，为企业提供教育培训、管理咨询、人力资源、投资融资、上市指导等服务。加快引进国内外大型知名企业进入安全产业市场，带动一批影响力大、支撑力强、具有标志性的大项目。

围绕安全产业链、产业园区和产业联盟建设，着力做好核心产业和骨干企业的配套服务，建立产学研合作平台、创新创业服务平台、技术研发和推广应用平台、技术产权交易平台、企业信用担保融资平台，积极承办安全装备产品展会，扩大产业相关技术装备在全国的影响力和品牌知名度。

将安全产业发展纳入转变经济发展方式、优化调整产业结构、振兴装备制造业的政策范畴之内，进一步提升安全产业发展的战略高度。大力宣传安全产业在促进经济社会发展和企业安全生产中的重要作用，提高各级政府、有关部门对安全产业发展的认识，增强其推动安全产业发展的自觉性和主动性。

3. 加大市场监管力度

明确各级安全监管监察部门的监管职责，建立健全安全产业市场监管体制机制。强化生产企业质量责任监管，加强安全产品检验检测，严格保证安全技术装备的安全性及可靠性。

提高安全设备及装备检验检测能力，配备先进适用的技术设备和专业人员，特别加强基层相关部门检验检测能力建设。完善安全产品质量缺陷追溯和责任追究制度，加强质量标准体系建设。

4. 促进技术装备升级

建立完善安全生产专项资金制度，各级政府要在年度财政公共预算内安排不低于5‰的专项资金，把安全生产纳入民生工程，增加各级财政的引导性投入。完善信贷政策，鼓励银行对安全生产基础设施和技术改造项目给予贷款支持。健全完善安全生产费用提取和使用的监督机制，适当扩大安全生产费用提取制度的适用范围，提高安全生产费用提取下限标准。

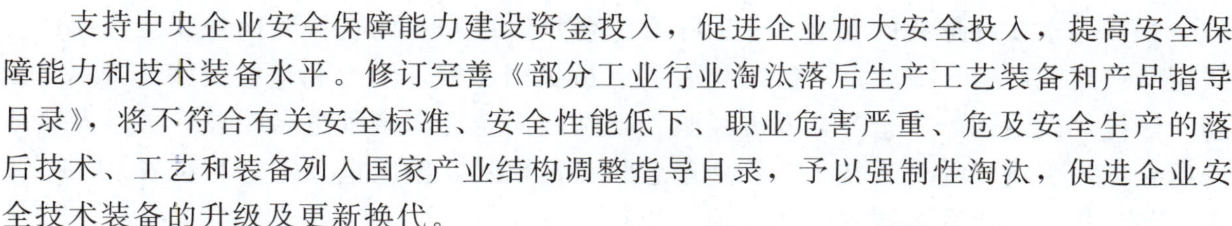

支持中央企业安全保障能力建设资金投入，促进企业加大安全投入，提高安全保障能力和技术装备水平。修订完善《部分工业行业淘汰落后生产工艺装备和产品指导目录》，将不符合有关安全标准、安全性能低下、职业危害严重、危及安全生产的落后技术、工艺和装备列入国家产业结构调整指导目录，予以强制性淘汰，促进企业安全技术装备的升级及更新换代。

5. 创新投资融资方式

建立和完善以政府资金引导为主、多渠道筹资、市场化运作的安全产业投资融资机制。加强与各类金融机构的合作，为企业融资开辟“绿色金融通道”。大力推进大型骨干企业直接上市融资，加快完善信用担保、风险投资体系，积极争取非上市股份公司代办股份转让系统试点，探索开展知识产权抵押试点，努力为企业成长壮大提供多元化的投融资服务。

完善产权和股权交易平台，促进企业产权和股权交易，开展面向全国企业的产权交易业务和股权托管业务，为企业技术产权交易、并购及创业投资拓宽渠道。推动信用中介机构、担保机构和商业银行的信保贷联动业务，建立以企业信用为基础的中小企业流动资金贷款机制。鼓励企业和金融机构联合探索信用融资、合同融资、项目融资、结构融资等新型融资方式。

6. 提供人才智力保障

积极组建安全产业发展专家委员会，搭建公共服务平台，落实引进人才优惠政策，根据安全产业发展战略和发展方向，以重点高校、科研院所和优势企业为主体，有计划、有重点引进重要行业领域急需的高层次技术和管理人才，着力培养熟悉市场、具有较强集成创新和管理能力的人才队伍，加快培养造就一批高级安全技术专家。

加强安全产业专业技术人才的培训和认证，进一步优化产业人才结构。建立开放的人才流动机制，鼓励专业研究人员、高校教师和企业科技人员间的互聘互兼。建立高级人才奖励制度，鼓励各种智力要素、技术要素以各种合法形式自由参与利益分配和股权分配。

7. 完善法规标准体系

建立完善适应我国市场经济规律和安全生产实际的法规标准体系，将发展安全产业纳入《安全生产法》《矿山安全法》等法律法规要求，严把行业准入门槛，提高安全技术装备产品质量。对符合条件的安全科技成果及时推动形成产品技术标准、检测标准、安全标准等，以标准化带动和推进安全技术装备开发。针对行业技术进步和产业升级，加快修订一批与经济社会发展水平不相适应的安全标准，加紧制定一批产业技术升级亟须的安全标准。

加强安全设备产品标准化组织和管理，引导和支持企业参与国家及行业标准的制定，鼓励企业在技术、装备以及服务方面提交国际标准提案。

8. 加强对外交流合作

积极寻求多种形式的安全产业国际交流合作，进一步调查研究国外安全产业的发展现状，组织政府、企业及科研机构有关人员出国考察，学习和借鉴美国、日本、德国、法国等发达国家安全产业发展经验。鼓励国内企业与国外著名企业、大学及科研院所合作，引进国外先进技术、管理理念和营销模式，紧跟世界安全科技发展的新潮流、新趋势，缩小国内技术装备与国外的差距。

借鉴篇

发达国家和地区建筑施工安全监管经验与对比分析

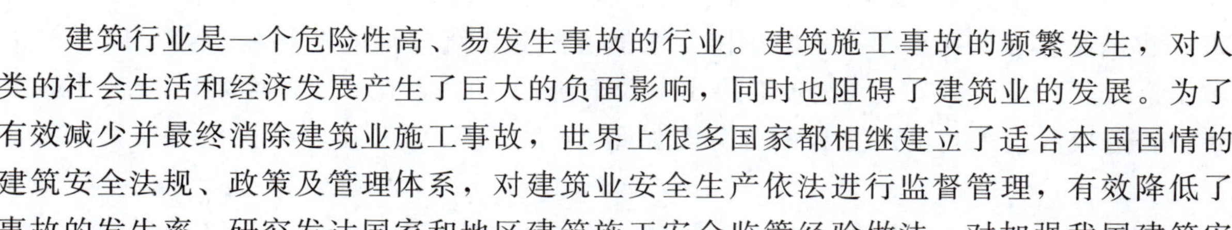

建筑行业是一个危险性高、易发生事故的行业。建筑施工事故的频繁发生，对人类的社会生活和经济发展产生了巨大的负面影响，同时也阻碍了建筑业的发展。为了有效减少并最终消除建筑业施工事故，世界上很多国家都相继建立了适合本国国情的建筑安全法规、政策及管理体系，对建筑业安全生产依法进行监督管理，有效降低了事故的发生率。研究发达国家和地区建筑施工安全监管经验做法，对加强我国建筑安全生产工作具有重要的借鉴意义。

一、发达国家和地区建筑业安全生产现状

从世界范围来看，建筑业属于高危行业，事故率较高。以英、美两个发达国家为例，2011 年建筑业十万人死亡率分别为 2.3 和 8.9，远高于各行业的平均事故死亡率（0.6 和 3.5），如图 5－1 所示。而欧盟甚至直接将建筑业列为陆上最危险的行业。

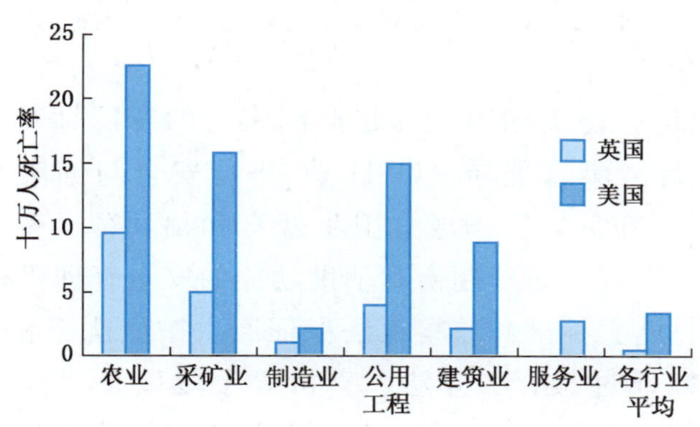

图 5－1　2011 年英、美两国不同行业工伤死亡率

1. 美国建筑业安全生产现状

美国建筑施工安全管理经历了二百多年的发展历程。在最初 19 世纪的工业革命中，雇主很少对工人的工伤负责，他们往往通过民法中的相关规定开脱责任。因此，产业工人必须对他们自己在工作中的健康和安全承担全部负责。到了 20 世纪上半叶，民法逐渐让位于工伤赔偿法，工伤事故的责任也开始由工人负责转变为由雇主负责。但由于许多雇主认为工伤事故是生产所必需的成本，他们没有意识到事故实际是可以避免的。因此，尽管有了工伤赔偿法，美国 20 世纪 60 年代的事故发生率仍然很高，这直接导致了要求雇主为工人提供安全作业环境的立法出台。1970 年美国颁布的《职业安全与健康法》中详细规定：那些没能为工人提供安全与健康工作环境的雇主将受到起诉并被处以罚款，雇主必须保证工人的安全与健康并且为工人的事故承担刑事和经济责任。另外，由于建筑业是买方市场，随着很多业主对安全问题的广泛关注，承

包商们逐渐意识到提供安全的建筑服务是他们在业界立足和发展的唯一途径。

上述这些主客观原因使得美国建筑业安全生产得到了快速发展，尤其是近些年来，建筑业十万人死亡率在不断下降。根据美国劳工统计局的资料显示：2011 年建筑施工事故死亡 721 人，比 2009 年的 834 人下降约 10%，比 2006 年的 1239 人下降约 40%。造成人员死亡的最主要原因分布如图 5－2 所示。

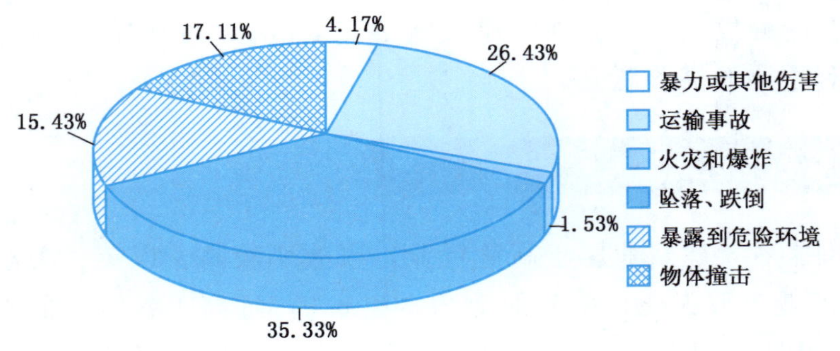

图 5－2　2011 年美国建筑业事故死亡原因分布

《职业安全与健康法》是美国第一部在全国实行的专门针对职业安全与健康的法律，是美国职业安全与健康管理局（OSHA）进行安全与健康管理的法律依据。在《职业安全与健康法》颁布后，美国成立卫生教育和福利部、劳工部和职业安全与健康审查委员会三个统一管理、重视制衡和辅助功能的安全管理机构。其中 OSHA 隶属于劳工部，主要是通过建立标准和监察执法保证雇主按照法律相关要求提供健康和安全的工作场所，还可以通过教育、守法、支持等手段以及与其他政府机构、社会组织、企业、工人、大众的合作，最大限度地保障所有劳动者的安全与健康。OSHA 采取垂直管理，在各地建立区域办公室，形成“中央—地方—企业”的监管方式，同时 OSHA 专门设立了建筑处，相对独立地进行建筑施工安全监管工作。

2. 英国建筑业安全生产现状

英国是世界上建筑业安全状况最好的国家之一，在建筑施工安全管理方面有着悠久的历史，在机构建设和管理方法等方面积累了不少经验，并形成了科学的管理机制和制度。

在过去的十年间，英国建筑业事故死亡率在逐年下降，2008 年后趋于平稳。十万人死亡率从 2000 年的 6 下降到 2008 年的 2.2。2000—2011 年英国建筑施工场所安全事故死亡情况如图 5－3 所示。

1974 年，英国颁布了《劳动安全健康法》(Health & Safety at Work Act)，对雇主应当保证雇员在健康、安全的环境中工作的义务做了明确的规定。1992 年又颁布了《工作安全与健康管理条例》，这个条例基于《劳动安全健康法》中第二部分和第三部分，更详细、明确地提出了雇主所承担的具体的责任和义务，阐述了雇主和工人应该

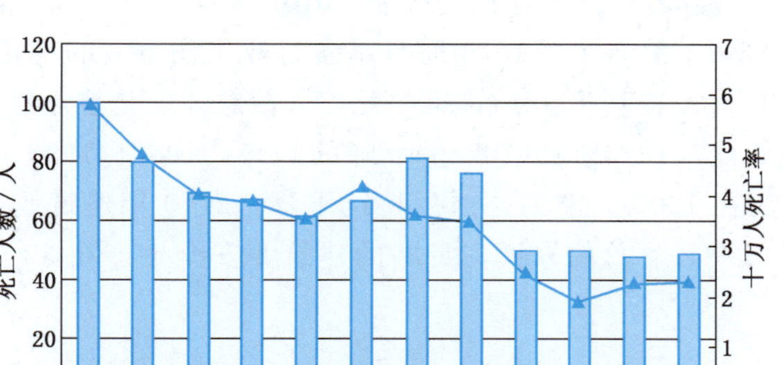

图 5－3　2000—2011 年英国建筑业事故死亡人数及死亡率

怎样建立和完善充分、适用的风险评价体系来满足《劳动安全健康法》的各个条款的要求。

1994 年颁布的《建筑（设计与管理）条例》（CDM）是针对《工作安全与健康管理条例》在建筑业方面有关业主、规划者、设计者和承包商的责任和义务进行的补充和完善。重新考虑了相关利益方应承担的责任和义务，并对影响项目的各个方面、从项目立项到交付使用的各个阶段，详细阐述了各方的具体责任和义务。

1996 年英国又颁布了《建筑业健康、安全和福利条例》。该条例旨在通过对雇主及所有影响工程施工各主体的法律约束，保护建筑工人和可能受工程影响的人员的安全。1999 年颁布了《工作安全与健康管理条例》，其中特别强调了两个以上雇主在同一个施工现场工作时，必须相互确认其各自所承担的责任和义务。这一点特别适用于建筑业多个承包商共同工作的特点，比如总承包商很容易忽视其脚手架分包商的搭建和拆除工程的安全控制。

在英国，健康与安全执行局（HSE）是健康与安全的主管部门，负责对整个国家的安全健康问题进行监察，并采取适当措施以保证工人的健康、安全和福利。与健康与安全执行局密切合作的是英国地方当局（LAS），他们共同组成了英国职业健康与安全管理核心机构，确保不同领域健康与安全法律的执行。除此之外，各专项和行业咨询委员会以及相关政府机构，如建筑业培训委员会（CITB）和英国标准局（BSI），从不同的方面加以辅助，共同组成了一个完整的安全管理机构体系。

此外，英国行业协会对建筑施工的安全管理也起着重要作用。英国有很多历史悠久的行业协会，如英国皇家特许建造师学会、英国皇家土木工程师学会和英国皇家特许建筑师协会等，这些协会形成了自己的规范，而且健康与安全是这些行业协会关注的重点，它们都对建筑业的安全发展起着一定的推动作用。

3. 日本建筑业安全生产现状

在日本，死亡人数最多行业是建筑行业，几乎每年的死亡人数都占工伤事故总死亡人数的 35%～55%。1970—2010 年间日本各行业工伤事故的变化过程如图 5－4 所示。由图可以看出，从 1970 年开始，事故死亡人数总体上是呈逐年下降趋势，其中建筑施工事故也是如此，1973—1982 年呈下降的趋势，1983—1996 年保持在一个比较稳定的水平，大约在 1000 人左右，之后持续下降，2010 年建筑业死亡 374 人，约占全部死亡人数的 31.3%。总的来说，日本的建筑业安全生产在 30 多年中取得了显著的进步。

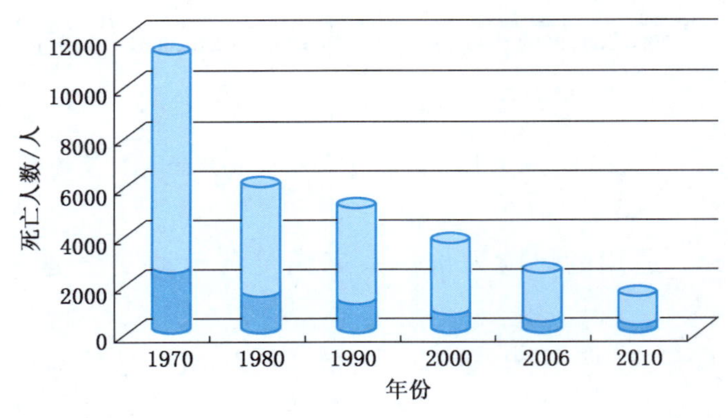

图 5－4　日本建筑业事故死亡人数变化历程

日本的《劳动基准法》等劳动者保护法把一个员工从开始被雇用到解雇、退休为止的所有安全劳动条件都做了详细规定。日本主管安全生产的政府部门为劳动省，劳动省依据《劳动基准法》在各地设立了 47 个劳动基准局，下辖 386 个劳动基准监督局，负责安全生产的监督和工伤保险处理。日本建筑安全管理则分别由劳动省、建设省为首的国家部门机关和地方政府具体实施，在各地约有 3000 人负责建筑施工安全管理。

4. 中国香港地区建筑业安全生产现状

建筑业是中国香港地区的支柱产业之一。在过去的十年中，建筑业在香港国民生产总值中所占的比重为 4.9%～6%，公营和私营机构在基建项目上的总投资约 4000 亿港元，而在固定资产投资方面则占到了 40%。建筑业也是香港就业体系中的一大雇主，约占本地整体就业人数的 10%。

在 2001—2010 年十年间，香港建筑业的职业安全状况持续改善：工伤事故起数由 9206 起下降至 2884 起（降幅为 68.7%）；而每千名工人事故率亦由 114.6 下降至 52.1（降幅为 54.5%），千人死亡率约为 0.3。但是，2011 年，由于多项大型基建工程（包括港珠澳大桥等）陆续展开，以及装修及维修工程数目的增加，建筑业工人死亡事故起数较 2010 年上涨 144%，每千名建筑业工人事故死亡率高达 0.4。

香港的建筑安全生产法律受英国工业安全立法的影响，最初是旨在保护儿童和妇女权益的工业安全立法开始的。经过多年的努力，香港目前已经形成了十分健全的建

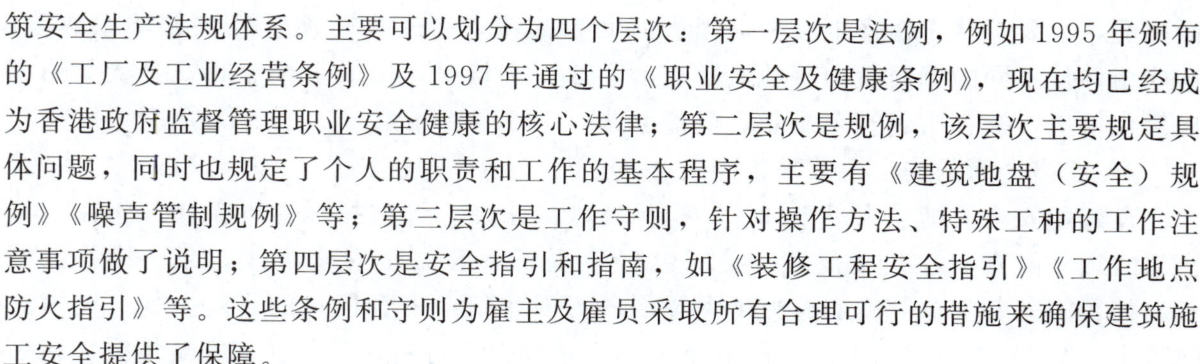
筑安全生产法规体系。主要可以划分为四个层次：第一层次是法例，例如1995年颁布的《工厂及工业经营条例》及1997年通过的《职业安全及健康条例》，现在均已经成为香港政府监督管理职业安全健康的核心法律；第二层次是规例，该层次主要规定具体问题，同时也规定了个人的职责和工作的基本程序，主要有《建筑地盘（安全）规例》《噪声管制规例》等；第三层次是工作守则，针对操作方法、特殊工种的工作注意事项做了说明；第四层次是安全指引和指南，如《装修工程安全指引》《工作地点防火指引》等。这些条例和守则为雇主及雇员采取所有合理可行的措施来确保建筑施工安全提供了保障。

香港主要建筑施工安全监管机构有劳工处、环境运输及工务局、屋宇署等。劳工处是政府执行劳工法例的机构，主要功能是监督及协助业主遵守劳工法律，确保履行国际劳工协议，其下设的工厂监督科是负责安全执法的专门机构；环境运输及工务局是政府的直属部门，是负责制定环境、交通和工务工程政策的部门，负责全港工务工程资质审批和建筑活动的监管，包括安全监管，旨在确保有效规划、管理和落实工务部门的基建发展和工务计划；屋宇署是负责监管全港私人建筑物的部门，其职责范围包括审批私人建筑结构图、监管建筑物建设等。屋宇署建筑事务监督既负责审核及批准开发商呈交项目工程建设图纸，也负责监管地面施工时的安全生产，以确保承建商施工时依照审批图纸施工，保障施工期间劳动者及公众的安全。

二、发达国家和地区政府建筑施工安全监管经验

1. 美国建筑施工安全监管经验

1）制定明确的法律责任

美国是一个高度的法制化国家，法律法规比较健全。在建筑施工安全管理方面，除《民法》《劳工法》《雇主责任法》等法律规定外，主要依据1970年颁发的适用于美国各州和地区的《职业安全与健康法》(OSHA 1970)。该法明确规定每个雇主都必须为每个雇员提供安全健康的工作和工作场所；必须遵守根据本法令颁布的职业安全卫生标准。

按照上述规定，业主和总承包商要承担相当大的安全责任风险。为避免日后的法律纠纷，业主在工程项目招标时，一般都将承包商良好的安全施工记录列为取得投标资格的必备条件之一；而且在工程施工阶段，业主还积极参与承包商的安全管理，如对承包商的安全状况进行定期检查；在所有的建设项目中实行安全激励计划等。这样就促使承包商意识到提供安全的工程服务是他们在业界立足和发展的唯一途径。

2）制定完备的安全量化评估指标

为了客观准确地评价建筑企业的安全业绩，美国劳工部成立了职业安全与健康管理局（OSHA）负责管理、记录有关安全与健康问题和事件，并设立了一系列科学的安全量化评估指标，供政府有关部门、业主、保险公司、科研机构评价施工企业安全业绩和进行安全科学研究使用。这些评估指标都是根据施工企业历年的安全纪录计算

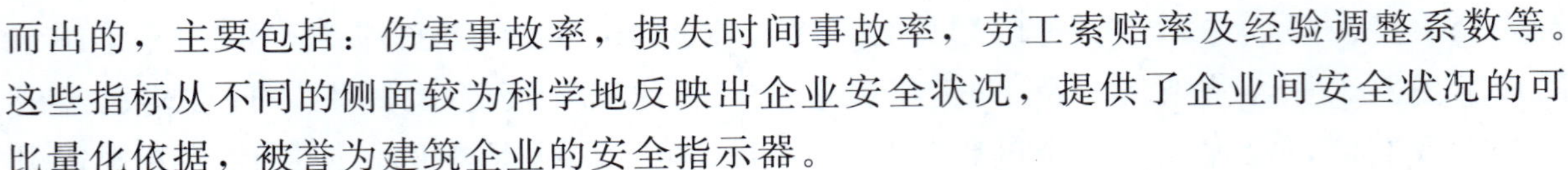

而出的，主要包括：伤害事故率，损失时间事故率，劳工索赔率及经验调整系数等。这些指标从不同的侧面较为科学地反映出企业安全状况，提供了企业间安全状况的可比量化依据，被誉为建筑企业的安全指示器。

3）严格全面的安全事故报告制度

良好的安全业绩是由一系列评估指标反映出来的，评估指标的可靠性首先在于安全事故记录的真实性、规范性。美国已经建立了一套关于安全事故记录、维护、检查、处罚的完备规章制度，有力地保障了各方对建筑业安全信息的了解。如：美国法律规定，拥有 11 名或以上雇员的雇主必须记录和保存每名雇员的详细安全情况，记录分两种规定格式，即职业伤害与疾病日志（OSHA No. 200）和职业伤害与疾病补充记录（OSHA No. 101）。每一起职业伤害或疾病事件都要在事件发生后的 6 个工作日内做出详细记录，内容包括伤害和疾病发生的时间，伤害或疾病所属类别，伤害或疾病所导致的工时损失，伤害及疾病事件发生原因，以及有关其他受影响事物的列表等。

此外，美国职业安全与健康管理局（OSHA）还要求每一个雇主都必须为其管辖的每一个工地准备一份年度报告，要求在雇主处保存至少 5 年以上（从事故发生的当年算起），在 OSHA 或劳动统计局（BLS）以及州一级的监察员检查时能随时出示。

4）执行严厉的安全检查执法制度

美国《职业安全与健康法》（OSHAct，1970）规定，任何篡改安全记录的行为将被处以 1 万美元的罚款或半年的监禁，或者两者并罚；违反公告要求将被处以 7000 美元的罚款；监察员有权对工地现场进行检查，任何阻止、反对、妨碍以及干涉监察员工作，将被处以 5000 美元的罚款以及 3 年以下的监禁；监察员检查前一般不得通知雇主，不能泄露检查的消息，否则将对监察员处以 1000 美元的罚款甚至 6 个月的监禁；检查时若发现违规行为，视情节处以数额不等的罚款或刑事处罚。

2. 英国建筑施工安全监管经验

1）建立伤害、疾病和危险事件报告规则

英国强调自我规范管理，号召雇主在法律环境下，自觉履行在健康与安全方面应尽的责任，并通过赋予从业者法定义务，提高他们对现场危险状况的敏感度以及及时通报事故的能力。《伤害、疾病和危险事件报告规则 1995》（RIDDOR）规定雇主必须对工作有关的事故、重大伤亡、损失工作日超过 3 天的工伤、疾病及危险事件（未遂事故）进行报告，报告方式包括在线通报、电话等。这些信息有助于健康与安全执行局和当地机构识别灾害来源并迅速对事故进行调查，从而减少事故损失。

2）建立信息登记制度

自 2000 年起，英国建筑行业中与塔式起重机相关的安全事故频频发生，包括大量致命事故，使人们开始逐渐重视塔式起重机给工人及公众带来的安全风险。2010 年 4 月 6 日，新的规定要求使用传统塔式起重机的雇主向健康与安全执行局提交起重机相关信息，包括所有者的名字及地址、建筑工地的地址、设备检查情况等。信息登记制度增强了公众对于塔式起重机使用安全的关注，也有助于相关人员正确识别风险并将其控制在一个较低的水平。

3）建立公开透明的检举制度

健康与安全执行局和当地机构的检查员会定期对各工作场进行安全检查，并对违反健康与安全法律的公司及个人提出检举。这些检举的内容都会按照规定记录下来，并且对公众公开。任何人可以通过互联网搜索到各行业（包括建筑行业）被检举的违规事件。这种公开透明的制度对雇主和从业者起到了很好的警示作用，并提供一个渠道供行业人士互相吸取经验教训，可以有效减少同类事件的发生。

4）加强安全宣传活动

英国政府采取了很多措施来提高公众的安全意识。首先是向公众分发各类宣传手册，包括施工现场运输安全手册、高处作业手册等。其次在工作场所的显著位置张贴描述安全健康事项的海报，如安全法律法规和"建筑业十步检查表"等，目的是帮助雇主和员工了解有关建筑施工安全的情况。同时，健康与安全执行局还会定期开展丰富多彩的安全活动。例如，"改善工人安全生活活动"向建筑工人提供安全指导，并鼓励他们采取适当的措施以减少在工作中滑倒、绊倒或坠落的风险。除此之外，还会结合其他形式，如安全宣传片等，辅助安全宣传活动的推行。这些形式多样的安全宣传活动一方面积极促进了建筑公司对安全的重视，另一方面有助于将安全意识灌输给建筑行业的每一个工人。

3. 德国建筑施工安全监管经验

德国的职业安全与健康多年来一直处于不断改善的状态，在欧洲也位居前列。德国的建筑施工安全监管经验主要包括：

1）积极颁布各项建筑安全生产法规和标准

1992年，欧洲共同体颁布了《劳动保护法》，在此基础上，德国联邦议会颁布了新的《劳动保护法》。1998年10月，德国联邦议会授权联邦劳动部颁发了《建筑工地劳动保护条例》，1999年又颁布了该条例的说明，共有40条相关的配套细则。现已出台了4个细则，即第一条总则、第十条法律定义、第三十条协调员资格条件和第三十一条协调员的职责和工作范围，各个州（区、市）政府的劳动局负责该条例的监督管理。建筑施工安全技术标准，则由德国建筑业行业协会负责制定。

2）构建完备的建筑施工安全管理体制

（1）劳动保护部门。德国联邦劳动部代表国家对包括建筑企业在内的各行业的安全卫生状况进行监督检查。业主在向当地监管局报建的同时，还必须将建设项目以告知书的形式通知当地劳动局，否则将被处以罚款。劳动局将对建设项目的安全设施进行重点审查，如果发现其中有不符合《劳动保护法》要求的，就不予批准。此外，劳动部门还对施工中涉及个人劳动保护方面，即工人的安全防护情况进行检查，发现违章现象，将对该工人和承包商处以罚款。

（2）建筑管理部门。德国联邦建设部统一管理全国的工程建设活动，同时也是联邦政府建设项目的实施部门，主要承担建设项目的规划、立项、招标与建设职能，是联邦政府建设项目的“业主”，而对地方建设工作，建设部主要通过制定框架性的规定进行指导，具体实施办法则由各地制定，做到建、管分开。德国州（区、市）一级建管局主要职能是对城市规划、建设项目设计施工方案、环境保护等问题进行程序性审查，审查后由建管局发放建设项目施工许可证。在施工中，建管局要监督工程质量和消防安全，对建设项目还要进行安全检查。

（3）行业协会。在德国，行业协会十分发达，目前已有包括建筑在内的35个行业协会，其中建筑行业协会有8个大区协会。这些行业协会在拟定本行业的发展规划、制定行业标准、开展工伤保险和科研教育、预防和治理职业病、对安全专业人员进行资格认证、进行事故处理等方面发挥着重要的行业管理作用。《劳动保护法》为行业协会开展相关活动提供了法律依据。

（4）技术监督部门和中介服务公司。在德国，塔吊和运输机械等大型机械设备必须由技术监督联合会定期进行检测检验。工地使用的小型施工工具由安全咨询公司进行定期检测。安全咨询公司还向企业提供安全技术、组织管理和人员培训服务。企业为了减少事故发生，避免经济损失，也非常愿意聘请安全工程师帮助改善安全条件。安全工程师必须经劳动局和行业协会考试通过才能获得相应的职业资格，且须具有每年不少于160小时的安全工作经历。此外，企业还聘请咨询公司的职业医生担任企业医生，负责对突发事故进行现场抢救，对员工的身体状况进行造册登记和培训，对危险性岗位提供保护建议。

3）建立业主安全责任制

根据欧共体的统计资料，建筑施工安全事故中的63%（包括施工过程中的事故和使用过程的事故）是因为在前期项目设计策划和施工准备阶段就存在缺陷，37%的事故由施工原因造成。原因主要在于：业主和承包商的工程协议书中的安全责任不明确；施工方案中的安全措施不完善：施工交底不清，材料使用不当等。正是由于大量的安全隐患出现在前期准备阶段，因而德国政府突出了业主方的安全责任和义务，并且从1998年开始引入协调员机制。

1998年10月，联邦劳动局颁布的《建筑工地劳动保护条例》规定，业主必须负责工地所有人员的安全与健康，采取措施以符合《劳动保护法》的规定，开工前要聘请称职的建筑师和协调员以及能胜任该项工程的各类专业顾问咨询工程师，组成一个完整的项目规划、设计班子。建筑师不但需对工程本身质量负责，还要同协调员一起制定包含安全措施在内的施工方案（包括脚手架设计、施工用电、大型机械、人员配备、材料需要量和工程进度等）。

业主委托协调员筹划建设项目的安全措施，参与项目的总体规划和设计，协调施工全过程的安全事宜。如果在施工中发生质量、安全事故的，建筑师和协调员同样要承担相应责任，并接受建设局、劳动局或行业协会的处罚，需要承担法律责任，由法院来裁定。

4）市场化的工伤保险制度

德国《劳动保护法》规定，所有企业必须为员工缴纳养老保险、医疗保险、失业保险和工伤保险，这四项保险均为强制性保险。前三项保险费由企业和员工各负一半，工伤保险费则由企业全额负担，不同行业按不同的比例提取，其中建筑行业缴纳的金额为工人工资的7%～8%。保险公司每年根据企业上一年度事故频率，企业内部各工种危险程度、行业危险程度和工人工资三个方面决定企业应付的保险金额。由于良好的安全业绩，则意味着企业少缴纳保险费用，因此企业都十分注重自身的安全业绩与形象。

4. 中国香港地区建筑施工安全监管经验

中国香港地区建筑施工安全管理不但注重法规建设，而且加大执法的力度，将安全管理的重点落实到工程项目，贯穿于工程建设的全过程。

1）制定完善的法律体系

香港社会长期受西方发达国家的影响，又有中国传统文化的深刻背景，多年的高速发展具备了较完善的法律法规体系。到目前为止，香港总共有18部法律与建筑有关。实际上，这些法例之下还有大量的规例，例如《工厂及工业经营条例》下有《工厂及工业经营（密闭空间）规例》《工厂及工业经营（喷砂打磨）规例》等。

2）不断发展先进的安全管理理念

“安全是所有参与方的责任”是香港经过多年努力逐步形成的一种理念，详细的规章制度将所有与安全有关的各方的责任作了界定，其中雇主对劳工安全负有最主要的责任，包括提供安全培训、安全设备和维护安全的工作环境等。在这种思想的统领下，所有与安全有关的各个方面都在积极营造安全的氛围，努力提高安全水平。

3）建立建筑施工安全管理制度

(1) 绿卡制度。近年来，香港特区开始实施的绿卡制度对培训和提高工人的安全与健康水平和技能起到了很重要的作用。绿卡又称平安卡，由香港特区建筑业训练局统一颁发，工人接受并通过安全培训后可获得此卡。这项制度规定，进入施工现场的新工人必须持有绿卡，否则他将被拒绝进入施工现场。同时还规定，建筑公司不得接收没有绿卡的工人，否则公司将会受到严厉惩处。通过这种方式，有效地保证了工人在工作前都能得到培训，提高了工人在安全与健康方面的素质，改善了安全施工状况。为了保证这个制度的执行，并监督建筑公司的行为，劳工处采用不定时抽查的方式对各个公司进行检查。

(2) 工人注册制度。工人注册制度是香港特区目前正在着手建立的一个制度。其主要内容是通过计算机网络系统建立一个庞大的数据库，将建筑业的所有工人进行注册编号，记录其经考试所评定的技术水平，在意外工伤事故发生后，对工人的伤亡情况等资料进行记录，以方便数据的统计、整理，也有利于工人的管理。通过这种方式，安全事故的呈报就比较方便，遗漏和瞒骗的现象也会减少。

4）加大安全宣传力度

香港特区政府在安全与健康的宣传方面做了大量的工作。在特区政府的支持下，香港有关安全的各个部门采用多种形式开展宣传推广活动。一是分发各种各样的小册子，其内容有的是政府下属部门的职能介绍，有的是某个社会团体的介绍，还有的是安全注意事项和简单的危险防范措施介绍；二是张贴宣传海报，主要由职业安全健康局提供，在建筑工地上随处可见；三是开展安全活动，例如职业健康日、职业安全健康周活动、全港职业安全与健康常识问答比赛等；四是实施职业安全健康大使计划，在生产和生活中起积极示范作用，达到深入社区传播职业安全健康理念的目的。另外还有其他形式，如与安全有关的电视教育片、音像资料等。这些多种多样的宣传方式大大加强了香港居民的安全意识，在社会上形成了良好的安全与健康舆论环境，对建筑公司重视安全、促进安全起到了非常积极和重要的作用。

另外，香港的施工企业也逐渐认识到，一个安全的良性循环在开始时需要政府较多的干涉，但形成以后，企业也能意识到雇员的安全真正和企业的利益紧密结合，而可以不用政府的强制措施。良好的安全水平表现出了企业的管理水平，有利于企业塑造品牌形象，有利于企业取信于民，有利于企业提高员工的归宿感和工作效率，也更能够适应国际竞争，顺应社会发展的潮流。事实证明，由于香港特区政府管理得力，近十年来香港建筑业的安全事故率总体呈下降趋势。

三、发达国家和地区企业建筑施工安全管理经验

通过研究发达国家和地区建筑企业的安全管理方法，发现目前可以借鉴的管理经验包括以下几个方面。

1. 设置施工安全组织机构

施工安全组织机构，是指在施工单位内部设立的专门负责安全生产管理事务的独立的部门。设置施工安全组织机构是施工安全管理工作的一项重要内容，它在施工单位安全生产中有不可缺少的作用。发达国家和地区的安全生产法规一般都明确规定施工单位必须设置安全管理组织，一般称之为“安全（健康）委员会”。不同国家设置条件有所不同，见表 5－1。

表 5－1　发达国家和地区工程项目设置安全健康委员会条件比较

国家或地区	中国香港	美　国	加拿大	日　本	韩　国	瑞　典
设置条件	必设	>11 人	>20 人	>50 人	>50 人	>50 人

香港《工厂及工业经营条例》规定：每个工程项目都需成立项目安全管理委员会和项目安全委员会，为选取的国家和地区中规定最为严格的。项目安全管理委员会其成员主要包括：施工单位主管生产的副经理、安全主任、区域代理、建设单位代表及政府有关部门的代表等，由建设单位或其代表为主席。项目安全委员会由区域代理担任主席，包括安全主任、安全督导员及总施工单位项目经理、分包商项目经理或管理

人员。安全健康委员会主要职责包括对施工现场进行安全巡视检查；对安全或健康问题做出决定或建议；推行区域安全和健康计划；总结分析工程建设中的意外伤亡故事；研讨防止意外事故的措施。委员会对安全或健康问题的任何决定或建议，施工单位须立即执行，不得延误。

美国《职业安全与健康法》规定：施工单位雇用员工人数超过11人以上，需组成现场安全委员会，一般由现场安全人员、员工、分包商代表组成，施工单位推选的代表人数不得超过由员工选举的代表人数，代表任期不得超过一年，委员会主席由委员选举产生。安全健康委员会的职责包括：召开安全会议（如每月一次）讨论发生的事故情况、工作失误及有关安全事宜；进行每周一次的全面安全检查等；安全健康委员会有权审查施工单位提出的安全健康计划、规划；有权调查施工单位执行情况，提出指导性的建议；确保员工积极参与施工单位的安全事务。

日本《劳动基准法》规定：施工现场经常雇用50人以上时，应设置安全委员会、健康委员会或安全健康委员会，委员会由安全健康主管、安全健康管理员、现场员工代表组成，员工代表人数应在半数以上。安全委员会主席由施工单位的现场安全健康主管兼任。安全委员会的职责包括：审议关于员工发生危险的预防措施；参与安全事故责任的原因分析及提出防范措施；审议安全计划和实施方案；参与安全教育培训实施计划；审议采用新机械、设备、其他设备或原料、材料的安全措施。

此外，加拿大也规定20人以上需设置安全委员会。瑞典、韩国规定施工现场最少50人以上必须设立安全健康委员会；澳大利亚、英国法规则未明确规定。

2. 配备施工安全生产管理人员

安全生产管理人员是指在施工单位中专门负责安全生产管理，不再兼作其他工作的人员。设置安全生产管理人员是施工安全管理工作的一项重要内容，在施工单位安全生产中有着不可缺少的作用。分析近年来发生的生产安全事故可以看出，在诸多的事故原因中，施工单位没有配备必要的安全生产管理人员是一个很重要的原因。因此，明确施工单位在配备专门的安全生产管理人员方面的义务，对于加强安全生产管理工作、保障安全生产是十分必要的。

发达国家和地区规定企业要雇佣以员工人数为基础配备一定比例的专职安全管理人员，这些安全管理人员具有很高的地位，有与其责任相当的权力。美国、德国有完备的专业安全人员资格认证制度，中国香港地区有安全主任制度。这些制度要求从事安全工作的人员必须向政府申请注册后，方可取得职业资格。

开展社会化的安全管理中介委托服务，弥补施工单位安全管理理念和力量的不足，已逐渐成为普遍接受的新型安全管理模式。如中国香港地区企业向社会聘用注册安全主任，英国、瑞典企业向社会聘用专业安全代表，德国企业向社会聘用协调员，韩国企业向社会聘用安全管理委托机构来实施施工现场安全管理。这种委托服务既帮助施工单位落实和执行法律责任，确保各种生产活动的安全，又代表政府监督检查施工单位的安全计划执行情况，但不能免除施工单位在安全健康方面的管理责任。

3. 应用新技术提高施工安全性

新技术的推广和采用大幅度降低了安全事故，如先进的盾构施工技术设备和各种措施保证了隧道施工的安全高效，新型手持电动机具既提高了效率又减少了事故，信息化技术的广泛采用，增强了对安全隐患监控预警等。

为减少现场施工量，大量采用钢筋混凝土和钢结构预制件是日本建筑施工工艺的主要特点，并建立了与这一建造工艺相适应完备的技术体系和施工规范。如预制件采取流水线生产，观感质量和内在质量都有可靠的保证，现场施工机械化程度很高，管线不预埋，全部现场安装不用粉刷，大量使用轻质隔材、墙纸，柱子预制件之间的钢筋采用特殊胶水连接等。这些施工工艺工期快、质量高、建筑物外形个性化更容易实现、相同建筑面积室内使用面积更大。

4. 利用经济杠杆进行市场调节

发达国家保险公司通过不同的保险费率对建筑公司进行经济调节，并通过风险评估和管理咨询，促使并帮助其改进安全生产状况，在促进企业安全生产方面起到了重要的作用。安全保险费率根据企业风险的大小灵活制定，工作环境不安全的代价就是支付昂贵的保险费用，而安全的工作条件将大大减少这笔支出。

按照美国法律规定，进行工程项目建设前，业主和承包商必须办理有关强制性保险，否则将无法从事相应的业务活动。美国拥有世界上最大的保险市场，保险业十分发达。按照法律规定的与工程有关的强制性保险种类主要有：承包商险、安装工程险、劳工赔偿险、职业责任险等。尽管法律规定工程建设涉及主体必须投保强制性险，但投保人却可以自由选择满意的保险公司，并且投保费率完全按市场规律协商确定。在美国，承包商交纳安全保费的多少，和其安全施工的业绩与信誉密切相关。承包商若具有良好的安全业绩和信誉，往往保费低廉，施工利润较高；反之保费高昂，可能导致施工成本亏损，甚至出现保险公司拒保，承包商无法获得施工主体资格的情况。在这种市场经济杠杆作用下，不仅承包商自己安全施工意识十分强烈，而且保险公司为自身利益，也对施工安全极为重视，积极参与到施工安全管理之中。此外，通过大量的实践教训，承包商已意识到，建立良好的施工安全业绩不仅仅节约安全投保费用，而且因为安全生产，减少了工作损失时间，提高了员工生产率，降低了诉讼费用，企业总施工成本费用得到显著降低。

法国的社会保险机构建立专门的工伤预防基金和专职的安全监督员，雇主缴纳的工伤保险税与其事故伤人率挂钩，这样，使雇主主动改善安全生产条件，控制事故风险，从而获得更大利润。

5. 建立完善的安全教育制度

发达国家和地区企业针对管理人员和员工都有完善的教育制度。各国对管理人员进行安全教育培训的重点与其历史文化传统、经济发展以及技术管理水平有着十分密切的关系。

英国的安全教育培训单位一般是建筑工会培训中心，有专、兼职的各类专家，培

训工作常年进行。英国规定工地上一切人员都要经过安全培训，不同人员有不同的培训内容和要求，施工单位在确定安全管理人员时，首先自己必须知道且了解其工作内容、风险评估、预防方法以及法规和安全健康标准。

德国的安全教育培训单位主要是联邦劳动局、建筑行业协会、安全咨询公司及职业学校。规定的培训对象包括安全工程师和企业医生、企业员工、具有中学以上学历、将要从事建筑业的技术工人或专业从业人员以及再就业工人。

香港的安全教育培训单位则是建造业训练局，香港建造业训练局是依照《工业训练（建造业）条例》于1975年9月设立的永久性法定机构。该局不是政府机构，但其运作要受政府监督。规定的教育对象包括：拟成为建筑业技工、管工（即我国的安装工）的年满18岁的初、高中毕业生；其他行业拟改行成为建筑业技工或管工的人士；建筑业在职人员的岗位培训。

6. 构建先进的企业安全文化

发达国家和地区大型建筑公司都把安全文化建设作为安全管理工作的重点，并认为任何员工都该信仰公司的安全文化，并认识到安全文化的重要性，这样公司建立的安全管理制度才能更加有效。例如英国建筑企业在职业健康、安全预防和保护方面坚持以下原则：

（1）在可能的情况下，用各种方法和设备完全避免风险。

（2）安全工作的重点是杜绝风险产生，而不仅是排查和治理风险。

（3）只要可能，应当使工作适应每个人，而不是一定要人适应工作，特别是在工具和工作方法的选择上。因为这样能减少工作的单调性，使雇员能更集中精力工作，降低风险。

（4）充分利用先进的科技和装备，以使工作方法更安全、有效。

（5）对那些不可能同时预防和避免的风险，应考虑实际的工作条件、组织因素、工作环境和社会因素，结合各种预防措施使之协调运行，达到最佳的效果。

（6）当一些预防措施同时执行产生冲突时，应优先采用整体和全局性的预防措施，因为它产生的安全效益也是最大的。

（7）对安全与健康负责的雇主应当明确自己的义务和职责。

（8）负责实施项目的企业最高领导层应当建立积极的安全文化。

四、与中国建筑施工安全管理工作的对比分析

发达国家和地区在保障建筑施工安全上有许多成功的做法，积累了许多经验，通过与中国建筑施工安全管理体系的对比分析，可以为提高中国建筑施工安全水平起到很好的启示和借鉴作用。

1. 法律法规体系对比分析

从国家立法看，各国在安全生产方面都比较完善，都颁布有完整的安全生产法律

体系，强制业主执行。相比之下，中国的法律、法规和标准体系还不够完善，影响建筑工程安全监督管理工作的健康发展。随着《建筑法》《安全生产法》《建设工程安全生产管理条例》《安全生产许可证条例》等有关法律、法规的相继颁布实施，建筑施工安全政府监督管理无论是在制度建设，还是在规范化建设和法制化建设上都取得了很大的进步和提高，法律对于维护和保证建筑施工安全秩序发挥了重要的作用，但建设工程安全政府监督管理对我们来说还是处于不断摸索、完善和发展的阶段。经济快速增长、体制转轨、政府转变职能、新材料新工艺的不断应用等均要求管理制度做出相应的调整、补充，技术规范和标准也应及时更新。

另外，中国安全生产法律关于“环境与健康”的规定过于薄弱，现行《建筑法》仅在第五章“建筑安全生产管理”的若干条文中有一些相关规定。然而在建筑活动中对“环境与健康”的重视已经成为国际普遍关注的话题。工程建设的目标体系已经由传统的“成本—质量—工期”体系，转向“成本—质量—工期—环境与健康”体系。我国加入 WTO 后，已等同采用了 ISO14000 环境管理体系，并颁布了《职业健康安全管理体系规范》GB/T 28001—2001，但在《建筑法》及相关法律中尚未反映这一趋势。

2. 安全组织机构对比分析

发达国家和地区建筑施工单位一般都会遵照安全生产法规的规定设置安全管理组织，但与中国不同的是，这种安全管理组织是由劳资双方共同组成的，对工程参与各方特别是施工单位的安全行为进行监督约束的非经常性活动组织。中国认为劳资双方不存在对立关系，安全管理组织的作用一般通过工会和群众监督实现。随着建筑企业改制的深入和用工制度的改革，建筑工人队伍发生了根本变化，工会和群众监督作用已失去，“劳—资—政”关系已实际存在。因此中国安全生产法规应明确规定施工单位设置安全健康委员会，该委员会是由劳资双方共同组成的非经常性活动组织，对工程参与各方特别是施工单位的安全行为进行沟通、监督、约束，其功能、职责、法律地位、人员组成、召开会议频率等可参照上述国家的国际惯例，并结合中国的实际情况进行规定。

3. 安全人员配置对比分析

发达国家和地区从事安全工作的专业人员有很高的地位，有与其责任相当的权力。由于安全工作没有得到应有的重视，中国安全管理人员地位不高，待遇低，工作条件艰苦，责任重大，导致很多有专业知识、有能力的技术人员不愿意从事安全工作。实际工作当中，很多文化水平低、年龄大、身体素质差的人搞安全工作，已经很难承担专业性强、工作艰巨的安全监督任务。因此建立建筑安全工程师注册制度，提高从事安全工作人员的素质和地位势在必行。

另外还要加强培育、规范行业中介组织。完善的中介组织是市场经济发达国家的一种具体体现。市场经济条件下，政府对企业的管理被弱化，法律与制度要求的许多具体事务以及企业需要外部机构提供的许多服务，单靠政府的力量是无法完成的。通过培育和规范中介组织，政府可从烦琐的具体事务中解脱出来，集中精力制定法规、规章和执法监察，体现政府在安全生产管理中的公正的第三方的地位。通过充分发挥中介机构的作用，可以有效地补充企业缺失的来自政府的约束力，利用市场经济杠杆来强化对企业的管理，规范企业的安全生产管理行为。根据我国的实际情况，政府可以制定相应的鼓励政策，积极培育安全生产咨询、安全生产评估、安全检测机构等中介组织，并对其加以引导、监督、约束，规范其行为和竞争秩序。同时还必须明确其法律责任，强化监管，避免由于对此类机构的管理失控而造成不利局面。

4. 员工培训对比分析

发达国家和地区员工参与的培训过程对中国建筑业农民工的培训有一定的启发：对尚未进入劳务企业的农民工，应由政府全额出资，按照“先培训、后输出”，“先培训、后上岗”的原则，由政府委托专业培训机构对其进行包括安全生产在内的业务技能培训，经考核鉴定合格后再有组织地输出劳务。对于企业新招员工的培训，参考德国或英国的做法，以“雇主出钱，培训机构实施”的模式，由劳务企业出资，通过专业培训机构对劳务工人进行安全健康方面的培训。

另外，可以参考美国的做法，组织企业管理人员和员工学习高校中设置的专业课程，加强建筑施工安全教育工作。鉴于目前中国工程管理人员大部分来自高校毕业生，应该在高校涉及工程建设的专业增加关于健康、安全和环境保护的必修课程，加强这些工程管理人员的安全健康意识。同时将安全教育培训的对象适当扩展至建筑业技工和再就业人员，从源头上提高中国施工安全的管理水平。

5. 安全保险制度对比分析

在发达国家和地区，建筑行业的安全保险广泛采用。保险公司通过与不同的保险费率对建筑公司进行经济调节，在促进企业安全生产方面起到了重要的作用。而在中国，工伤保险虽然已经推行，但企业的积极性并不高，其中与保险费用过高直接相关。行业协会应代表建筑企业与保险行业磋商，解决保费过高的问题。同时实行与安全业绩挂钩的浮动费率，既要达到激励投保方主动投保的目的，也通过提高保险经济成本，推动企业下气力做好安全工作，以达到控制生产事故风险的目的。

6. 企业文化塑造对比分析

发达国家和地区先进的建筑企业历来重视先进企业文化的塑造，各国具有较高安全水平的建筑公司从决策者到普通员工都充分认识到安全机构、风险分析、安全培训和监督的重要性。在中国现阶段，塑造企业安全文化是一项长期、艰巨而又细致的心理工作，需要企业有意识、有目的、有组织地进行长期总结、提炼、倡导和强化。为此，在塑造企业安全文化过程中，要学习发达国家和地区先进企业的做法，把企业安全文化所确定的价值观全面地体现在企业的一切经济活动和员工行为之中，并利用制度强化企业安全价值观，把它渗透到企业的每一项规章制度、政策及工作规范、标准和要求当中。

探

讨

篇

安全发展理论探讨与实践

简论安全发展战略

杨　占　科

国务院《关于坚持科学发展　安全发展促进安全生产形势持续稳定好转的意见》(国发〔2011〕40号，以下简称《意见》)明确提出要“大力实施安全发展战略”。把“安全发展”上升到国家战略高度，这在新中国发展史上是第一次，标志着中国的“科学发展”进入更加注重生产和职业安全的新阶段。认真研究安全发展战略的内涵和外延，抓紧研究制定促进安全发展的行动纲领和政策措施，对于加快建设社会主义和谐社会，实现经济社会的科学发展具有十分重要的意义。

一、安全发展战略是国家战略

什么是国家战略？比较普遍的看法是：国家战略是建设和运用国家各方面的实力和人力，以实现国家总目标而采用的方略。有以下特征：①国家战略体系中最高层次的战略。提出者是国家，实施的主体也是国家。②指导国家各个领域的总方略。战略指向是国家总目标，服务于国家目标的最终实现。③需要举全国之力。组织本国政治、经济、心理等各方面的力量，共同推动国家战略实施。

根据上述分析，作为国家战略，安全发展战略是由国务院提出，要求地方各级人民政府和国务院各部门组织实施，覆盖各个行业领域，调动政府、部门、企业、社会、文化等各个方面的力量，形成推进安全发展的统一意志和共同行动，着力实现科学发展的国家目标的总方略。

(1) 安全发展是一个原则。正如《意见》所明确指出的：“要把这一重要思想和理念落实到生产经营建设的每一个环节，使之成为衡量各行业领域、各生产经营单位安全生产工作的基本标准，自觉做到不安全不生产，实现安全与发展的有机统一。”

(2) 安全发展是一个目标。党的十六届五中全会通过的中共中央《关于制定国民经济和社会发展第十一个五年规划的建议》明确提出：“推进国民经济和社会信息化，切实走新型工业化道路，坚持节约发展、清洁发展、安全发展，实现可持续发展。”《意见》也明确指出，要“把安全真正作为发展的前提和基础，使经济社会发展切实建立在安全保障能力不断增强、劳动者安全和身体健康得到切实保障的基础之上，确保人民群众平安幸福地享有经济发展和社会进步的成果。”

(3) 安全发展是一个过程。安全发展是将安全的要求强力嵌入经济社会发展进程，使经济社会呈现安全可持续状态的社会治理过程。因此安全发展具有动态性、历

杨占科，国家安全生产监督管理总局宣教办公室主任。

史性。安全发展没有最好，只有更好。必须树立安全发展只有起点没有终点的理念，坚持安全发展状态的持续改善。

（4）安全发展是一种文明。安全发展战略体现的是尊重人权、关爱生命的价值观。因此，安全发展战略的实施过程，既是经济发展方式不断转变的过程，也是社会文明程度不断提高的过程。对于党和政府而言，安全发展体现的是良治善政；对于社会而言，安全发展标志中国社会主义人权事业的巨大进步。

二、实施安全发展战略是经济社会发展到一定阶段的必然

中国提出实施安全发展战略绝不是偶然的，而是中国经济社会发展到一定阶段的必然选择。

（1）是中国全面建设小康社会的必然选择。据统计，2011 年中国 GDP 总量突破 47 万亿元人民币，按 2011 年汇率中间值计算达到 7.3 万亿美元，人均约 5400 美元，标志着中国已经迈入中等收入国家行列，进入全面建设小康社会的新阶段。综合国际上其他国家经济社会发展经验教训，这一时期既是经济结构升级、经济增长保持较高速度的重大机遇期，也是各类矛盾积聚、凸显的风险期，存在一个需要谨慎对待的“中等收入陷阱”。一是随着人民群众收入水平的提高，人们的生活需求层次显著提高，由注重物质需求向更加注重人文、价值需求转变，安全的需求、尊严的需求日益成为基本需求；二是随着人民群众知识和信息水平的提高，公民意识和维权意识显著增强，对政府强化社会管理、妥善处理各类侵犯公民权利的事件提出更高更严格要求；三是随着中国社会阶层的日益多元化，公民利益诉求多元化格局日趋明显。平衡处理各方面的利益诉求，确保各阶层和谐相处、社会稳定有序，成为政府加强社会管理的重要任务。在这种情况下，生产安全问题已经不仅仅是经济过程的“控制效力”问题，而已经成为影响和谐稳定的重大社会问题。不安全的状况，事故频发多发的状况，人民群众生命财产安全权益得不到有效保障的状况，不仅关系到经济发展能否体现满足人民群众日益增长的物质文化需求这一总目的，也关系到人民群众的合法权益能不能得到有效维护，因此也关系到全面建设小康社会的质量和水平。实施安全发展战略，最大限度地满足人民群众的安全需求，保护人民群众的生命财产安全权益，成为全面建设小康社会所必须完成的重大历史任务。

（2）是转变经济发展方式的必然选择。坚持科学发展，加快转变经济发展方式，是“十二五”期间的主题和主线。把握主题、抓住主线，要求我们必须做到“四个更加”，即：更加注重以人文本、更加注重全面协调可持续发展、更加注重统筹协调，更加注重保障改善民生，促进社会公平正义。十七届五中全会通过的中共中央《关于制定国民经济和社会发展第十二个五年规划的建议》而实施“安全发展”战略，则全面体现了“四个更加”的要求，是“把握主题、抓住主线”的重要载体。因此可以说，推进科学发展，首先必须推进安全发展；加快转变经济发展方式，首先必须确立

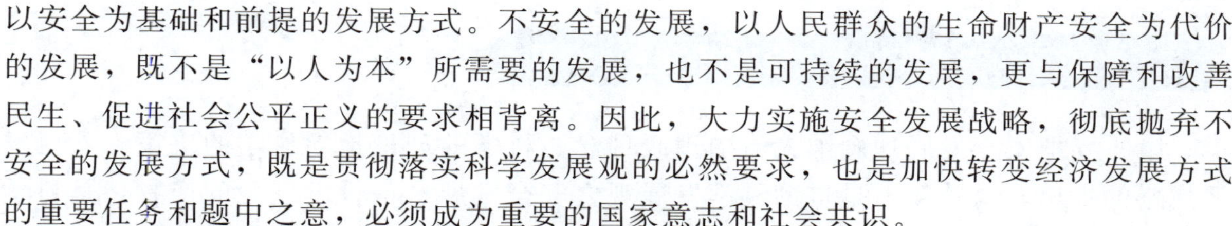

以安全为基础和前提的发展方式。不安全的发展，以人民群众的生命财产安全为代价的发展，既不是“以人为本”所需要的发展，也不是可持续的发展，更与保障和改善民生、促进社会公平正义的要求相背离。因此，大力实施安全发展战略，彻底抛弃不安全的发展方式，既是贯彻落实科学发展观的必然要求，也是加快转变经济发展方式的重要任务和题中之意，必须成为重要的国家意志和社会共识。

（3）是建设和弘扬社会主义核心价值体系的必然选择。党的十七届六中全会做出《中共中央关于深化文化体制改革　推动社会主义文化大发展大繁荣若干重大问题的决定》（以下简称《决定》），要求推进社会主义核心价值体系建设，巩固全党全国各族人民团结奋斗的共同思想道德基础，要求树立和践行社会主义荣辱观，要求强化“社会责任”意识和“诚信”意识。“安全发展战略”在《决定》发布之后提出，绝不仅仅是时间上的巧合，而是安全发展与文化建设之间的天然联系所决定的。文化建设的核心是价值观建设，而“安全发展”战略解决的不仅仅是经济运行过程中的各类职业危害问题，更重要的一点是要为经济建设装上“价值观”的翅膀。随着安全发展战略的大力实施，我们的经济建设所取得的成就将不仅仅是国民财富的增加，而且是“社会责任、诚信、生命至上”等价值观的不断弘扬与积淀。也就是说，安全发展战略将使我国经济建设和社会文明取得协调进步、共同提高。因此，国发40号文件特别提出要“积极推进安全文化建设”，实际上也正是对“安全发展战略”在社会主义文化建设方面的重要作用的肯定和重视。经济建设、社会建设、文化建设有机统一，无疑是安全发展战略的基本特征与重大意义所在。

（4）是确保党长期执政的必然选择。党的十六届四中全会作出《中共中央关于加强党的执政能力建设的决定》，指出：“党的执政地位不是与生俱来的，也不是一劳永逸的”，要求全党“更加自觉地加强执政能力建设，始终为人民执好政、掌好权”，明确“当前和今后一个时期，加强党的真正能力建设的主要任务是：按照推动社会主义物质文明、政治文明、精神文明协调发展的要求，不断提高驾驭社会主义市场经济的能力、发展社会主义民主政治的能力、建设社会主义先进文化的能力、构建社会主义和谐社会的能力、应对国际局势和处理国际事务的能力。”从此，“五种能力”建设成为中国共产党执政能力建设的主要内容。随着科学发展观这一重大战略指导思想的提出和确立，中国共产党把“推动科学发展的能力”纳入中国共产党执政能力建设的主要内容，实现了中国共产党执政能力建设的与时俱进。2005年，党的十六届五中全会提出“安全发展”理念，实现了中国共产党“对科学发展观认识上的深化”（胡锦涛同志在2006年中央政治局第30次学习会上的讲话），把推动安全发展的能力纳入执政能力建设，成为历史的必然。2010年中国共产党的十七届三中全会，胡锦涛同志明确指出：“能不能实现安全发展，是对我们党执政能力的一个重大考验。”标志着中国共产党把推动“安全发展”的能力正式纳入党的执政能力建设，实现了中国共产党执政能力建设的又一次与时俱进。

三、政府要切实发挥推进安全发展的主导作用

（1）要把安全发展理念纳入治国理政理念。科学的理论指导科学的决策。安全发展战略的提出，从总体上是贯彻科学发展观之安全发展这一科学理念的产物，是科学理论向科学实践的具体转化。推动实施安全发展战略，要求我们必须牢固树立安全发展理念，把能不能实现安全发展作为政府决策、实施的重要参照和原则。凡是有利于实现安全发展的事情，就大力推动、“踩油门”；凡不利于甚至有损于安全发展的事情，就坚决遏制、“踩刹车”。选拔任用干部，也要着力选拔任用拥有良好的安全发展意识，能够践行以人为本，在组织实施安全发展战略当中表现突出、成绩优异的干部。从而使安全发展理念深入政府血液和骨髓。

（2）要把安全发展目标纳入经济社会发展规划。规划是行动纲领、工作指南。安全发展目标能否纳入各级政府的经济社会发展五年规划，关系安全发展战略能否得到切实推进。这就要求各级政府把安全发展理念作为制定经济社会发展五年规划的重要指导思想，使各级政府的经济社会发展规划成为充分体现安全发展要求的规划。一是要明确经济社会发展的安全目标。目标要切实可行，充分反映中国经济社会发展实际，充分体现目标的凝聚力、号召力。二是要明确工作重点。着力解决制约安全发展的深层次矛盾和问题，着力倡导安全可持续的发展模式，扎实推进安全保障型社会建设。三是要确立一些重大项目和建设工程。要把“安全”作为一种公共物品，增加政府的公共安全投入，形成安全发展的“项目带动”。四是要强化安全发展绩效考核，增加“安全发展”状况在政府政绩考核中的权重，全方位调动地方各级政府实施安全发展战略的积极性、主动性和创造性。

（3）要把推进安全发展的能力纳入执政能力建设。安全发展战略能否得到有效实施，与各级干部是否具备高超的推进安全发展的能力密切相关。因此，培养和造就一大批能够切实推进安全发展的优秀干部特别是优秀领导干部，是推进安全发展战略的重要保障。要放在执政能力建设的高度，充分认识搞好安全发展能力建设的重大意义，把安全发展能力建设纳入新时期党的建设伟大工程；要切实加强安全培训，把安全发展能力培训课程纳入各级党校、行政学院的培训计划，使安全发展课程成为各级党校、行政学院的必修课；要善于在实践当中培养造就干部，着力选拔有培养前途的干部到安全生产岗位挂职锻炼、任职实践，让广大干部在实践中锤炼安全意识、增长安全才干，成为推动安全发展的主力军、带头人。

（4）要把推进安全发展的工作体系纳入社会管理体系。推进安全发展战略，不仅关系经济建设，也关系社会建设，需要采取综合促进和治理措施。近年来，中央把安全监管体系建设纳入社会管理工作范畴，具有标志性意义，标志着中国社会管理、建设思路的日益清晰。各级政府都应当把加强安全监管，推进安全发展作为政府履行社会管理职能的重要任务，不是从经济学意义上考虑安全监管问题，而是从社会学意义

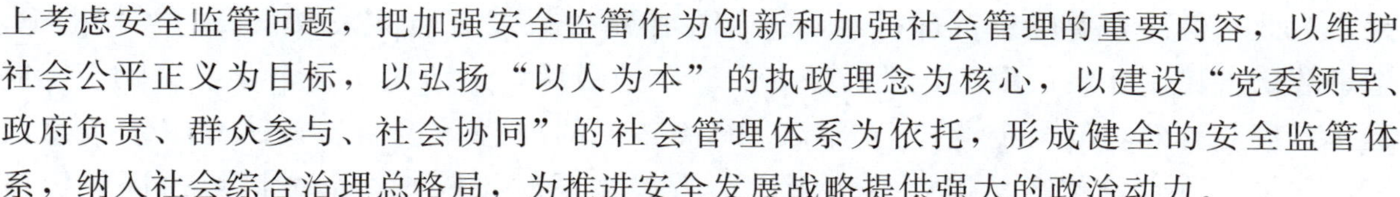

上考虑安全监管问题，把加强安全监管作为创新和加强社会管理的重要内容，以维护社会公平正义为目标，以弘扬“以人为本”的执政理念为核心，以建设“党委领导、政府负责、群众参与、社会协同”的社会管理体系为依托，形成健全的安全监管体系，纳入社会综合治理总格局，为推进安全发展战略提供强大的政治动力。

四、企业必须全面落实安全生产主体责任

（1）要认真贯彻“安全第一”的方针，切实做到不安全不生产。“安全第一”是国家通过立法确立的生产经营建设原则。这就要求每个企业都必须牢固树立安全意识，切实把安全作为生产经营建设的基础和前提，确保企业生产经营建设过程始终处于安全得到有效保障的状态，确保每一分利润都是包含安全价值、人文理念的。

（2）建立健全的安全生产责任制，落实安全生产各项保障措施。企业的实际控制者、法人代表要负起全面责任，企业的安全管理机构要负起内部监管责任，企业工会要负起监督责任，每个员工要负起岗位责任，真正实现安全生产的全员、全过程、全方位管理，确保国家提出的各项安全保障措施落实到每个车间、班组，每个岗位，不留安全死角和责任盲区。

（3）推行安全生产标准化管理，以安全达标提升企业生产安全质量。安全是有标准的，因此，企业的安全状况如何，也是可测量、可评判的。目前，企业安全达标的程度有三级，一级达标为佳，基本属于本质安全水平；二级达标为良好，有继续提升的空间；三级达标属于基本达标，但需要努力的方面还很多。三级达标以外的状况就属于不安全的状况，是需要认真整改、停产整顿甚至直接关闭的类型。由此可以说，安全生产的标准化管理，为企业提高安全生产水平提供了一面镜子，也提供了一架梯子。所有企业都应该把安全生产达标创建作为落实企业安全生产主体责任的重要抓手，对照标准，确定等级；查找差距，明确方向；制定措施，着力整改，在达标创建中不断提高企业安全管理水平。

（4）落实安全生产费用提取使用制度，不断提高企业安全保障能力。允许企业计提安全生产费用，是国家实施安全发展战略的重大政策措施。由于安全生产费用计入企业成本，内含减税措施，因此，安全生产费用实际是国家和企业的共同投入。为此，国家安全监管总局会同国家财政部制定了详细的提取使用办法，为企业提取使用安全生产费用提供了政策依据。各企业要把足额提取、有效使用安全生产费用作为改善企业安全生产状况的基本措施，根据人、机、环三个环节的安全要求，不断增加企业素质、设备、科技等方面的安全投入，为企业的安全发展提供有力的基础支撑。

（5）加强应急救援体系建设，筑牢安全生产最后一道防线。企业安全生产的基本思路是“预防为主”，关键是消除安全隐患，实现安全控制“零缺陷”。但是，由于生产过程是动态的，设备的安全状况、职工的安全素质是处于变化之中的，因此，企业始终存在“安全控制措施失效”的风险，任何一个小小的疏失都可能造成灾难性后

果。为此，健全企业应急管理机制，确保在控制失效之后能够采取积极的补救措施，把事故伤害控制在最低限度，是确保生产安全的最后一道防线。各企业要着眼于反应迅速、应对有效，健全企业应急预案，配备必要的应急救援装备，认真组织应急演练，并将企业应急预案、措施与政府应急救援体系对接起来，形成区域协同救援机制，确保企业在事故发生时能够迅速做出反应，科学有效施救，最大限度保障职工生命财产安全以及区域公共安全。

（6）加强安全教育培训，建设良好的企业安全文化。文化是一种内固于心、外化于形的风尚。企业安全文化的形成标志着安全生产由强制转向自律、自觉，是企业长期可持续安全的重要保障。企业安全文化的形成还会形成积极的外溢效应和持久的同化效应，为全社会的安全发展提供观念动力。因此，各企业都应当把安全文化建设作为企业安全管理的重要目标，以促进“由要我安全到我要安全”的转变为出发点，切实加强教育和培训，大力创造“安全生产、人人有责”的文化氛围，着力塑造“安全光荣、违章可耻”的职业道德，全面形成“安全发展、生命至上”的价值观，切实把企业安全生产纳入文化引领的轨道。

五、科学考核，严格问责，建立安全发展的激励约束机制

（1）科学考核。既要科学考核各级政府以及政府各部门，也要科学考核每一个企业。由于政府和企业在实施安全发展战略当中的地位、作用完全不同，对政府和企业的考核也应当建立不同的目标体系。对政府，应当侧重于区域安全生产状况以及安全发展水平的考核；对企业，则侧重于安全生产主体责任落实情况以及企业安全生产管理水平的考核。发生生产安全事故，企业应该负主要责任，重点追究企业安全生产责任人的责任；对于政府，一次事故并不能反映地方安全发展状况的全貌；衡量地方政府工作，更应当从事故状况与地方经济发展总量的对比关系、安全发展的历史对比中去考核。从而，形成政府对区域安全生产整体情况负责、企业对事故负责的安全生产责任体系，充分调动政府和企业实施安全发展战略的两个积极性。

（2）严格问责。这是实现考核效能的根本保障。长期以来，特别是近几年来，中国对如何建立安全生产问责机制做了大量探索，不断创新完善。坚持“四不放过”，严肃查处每一个责任性事故；坚持“科学严谨、依法依规、实事求是、注重实效”，更加注重政府责任与企业责任的差异性，更加注重安全发展问责对问题整改的促动性，切实实现以问责“倒逼”安全发展意识、思路和措施，为安全发展不断注入新动力。

（3）安全发展战略是国家战略，各级安全监管监察机构要做排头兵。安全发展战略既是各级安全监管监察机构的旗帜，也是行动指南。各级安全监管监察机构必须把做好安全生产工作与推进安全发展战略更加密切统一起来，围绕实施安全发展战略加强安全监管监察，以强有力的安全监管监察推进安全发展战略实施，使各级安全监管

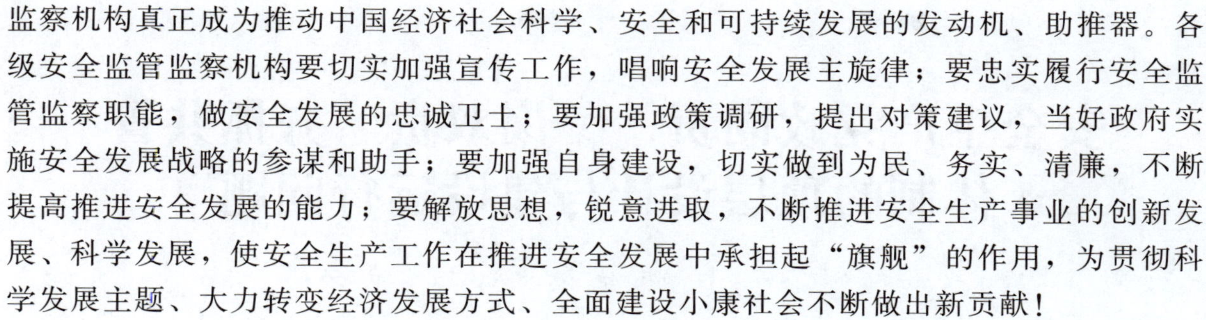

监察机构真正成为推动中国经济社会科学、安全和可持续发展的发动机、助推器。各级安全监管监察机构要切实加强宣传工作，唱响安全发展主旋律；要忠实履行安全监管监察职能，做安全发展的忠诚卫士；要加强政策调研，提出对策建议，当好政府实施安全发展战略的参谋和助手；要加强自身建设，切实做到为民、务实、清廉，不断提高推进安全发展的能力；要解放思想，锐意进取，不断推进安全生产事业的创新发展、科学发展，使安全生产工作在推进安全发展中承担起“旗舰”的作用，为贯彻科学发展主题、大力转变经济发展方式、全面建设小康社会不断做出新贡献！

安全生产党政同责　一岗双责　齐抓共管体制的顶层设计与建设运行问题

常 纪 文

综合今年中国的重特大事故发生情况来看，主要呈现“三多一少”的特点。三多是指：一多，客车、校车发生的重特大事故多，死亡人数总量大。二多，危险化学品监管领域发生的重特大事故多。肉制品的生产和储存需要冷冻设备，可能发生液氨泄漏事故，而液氨泄漏事故波及的面很大，因此危险系数高。三多，煤矿和非煤矿山发生重特大事故多，且出现了一个矿区发生多起事故的情况。一少，是指建筑施工领域的重特大事故发生大幅下降。主要原因在于我国的房地产宏观政策的出台和经济结构正在发生转型，建筑施工量大幅下降。

针对重特大事故多发的特点，总书记和总理先后多次作出重要批示。习近平总书记指出：人命关天，发展绝不能以牺牲人的生命为代价，这必须作为一条不可逾越的红线。要求开展一次彻底的安全生产大检查，坚决堵塞漏洞，排除隐患。要实行党政同责一岗双责齐抓共管。

一、安全生产党政同责　一岗双责　齐抓共管体制出台的深层原因

监管体制的改革，在中国的国体下，需要自上而下地推进；在中国的政治制度下，需要通盘考虑党政的分工和责任。而从前期的事故情况来看，以下两类体制需要改变：

1. 党政分工的体制问题

反思频发的重特大事故，企业首先应承担主体责任。但由于政府有监管企业的职责，政府也要承担监管失察的责任。由于党委领导政府开展工作，从理论上讲，党委也要承担安全生产的领导责任和失职的党纪、政纪和法律责任。但以前中国没有明确的制度化规定党委在安全生产方面应做的工作，因此党委的安全生产领导责任就虚化了。在这个背景下，一旦出了安全生产事故，受到处罚的往往是政府系统的监管人员，而党委系统的领导往往不涉及具体事情的监管，因此难以受到责任追究，即使因为重特大事故受到牵连，也只是作出深刻检查，难以涉及警告、记过、记大过等党纪和政纪处分，更不会被追究刑事责任。从全国范围来看，前期分管安全生产的普遍是新上任排名靠后的副省、市、县、乡（镇）长，很少看到党委常委分管安全生产的现

常纪文，北京市安全生产监督管理局副局长。

象。这些副省、市、县、乡（镇）长上任一两年之后，最希望的是进入常委班子，卸掉分管的安全生产工作。由于分管安全生产的副省、市、县、乡（镇）长地位不高，他们提出的人、财、物等加强安全生产工作的请求难以得到本级党委常委会和政府常务会的足够重视。于是安全生产就被推到看起来重要、干起来次要、忙起来不要的尴尬境地。一些基层安监局局长甚至私下发牢骚，说若不发生一起大事故，上级来追责，党委和政府就不会重视。2012 年下半年到 2013 年上半年是全国的换届年，大部分分管安全生产的副省、市、县、乡（镇）长是新提拔上来的领导干部，缺乏经验，监管思路和措施与前任相衔接也需要一个过程，因此在换届后的一段时间内，安全生产容易出大事故。这是 2013 年 1—8 月事故频发的原因之一。一些地方针对问题开始了体制创新探索，如 2013 年年初，河北省张家口市开始探索党政同责、一岗双责的制度建设。

对于事故的预防和遏制，习总书记最近提出，各级党委和政府要以对党和人民高度负责的精神，完善制度、强化责任、加强管理、严格监管，把安全生产责任制落到实处，切实防范重特大安全生产事故的发生。强调把党委的责任排在政府责任之前。对于党委领导作用和党委领导责任的发挥，习总书记从党政分工关系的角度，最近提出了党政同责、齐抓共管的责任构架，突出了地方各级党委的安全生产领导责任。

2. 政府内部分工的体制问题

按照目前的“三定”方案，地方安监局在危化和工业企业等方面负有直接监管责任，对其他行业负有综合监管责任。综合监管的前提是其他行业的监管部门负有直接监管责任。而事实是，一些行业部门对本行业的安全生产工作，如通讯管理部门对本领域的安全生产隐患和事故，住房与建设部门对物业领域和非法违法建设的安全生产隐患和事故，农业部门对农村的沼气隐患与事故，发改委对电力领域的事故和隐患，只有指导和部署权，而无执法和处罚权，于是出现行业、业务领域的安全生产直接监管责任缺位现象。而对于这些领域，安监局要想通过综合监管，如指导、协调、监督的手段，来代替行业的直接监管责任，是不现实的。这种体制缺陷长期存在，必然导致事故的不断发生。如北京市各小区内的安全生产事故和非法违法建设领域的安全生产事故一直占有相当的比例。但是由于住房建设等部门属于政府系列的强势部门，责任的彻底追究特别是向上追究很难实现。如果不出事故尤其是大事故，这些部门是很难真正重视安全生产管理的。

在政府内，安全生产监督管理部门的地位比较尴尬。在政府部门的序列中，安监局排名靠后，安监局局长极少能进入上一级领导岗位后备人选。加上一些强势的部门把自己不愿意管的安全生产监管责任推到安监局身上，各级地方党委和政府一把手也喜欢把新的任务加到能干事、能干成事的安监局头上，安监局事实上成了任务繁重、职责危险，而且经常面临事故追责风险的火山口。一些局长不愿意常年呆在这风险巨大且吃亏不讨好的岗位上，上任不久就走渠道要求调走的事屡见不鲜。这种不正常的体制现象，对于遏制重大和特大事故的发生，对于持续推动安全生产形势根本好转是非常不利的，必须予以解决。

对此，习总书记于 2013 年 7 月 18 日提出，管行业必须管安全，管业务必须管安全，管生产经营必须管安全。从顶层设计上提出了一岗双责、齐抓共管的分工合理的安全生产监管责任构架，使安全生产的权、责、利更加匹配，这样既减轻了安监部门的压力，也为安全生产事业下一步的健康发展打下了基础。

二、安全生产党政同责　一岗双责　齐抓共管体制的地方建设实践

中央政治局常委会两次开会专门讨论安全生产，要求各级党委和政府各司其职，加强安全生产工作，这是顶层设计。中央政治局常委会和国务院常务会几次开会专门讨论安全生产，并作出工作部署，这是顶层示范。习总书记提出的党政同责、一岗双责、齐抓共管责任构架的顶层设计和示范，需要地方各级党委和政府通过具体化的体制建设和制度构建工作，使责任体系分配科学化。

地方最早全面进行制度化探索的是郑州市。2010 年 10 月，郑州市委、市政府办公厅印发了《郑州市安全生产党政同责制度》，制度对党政同责的概念、基本要求、共同责任、各自责任、工作机制、激励措施、责任追究等作了较为详尽的规定。最后，制度在附则中要求，各县（市、区）党委、政府可根据本制度制定本地区的安全生产工作党政同责实施细则；各部门、企业事业单位可参照本制度执行。这样，可以使制度的实施一竿子插到底。制度的一个亮点是，在细化责任的基础上规定对党政机关追责的条件和后果，即对因工作不到位、措施不得力引发生产事故，突破年度控制指标的地区、单位及其党政主要领导和分管领导，严格实行安全生产行政问责制和“一票否决”；造成重特大事故或重大影响的依法依纪追究相应的领导责任。

北京市在党政同责、齐抓共管方面，已经迈出实质性步伐。保护首都的安全运行包括最大程度地遏制安全生产事故的发生，是北京各级党委和政府的一大政治任务。2012 年各区（县）换届时，很多党委常委、常务副区（县）长开始分管或者联系安全生产。各区（县）的安委会主任，一般由区（县）长来担任。这样，安全生产就相对容易地进入到政府常务会和党委常委会的视野。这种制度设计，改变了由“最没有地位”的副区（县）长分管安全生产的不利局面。在一岗双责、齐抓共管方面，北京市于 2013 年 9 月 18 日召开市委常委会议，市委书记部署了下一阶段的安全生产工作，要求建立落实总书记党政同责、一岗双责、齐抓共管要求的制度。北京市政府常务会议于 2011 年 11 月 19 日审议了《北京市安全生产“一岗双责”暂行规定》，带着现实问题修订现行的安全生产监管“三定”方案，充实了住建委、教委、发改委、农委等部门的安全监管责任。新的“三定”方案一旦通过，这些部门将加强机构建设和能力建设，把安全生产的直接监管责任一级一级落实下去，使一岗双责、齐抓共管和“管行业必须管安全，管业务必须管安全，管生产经营必须管安全”的实施具有制度和能力基础。

广东省于 2013 年 10 月 9 日召开了省委常委会，提出了要完善安全生产责任体系，落实党政同责、一岗双责、齐抓共管的要求，健全安全生产体制机制，依法进行监管，提高安全保障能力。贵州省于 2013 年 10 月 28 号召开了省委常委会议，提出建立党政齐抓共管、部门依法监管、企业全面负责、群众积极参与、社会广泛支持的安全生产工作体系。重庆市市委、市政府于 2013 年 9 月 11 日出台了《关于深化平安重庆建设的意见》，9 月 16 日又专题召开深化平安重庆建设工作会议，将安全生产纳入深化平安重庆建设的重要内容，要求党政齐抓共管，努力推进全市安全生产形势持续好转，全面建成安全保障型城市。甘肃省委省政府于 2013 年 9 月 30 日通过《关于进一步加强安全生产工作的意见》，提升了安全发展的地位，把市（州）和区（县）、乡（镇）党委作为安全生产的考核对象。

总的来说，各级党委和政府为贯彻习总书记讲话而进行的体制创新工作具有共同点，如市（州）、区（县）、乡（镇）党委的主要负责人对本地区的安全生产工作负总责，并与政府的负责人同为安全生产的第一责任人；党委常委会每年至少研究 1～2 次安全生产工作；党委常委分管或者联系安全生产，各级政府班子成员和政府各部门都要按照一岗双责的要求，尽职尽责地抓好分管领域的安全生产工作等。但一些地方的体制创新步子更大，如郑州市把安全生产工作纳入各级党委年度综合考核的重要内容，考核结果作为领导班子和领导干部选拔任用、奖励惩戒的重要依据；要求建立健全党政一把手亲自督办制度；请求驻军参与抢救和支援。甘肃省提出做好安全生产也是政绩的理念，把安全生产监管能力建设纳入经济和社会发展规划，要求上级党委考核下级党委。北京市要求区（县）长担任安委会主任，修改“三定”方案，落实一岗双责、齐抓共管等。

三、建立安全生产党政同责　一岗双责　齐抓共管体制的基本要求

对习总书记关于安全生产的讲话要做科学的理解。只有这样，在横向和纵向上建立的责任体系才能分工明确、相互衔接，才具有可实施力。

党政同责的党政指的是中央和地方各级党委和政府。地方各级党委和政府包括从省一级到乡镇街道一级的党政机关。另外，中国的居委会和村委会虽然是基层群众性自治组织，但是由于现实中其已经具有生产经营的组织和管理职能，从政府和上级党委那里获得经费等支持，也建立了党组织，在国家方针政策的上传下达方面具有一定的作用，因此在阐述党政时也可将他们纳入进去。然而群众自治组织的特征决定了居委会、村委会及其党组织的责任和地方各级党政机关的责任是不同的。同责指的是无论党委还是政府部门，在安全生产管理或者监管方面都有责任。如《郑州市安全生产党政同责制度》规定，党政同责是指党委、政府对安全生产工作共同负有领导责任；贵州和甘肃省委省政府提出党委负责人和政府负责人都是安全生产的第一责任人。当党委和政府违反了各自的职责时，都会承担政治责任、纪律责任或者法律责任。但因

为地方党委和政府的作用和职责不同，二者承担的政治、纪律、法律的后果不一定一致。所以同责应当从分配职责时“同有职责”和违反职责时“同样承担责任”两个方面来理解。各级行政首长对于上级党委或政府的要求和安排，对于同级党委常委会的安全生产决议要贯彻落实，对于本行政区域的事项要负全责。在发生安全生产事故时，行政首长要成为政府系统的第一责任人。如果党委常委会部署了安全生产工作，各常委也尽到了联系或者支持安全生产工作的职责，一般会免责。但如发生重特大安全生产事故，且事故的发生与党委的路线、政策、人事安排、工作部署和思想工作有关系，党委负责人则要成为党委系统内的第一责任人。

一岗双责是指党政机关、企事业单位的领导和工作人员，除了履行自己的业务职责外，还要承担本领域有关的安全生产管理或者监管职责。这里的岗位包括党委常委联系领域的职责，如宣传部长联系广播电视等领域的安全生产。以《郑州市安全生产党政同责制度》为例，它规定党委和政府的其他分管领导按照一岗双责要求，既要负责分管范围业务工作，又要负责分管范围内的安全生产工作。只有这样，才能解决管行业必须管安全、管业务必须管安全、管生产经营必须管安全的问题。

齐抓共管是指各级党委和政府以及党委常委联系或者分管的部门和政府副职首长分管的部门，对于安全生产都要管、都要抓。只有这样，才能解决好党委内部和政府内部各部门之间的协调问题，真正建立综合监管与直接监管相结合的有效责任体系。

四、安全生产党政同责　一岗双责　齐抓共管的横向体制建设问题

1. 党委职责和党委常委之间的职责分配

党委的领导主要是政治领导、思想领导和组织领导。党委通过这三种领导方式落实党政同责的责任，应从以下几个方面来理解：

在政治领导方面，党委常委会要定期和不定期地讨论本行政区域的安全生产形势和安全生产大政方针问题，如城市规划问题、城市建设安全问题、协调有关区域和方面的安全生产工作、机构职责、“三定”方案的调整、财政投入以及重大安全事故的处理问题等，对于中央的安全生产指示和通知要定期学习研究，因地制宜地制定本行政区域的落实措施。常委会在研究讨论安全生产工作或者与安全生产有关的经济和社会事项时，负责或者联系安全生产的党委常委和职责与安全生产密切相关的其他常委应提出建议。对于分工交叉的安全生产工作，应该由相关的常委共同负责。一旦发生事故，如果党委常委负责安全生产，分管的党委常委和负责的政府部门要承担相应的监管责任；如果党委常委不负责只联系安全生产，那么党委常委需承担联系责任，政府内非党委常委的副职领导则要承担分管责任；当分管的领域出现安全生产事故时，由政府内各分管业务的副职领导负直接责任，负责安全生产的常委也要承担综合监管的责任。在分工的基础上还要有集中，为此需要建立党政一把手亲自督办制度，即对重大安全隐患和重大危险源，各级党政一把手要亲自过问，亲自督办，采取有效措施

抓好落实。这就从党和政府两个方面建立健全了安全生产责任体系，在党委和政府内部形成齐抓共管的共识，并通过共识形成的决议来推动政府工作，为政府各部门的齐抓共管奠定基础。

在思想领导方面，地方各级党委要做好安全生产的宣传教育工作。以北京为例，如果走在街上或者步入公园，见得最多的是安全生产标语和提示；如果开车或者乘车，在公共汽车、高速公路及环路上，见的最多的是安全生产提示语；如果入住宾馆，电视机的屏幕上会有安全提示的滚动字幕；如果看电影，播放前的几分钟就有安全生产提示；如果听广播，每天交通早高峰时会有专门的安全生产节目。如果安全生产工作做得差，电视新闻经常予以披露。这些工作得到了市交通委、园林局、广电局、旅游委的支持。而这些支持的结果来自于市委宣传部的协调。

在组织领导方面，除了党内、政府和社会的动员组织外，各级党委的一个重要工作是人事组织工作。人事组织工作包括两个方面：

其一，党委常委会应有专人联系或负责安全生产工作。如甘肃省兰州市的八个区县中，渝中区等三个区县的副书记负责安全生产工作，其他的区县有常委分管安全生产的，也有常委联系安全生产的。在制度设计中，分管安全生产工作的非常委副职行政领导应当向作为联系安全生产工作的常委汇报工作，并要在必要时列席党委常委会并发言，由负责联系的常委进行补充。这种方法使得常委会更加重视安全生产工作，能有效解决安全生产的人力、物力、财力以及重大工作部署问题。

其二，党委常委之间也要有安全生产工作职责。副书记协助书记成为安全生产的第一责任人，党委常委、组织部长的职责在于，在安监局及有安全生产监管职责的行业领域，不仅要配备好安监局的领导班子，还要配备好政府各部门中抓安全生产工作的副职的配备问题，把思想过硬、作风扎实、能力突出、严于律己的领导干部选拔到安全生产工作岗位上去。党委常委、宣传部长主要负责协调安全生产方面的宣传教育工作，提升辖区内的安全文化水平。党委常委、统战部长可以通过聘请特约监督员、邀请人大代表和政协委员来加强对各行业、各单位安全生产工作的监督。党委常委、政法委书记在对于安全生产事故的调查处理和维稳方面具有重要职责。党委常委、纪委书记在对于安全生产工作是否落实，一岗双责制度是否得到有效推行等方面负有监察责任。党委常委、军队领导支持地方参加事故抢救或给予必要的支援。属于党委常委的教工委和农工委书记等领导对其分管或者联系领域的安全生产工作也要承担起协调责任。

2. 政府副职领导之间和各部门之间的职责分配

在政府内部，要按中央要求修订政府分工规则，使分管安全生产的副职首长要承担安全生产综合监管的领导责任，其他副职首长要在分管的业务领域承担安全生产直接监管的领导责任。要修订现行的“三定”方案，赋予各部门全部业务领域安全生产直接监管责任。

五、安全生产党政同责　一岗双责　齐抓共管的纵向体制建设问题

要将安全生产责任落实到基层，落到实处，要建立责任分解体系。安全生产监管责任的分解，从上到下一直要延续到区县、乡镇街道。各区县政府要充分发挥安委会的平台作用，把责任分解到各委办局，各委办局要把工作做好就要把责任分解到各个科室，分解到各乡镇街道。由于安全生产工作的大多数监管措施最终由基层的党政部门实施，因此如何层层抓落实，最终实现属地监管的周密化，是一个值得思考的问题。

尽管村委会和居委会是群众自治组织，但是他们也享受政府的财政补贴，其党组织也受乡镇街道党委的直接领导，并且具有上传下达的组织协调作用，这就要求他们在安全生产工作中也应承担一定的责任，乡镇街道可以将安全生产责任分解到乡村和社区，如村委会、居委会及其党组织。乡镇街道的党政班子可以对村委会、居委会及其党组织下达安全生产指标并对其进行考核来实现责任分解。值得注意的是，村和社区组织的责任不能替代乡镇街道党委和政府的角色。只有这样，才能层层分解责任，将安全生产工作一竿子插到底，落到实处。

六、安全生产党政同责　一岗双责　齐抓共管体制运行的能力保障

很多地方出现安全事故，其原因在于基层党委和政府对于安全生产工作不会管。安全生产党政同责一岗双责齐抓共管的责任体系建立后，基层党委和政府想要做到会管、能管，必须要加强以下能力建设：

首先要增强基层执法力量。安全生产涉及基层的每个角落，而基层的安全生产监管力量薄弱，在乡镇的有编执法人员要么没有，要么很少。在西部的一些省（区、市），安全生产专业毕业的人相当缺乏，有的市局没有一个专业人才。这与专业监管的定位不符。应当按照要求，增强基层安全生产执法监察力量，特别是公开招考一批专业人才。

其次要保证信息通畅。例如，北京市安监局通过 4 个刊物来保障监管的事先和事后知情，第一，每个工作日制作《安全生产动态》，并将该动态抄送给国家安全生产监督管理总局、市委市政府领导、各区（县）主要领导及各区（县）安监局，使他们对于安全生产工作有一个统筹的认识；第二，每个工作日制作《每日舆情》，汇总全国各地的媒体报道的与安全生产领域相关的信息，了解媒体对本地区及其他地区安监工作的评价；第三，每个工作日制作《值班日报》，传达上级的要求，记录事故和事故调查处理信息。此外，还编制《举报投诉信息》，记载受理的投诉信息和处理结果，分析事故隐患的特点与规律。

再次要加强安全生产全员培训。北京市目前正在开展安全生产大培训工作，这项工作一直延伸到村、社区和所有的企业。村委会和居委会中专门负责安全生产的人员

也要接受政府的培训工作。北京市的做法是，市培训区县安监部门、市安委会成员单位和市属企业，区县培训乡镇街道、区县安委会成员单位和区县属企业，乡镇街道培训村委会、居委会和所辖企业。乡镇街道培训企业有着一定的特殊性，培训方式主要是由乡镇政府和安全生产培训学校之间签订培训协议，按照法律要求共同培训企业员工。通过培训，使乡镇街道和村委会、居委会工作人员学安全、会安全、管安全，使安全生产监管或者管理落到企业和社区，使企业和社区的安全生产主体责任得到落实。

此外，还要加强车辆、通信、取证和劳动防护用品等安全生产监管的装备配备工作，使安全生产监管责任有条件得到落实；建立权责匹配的机制，加大奖励力度，完善奖惩措施，使责任体制的运行落到实处。

坚持四个强化 提高四种能力 扎实推进山东煤矿安全发展科学发展

李增波 许增胜 包培忠

近年来，山东煤矿安监局认真坚持“安全第一，预防为主，综合治理”的方针，以“不出事故是硬道理”为煤矿安全监察工作目标，把“防大事故”作为煤矿安全监察第一要务，牢固树立“严格执法、热情服务，科学监察、履职到位”的理念，大力推行监察执法八项准则（八该、八必须），坚持“四个强化”，提高“四种能力”，扎实推进山东煤矿安全发展科学发展。即强化四个执法（科学执法、规范执法、严格执法、廉洁执法），提高坚守红线能力；强化持续创新，提高工作落实能力；强化基层基础，提高安全保障能力；强化队伍建设，提高认真履职能力，坚决守住煤矿安全生产这条“红线”，始终保持安全监察执法高压态势，山东煤矿安全形势持续稳定。2013 年 1—9 月，发生事故 8 起、死亡 8 人，百万吨死亡率 0.07，与去年同期相比，事故起数下降 33.3%，死亡人数下降 55.6%，百万吨死亡率下降 56.3%，创山东煤矿安全工作历史同期最好水平。

一、强化“四个执法”，提高坚守“红线”能力

（1）坚持科学执法。结合山东煤矿灾害特点和事故特点，每年都确定重点监控对象，突出重点、盯住难点、抓住薄弱点；开展技术基础监察，从开拓布局、生产接续、安全投入等源头入手，超前防控；实施安全约谈，对趋向性、苗头性问题及时警示，做到“一矿出事故、全省受教育”，用事故教训推动工作。

（2）坚持规范执法。规范执法内容，对原有 12 类要素表进行修订完善，制定出台《煤矿安全监察执法检查表》，涉及 17 个专业，共 175 项重点项目，明确处罚标准和依据，探索“电子化执法”，电脑“量罚”；推行“五查、五监督”模式，推进执法到位；推进严格公正处罚，推行“查、罚”分离制度，查问题与实施行政处罚由不同的监察人员来完成，有效避免了执人情法、关系法、面子法的情况。

（3）坚持严格执法。在内部强化执法监督，积极推行“前有监察、后有督查”工作模式，有效破解“严不起来、落实不下去”的问题。2012 年，行政罚款 1953.9 万元，罚款数额为 2011 年的 2.2 倍，创历史新高。2013 年 1—9 月，行政罚款 1767 万元，较去年同期增加 10%。坚持严格执法与热情服务相结合，帮助煤矿企业解决技术

李增波，中国矿业大学（北京）资源与安全工程学院。

难题，得到煤矿企业及社会各界的肯定和认可。

（4）坚持廉洁执法。健全完善并严格落实执法监督、带队人负责、一票否决、廉政六卡等行之有效的廉政制度。建立电子监察系统及行政执法网络平台，行政审批事项全部通过网上运行，确保权力在阳光下运行，进一步树立煤监机构的执法权威和良好形象。

二、强化持续创新，提高工作落实能力

（1）高标准落实“双七条”。及时成立《七条规定》宣讲团，局领导带头解读，周周有检查、周周有宣讲；利用两个月的时间举办了《七条规定》专题培训班，对全省2500多名副总以上人员全部轮训一遍；把《七条规定》纳入了全年执法计划，逢矿必查，从严处罚。对违法行为开出大额罚单，一次性罚款100万元。力争“双七条”贯彻落实工作走在全国前列。

（2）高质量开展安全大检查。集中近120名监察人员参加，“大规模、兵团式”作战；采取企业自纠自查、省局重点督查、分局覆盖检查、异地交叉检查、专家安全评估、执法监督检查等多种方式方法，实施了对全省所有煤矿监管部门、所有煤矿企业和煤矿井上下的3个全覆盖检查；对表检查，CT剖析，对问题零容忍，坚持工作闭合，确保整改到位。

（3）高起点推进职业危害监察。率先在全国设立职业健康处，坚持防范事故与保护职业健康并重，积极协调、顺利完成职能划转，组建职业卫生专家库，组织开展建设项目职业卫生“三同时”、作业场所粉尘危害防治专项监察。各项工作走在全国前列。

（4）高境界营造和谐融洽氛围。坚持统筹兼顾的工作方法，外部加强与政府、部门、企业关系的沟通协调，凝聚工作合力，形成良好的监察执法氛围。内部以建设高素质的队伍建设为龙头，统筹处理好事业单位改革发展稳定、离退休老同志的“两个保障”等事关全局的重要事项，队伍面貌、精神状态、和谐局面为煤监机构成立以来最好，事业单位经营状况稳步提升、成效明显，离退休老同志满意度达近年来新高，内部环境安定和谐。

三、强化基层基础，提高安全保障能力

（1）推进科技兴安，促进机械化、自动化和信息化建设。在全国率先开展“四个十佳”示范创建活动，大力推广应用新工艺、新技术、新装备；在第五届全国煤矿科技成果申报中，共推荐项目136项，获奖65项，获奖率占全国煤矿总项目的40%；坚持每年开展安全程度及职业卫生评估，积极推进安全质量标准化创建，目前，山东煤矿采掘机械化程度分别达到89%和92%，其中，省属重点煤矿分别达到98%和99%。全省所有生产矿井六大系统全部建设到位。

（2）推进安全培训和安全文化，促进从业人员素质提升。坚持“餐式”培训，提高培训针对性和培训质量；推进安全文化和安全诚信建设，共有 13 家煤矿被命名为国家级安全文化示范企业，命名数量在全国同行业始终领先；率先制定出台了《安全生产诚信建设示范矿井评估办法》，不断提升煤矿企业依法办矿、依法管矿、依法生产意识。

（3）推进应急管理，促进应急体系建设。在全国首家成立“矿山救援指挥中心”，建立了拥有 7 个大队、30 个中队、115 个小队、1600 多名指战员的应急救援队伍；率先制定出台《山东省矿山救援队伍劳动保障权益保护暂行规定》，充分保护救护队员的合法权益；积极推进兼职救护队伍建设，定期开展救护技术竞赛活动，不断增强战斗力；2012 年，全省各救护队伍投入资金 3500 万元进行了基础设施建设，各矿山救护队质量标准化建设再上新台阶。山东能源新矿集团新巨龙煤矿专门装备了用于千米竖井救援的汽车吊。

（4）推进中介服务机构健康发展，促进技术支撑水平。加强对中介机构的监管，积极发挥中介机构的技术支撑作用，实现安全监察与中介服务的良性互动；在全国率先成立矿用产品行业协会，解决了政府管不好、管不了，又要管的事，搭建起了连接政府和企业之间的桥梁，极大地推动了矿用产品安标制度的落实，进一步提升了全省煤矿安全保障水平。

四、强化队伍建设，提高认真履职能力

（1）抓学习教育，提高综合素质。持续开展学习型、规范型、实效型、服务型、和谐型、创新型、廉洁型“七型”队伍建设，着力提升全体干部扎实学习、认真实践、统筹协调、贯彻落实、团结协作、开拓创新、严格执法、廉洁自律“八种能力”；采取“每周一学习、每月一专题、每季一讲座”等多种方式，加强政治理论和业务知识学习，监察人员综合素质进一步提升。

（2）抓选人用人，营造良好风气。坚持党管干部；坚持德才兼备、以德为先；坚持公开、公平、竞争、择优和民主集中制原则，杜绝选人用人上的不正之风，防范选人用人上不负责任、怕担责任、简单以票取人等错误做法，深化干部人事制度改革。2012 年共提任干部 52 人，其中科级 20 人，处级 32 人；交流干部 31 人，其中科级以下 11 人，处级 20 人。队伍内部人心思上、风清气正、融洽和谐。在国家安全生产监督管理总局组织的干部选拔任用“两评议”中，群众满意度达到 98%。

（3）抓反腐倡廉，树立队伍形象。坚持标本兼治、综合治理、惩防并举、注重预防的方针，认真贯彻落实党中央、国务院和国家安全生产监督管理总局党组一系列部署要求，广泛组织开展“恪守从政道德、保持党的纯洁性”“反腐倡廉教育月”等廉政教育活动，切实筑牢廉政防线。健全廉政制度、强化廉政监督，确保权力规范运行。加快科技防腐进程，不断提升反腐倡廉科学化水平。严肃查办违纪违法案件，敢于碰硬、敢于动真，切实维护党纪政纪的严肃性。

（4）抓制度建设，构建长效机制。本着“修改完善一批，废止一批，公布一批”的原则，对建局以来4000余份文件制度进行全面清理，对拟废止的，下文通报；对需修改完善的，明确责任；对继续使用的，重新梳理、汇编成册，积极构建具有山东煤监特色，内容协调、程序严密、配套完备、有效管用的制度体系，推进了全局工作的制度化、规范化和科学化。

回顾总结近年来山东煤矿安全监察工作，主要是做到了“六个必须始终坚持”：

（1）必须始终坚持科学发展观。煤矿安全监察工作必须坚持以科学发展观为指导，坚持科学发展、安全发展，坚决贯彻上级一系列重要指示和工作部署，坚决贯彻执行煤矿安全生产法律法规，政治上必须清醒坚定，工作中必须强化落实，才能确保煤矿安全监察工作沿着正确的方向、路线前进。

（2）必须始终坚持高素质队伍建设。高素质煤矿安全监察队伍建设是一项经常性、长期性、战略性、时代性的任务，应放在全局工作重中之重的位置。高素质队伍建设必须全面加强思想建设、组织建设、作风建设、反腐倡廉建设、制度建设，打造一支政治坚定、素质过硬、作风优良、业务精湛、廉洁勤政的队伍，为履行好工作职责提供强有力的组织保障，更好地完成党和人民赋予的神圣使命，促进煤矿安全生产形势持续稳定好转，促进地方经济发展与社会稳定。

（3）必须始终坚持抓好四个执法。科学执法、规范执法、严格执法、廉洁执法，既是煤矿安全监察的基本要求又是最高标准，关系着煤矿安全监察队伍的社会信誉与政治生命，只有牢牢把握，坚持不懈抓好，才能保证履职到位，促进煤矿安全；才能树立监察部门权威，有令则行，有禁则止；才能树立执法人员形象，赢得社会的广泛认可与支持。

（4）必须始终坚持推进责任落实。煤矿安全监察履行职能，行使权力，就是要围绕责任落实，通过监察执法，加大监察力度，采取有效措施，推进企业主体责任、政府和部门监管责任、属地管理责任真正得到落实，保障国家安全生产法律法规的全面落实，促进煤矿安全状况的根本好转。

（5）必须始终坚持创新监察方式。随着形势的发展、条件的变化，煤矿安全生产不断涌现出许多新情况、新问题，煤矿安全监察必须不断更新观念、调整思路、创新方法，才能适应工作的需求。近年来，山东煤矿安监局正是因为适时采取解剖式监察、夜间监察、交互监察等多种监察方式，才取得了监察执法效果。

（6）必须始终坚持统筹兼顾。做好煤矿安全监察工作的根本方法是统筹协调、内外兼顾。煤矿安全涉及政府、相关部门、企业，只有加强相互协调配合，形成工作合力，才能整体推进煤矿安全工作。这就要求外部必须统筹协调好与政府、部门、企业的关系，形成良好的监察执法氛围和环境。内部必须统筹处理好事业单位改革稳定发展、离退休老同志的“两个保障”等事关全局的重要事项，为煤矿安全监察工作创造一个凝心聚力、安定和谐的内部环境。

职业健康与安全生产一体化探讨

杨　斌

《辞海》对安全生产的解释是指为预防生产过程中发生人身、设备事故，形成良好劳动环境和工作程序而采取的一系列措施的活动。《中国大百科全书》对安全生产的解释是保护劳动者在生产过程中安全的一项方针，也是企业管理必须遵循的一项原则，要求最大限度地减少劳动者的工伤和职业病，保障劳动者在生产过程中的生命安全和身体健康。1999 年英国标准协会、挪威船级社等 13 个组织提出了职业健康安全评价系列标准，即 OHSAS18001《职业健康安全管理体系——规范》，是 20 世纪 80 年代后期在国际上兴起的现代安全生产管理模式。可见，安全生产本身意义上已经涵盖了职业健康，职业健康是安全生产工作的一项重要内容，应纳入安全生产工作中统筹安排。结合多年的基层工作实践，对进一步加强职业健康工作进行了调查与思考。

一、现状：系统内部未能实现职业健康与安全生产一体化

2010 年，中央编办《关于职业卫生监管部门职责分工的通知》（中央编办发〔2010〕104 号）进一步明确了安全监管、卫生等部门承担着作业现场职业健康监督管理的职责；2011 年底，十一届全国人大常委会第二十四次会议通过了《关于修改〈中华人民共和国职业病防治法〉的决定》，从法律上明确了安全监管部门的职责；2012 年，国家安全生产监督管理总局先后发布了《工作场所职业卫生监督管理规定》（国家安全监管总局令第 47 号）《职业病危害项目申报办法》（国家安全监管总局令第 48 号）《用人单位职业健康监护监督管理办法》（国家安全监管总局令第 49 号）等 5 个“总局令”，对安全监管部门、用人单位、服务机构所承担的职业健康监管以及服务工作进行了规范。比如：国家安全生产监督管理总局令第 47 号第五条规定：安全监管部门负责用人单位职业健康的监督管理，第八条至第三十八条（共三十一条）对用人单位职业卫生职责进行了明确；国家安全生产监督管理总局令第 50 号则重点规范职业健康技术服务机构监测、评价等行为；国家安全生产监督管理总局令第 51 号则重点规范了建设项目职业健康“三同时”问题；另外国家安全生产监督管理总局还公布了《建设项目职业病危害风险分类管理目录》（安监总安健〔2012〕73 号）。可以看出，目前中国职业健康监督管理的法律法规和标准规范已进一步健全。

在此情况下，各级安全监管机构都在内部设立了职业健康监督管理部门，各级编办赋予了其职业健康监督管理职能，初衷是为了促进职业健康工作有序开展。但是，

杨斌，山东省临沂市安全生产监督管理局。

由于国家从立法和制定政策层面就将这两个方面从源头上进行分离，比如，《安全生产法》只有第三十七条规定“生产经营单位必须为从业人员提供符合国家标准或行业标准的劳动防护用品”，也只是涉及劳动防护问题，没有涉及职业健康问题；其他安全生产法律法规也没有及时修订补充将职业卫生监管融入各行业的安全监管之中，多是另行文件进行规范。据不完全统计，自2011年以来，国家安全生产监督管理总局就职业健康工作共下发了15个法规及规范性文件，都是由新设立的各级职业健康监管部门（司、处、科、室）负责贯彻落实。作为各级安全监管机构的其他内设部门依然在《安全生产法》的框架下，依据各行业的相关法律、法规和工作职责，侧重预防生产过程中发生人身、设备事故的监督管理工作。实质上内部还是孤军奋战，没能将其一体化系统管理。

二、问题：力量薄弱、重复执法，不利于强化监管执法

2006年10月31日，十届全国人大常委会第二十四次会议批准了国际劳工组织制定的《职业安全和卫生及工作环境公约》，要求各会员国在职业安全、职业卫生和改善工作环境方面制定相关法律和措施，明确政府、企业和工人各自承担的职责，从而把工作环境中存在的危险因素减少到最低限度，以预防来自工作过程中发生的事故和对健康的危害。

2010年，中央编办进一步明确了安全监管部门承担着作业现场职业健康监督管理的职责。从体制上看，国家已经将职业健康监督管理纳入到安全生产范畴，但安全生产和职业健康工作由《安全生产法》和《职业病防治法》两部法律分别规范，致使职业健康和安全监管机制不能理顺，安全监管部门内部将安全生产与职业健康分开管理，造成“形合而神不合”。这种机制必然会出现力量薄弱、重复执法的问题。

从安全监管机构来看，矿山、危险化学品等业务部门只负责预防本行业发生人身伤亡及设备各类事故的安全生产工作，不过问职业健康问题。那么，这个行业、企业的职业健康问题就还要由专门成立的职业健康部门负责，从而出现多头管理，不能统筹安排，致使本来一个文件就能解决的问题需要下发两个文件，一个部门就能解决的问题需要两个甚至更多的部门去解决，这与原来职能在卫生部门时并没什么区别，仅仅是主管部门的改变。比如，危险化学品、矿山、烟花爆竹、工商贸这些业务监管部门要对相关行业的建设项目安全设施“三同时”进行审查验收，而职业健康监管部门还要对这些企业进行建设项目职业卫生“三同时”的审查验收；再如，危险化学品、非煤矿山、烟花爆竹、冶金、建材、有色、木制家具制造等行业企业，也都在部分岗位、工序和车间存在职业危害问题，在没有单设职业健康内部管理部门之前，这些行业的职业健康问题都由业务部门一并监督管理，而设立专门的职业健康监管部门后，在基层经常会遇到一个企业同时有安全监管机构的两个部门分别进行检查的现象（一个检查企业的安全生产，一个检查企业的职业健康）。另外，各行各业都存在不同程

度的职业危害，涉及面广、工作量大，安全监管机构内设的职业健康部门在目前情况下很难全覆盖地进行监管。2013 年，国家安全生产监督管理总局正在试行的《工矿商贸企业职业卫生统计制度》（安监总统计〔2013〕50 号）为便于统计和分析，也主要是按行业进行分类，但在实际操作中，若只由职业健康部门单独去做，则很难按计划完成。

对企业来说，这种机制就造成了更加被动的局面。原来由安全监管机构一个部门管理，现在由两个部门管理；原来按一个文件要求办理，现在需要按两个文件要求办理。比如，企业既要设安全生产部门，还要设职业健康管理部门；既要进行安全培训，还要进行职业健康培训；既要进行安全生产设施“三同时”，还要进行职业健康“三同时”；既要进行安全生产的安全评价，还要进行职业健康评价，还有安全生产许可和职业健康许可等问题。其实，上述工作，在企业都应由一个部门负责，并作为安全生产一个大的方面去规划、落实，安全监管部门把本来是一体的工作拆开来部署、安排，企业完成一项任务后，既要报经业务部门审查验收，还要报经职业健康部门审查验收，既增加了企业的工作量，也增加了企业在各方面被审查验收的费用，还打乱了企业的日常管理秩序。

因此其弊端不言而喻：一是不利于“国务院机构改革和职能转变工作要求”的落实；二是不利于监管部门资源的综合利用，造成人力、物力的浪费，会议、文件增多的现象更加严重，执法监管力量不足的局面更加严峻；三是不利于企业科学组织安全生产工作，表象上看都是在执行国家规定，但由于工作要求的不系统，增加了企业的负担；四是不利于现代安全生产管理模式（职业健康安全管理体系）的推广。

三、建议：整合资源，提高效能

党的十八大和十八届二中全会要求进一步深化行政审批制度改革，该取消的取消、该整合的整合、该下放的下放，要改善和加强宏观管理，注重完善制度机制，形成分工合理、权责一致、运转高效的职能体系。应该说，职业健康工作存在于经济发展的各个行业和用人单位，与安全监管融合既是社会管理发展的要求，也是与现代国际安全生产管理接轨的需要。目前，法律法规和相关标准、规范日益完善，职业健康工作不仅仅是“要有部门（人员）去管理”的问题，更重要的是“如何去监督管理”的问题。整合资源、提高效能应是安全监管部门职业健康监管工作改革发展的方向，在此提出以下建议：

（1）法律法规上的整合。整合《安全生产法》和《职业病防治法》，或二者之间形成有机衔接。20 世纪 50 年代，日本就制定了《劳动安全卫生法》，设立了“中央劳动安全卫生委员会”，负责检查生产单位的安全措施落实情况；20 世纪 70 年代，美国修订了《矿业安全和卫生法》，并成立了独立的安全监察部门——矿山安全和卫生署。可见，一些安全生产管理先进的国家都是从法律上就将安全生产和职业健康作为一个体系去规范的。20世纪90年代初，中国各级政府也相继出台了《劳动安全健康管理规定》来规范用人单位生产技术工艺、安全作业操作规程、安全设施及“三同时”和教育培训等安全卫生问题，但在《安全生产法》出台后都相继被废止。

（2）监管体制上的整合。在《安全生产法》和《职业病防治法》框架下，将职业健康纳入安全生产工作体系，与国际安全生产管理接轨，推行《职业健康安全管理体系》（OHSAS18001），构建现代安全生产管理新模式。把职业健康工作融于各行业（领域）安全监管之中，凡出台的综合性安全监管法律法规、规章和文件，应尽可能涵盖职业健康工作，职业健康工作能与其他安全生产工作“同时部署、同时检查验收、同时督促整改”的，应由同一个部门、用同一个文件，作为同一个问题进行部署，不再另行安排。例如，国家安全生产监督管理总局令第51号第四条就已经规定：建设项目职业卫生“三同时”工作可以与安全设施“三同时”工作一并进行。如果将《建设项目职业卫生“三同时”监督管理暂行办法》（国家安全生产监督管理总局令第51号）和《建设项目安全设施“三同时”监督管理暂行办法》（国家安全生产监督管理总局令第36号）整合，则更有利于安全监管部门和企业开展工作。

（3）内部监管机构的整合。各级安全监管部门特别是地方安全监管部门，可将职业健康监督管理职能分解到各业务部门（司、处、科、室），各有关企业将职业健康工作纳入安全生产管理部门，不再要求单独设立。比如：烟花爆竹生产企业的职业危害主要在混药工序，而混药又是危险性最大的工序，临沂市安全监管部门的工商贸科负责烟花爆竹安全监管，那么这个工序的安全生产和职业危害就完全可以由工商贸科按照规范标准统一管理。这样可以有利于企业统一组织机构、统筹制定计划、全面贯彻执行，有助于职业安全健康监管功能一体化。

（4）技术服务机构的整合。目前，安全生产技术服务机构主要有评价、咨询、培训和检测检验，其中主要技术力量是在评价机构。许多具有评价资质的人员同时又具有安全生产培训教师资质，还兼任各级安全生产专家，这些人员对基层企业安全生产状况有深刻的认识和了解，对企业安全生产“双基”工作的完善有很大的促进作用。因此，安全评价是安全监管工作十分重要的环节，只能加强不能削弱，并且要在加强的同时将职业健康内容增加到安全评价之中。原职业卫生技术服务机构在卫生部门管理的时候侧重于医学预防和技术检测检验，对化工、矿山等高危行业的生产工艺流程及防治工程方面研究不深，而安全监管部门管理的安全生产技术服务机构虽然对高危行业的生产工艺流程及防治工程比较了解，但缺乏职业健康所需的专业人才和技术装备。比如：临沂市恒泰安全生产科技咨询院，目前投入200多万元配置了相应的设备和仪器，从社会上录用和招聘了相关技术人员并申请职业卫生服务资质，但原卫生部门管辖服务机构中的设备和有经验的人员并没有随职能一起划转过来，一切工作要从头开始，势必影响过渡时期的检测检验和评价质量。另外，职业卫生培训与安全生产培训的整合，只要在企业负责人和安全管理人员的培训内容中增加职业健康内容就能解决。

郑州市管城回族区安全网格化监管模式开创安全监管新思路

郑州市管城回族区安全监管局

河南省郑州市管城回族区是河南省四个少数民族集聚区之一，拥有跨越服饰、家电、汽车、食品、建材、物流园区等多个行业的上万家生产经营单位，这种监管面广、监管对象繁杂的区域特点赋予了安全生产监管工作重要使命。面对安全生产的新形势、新环境，在市委、市政府建立的以网格化管理为载体的“坚持依靠群众、推进工作落实”长效机制的基础上，管城回族区创新发展理念，理清监管思路，深入贯彻安全生产“安全第一、预防为主、综合治理”方针，建立了新型、高效、规范、科学的安全生产网格化监管模式，以条块融合的网格化管理为载体，以事故隐患排查治理为重心，加快推进安全生产管理方式从被动处置问题向主动发现问题、解决问题转变，努力实现安全监管全覆盖、无盲区，排查和消除各类事故隐患，确保经济社会持续稳定发展。

一、高标准，严要求，全面健全安全生产管理网格化

为着力建立安全生产监督管理长效机制，管城回族区在郑州市率先出台《管城回族区安全网格化管理实施方案》，创造性提出在安全生产领域实行“三级网格排查，二级网格治理，一级网格消除”的安全生产隐患排查、治理、消除长效运行机制，明确三级网格安全责任，建立隐患明白卡制度、隐患台账治理制度、领导包案挂牌督办制度等“三项制度”，确保安全生产网格化管理“一个机制”的有序运行，最终实现安全生产网格化责任落实率100%，安全生产排查督查到位率100%和事故隐患消除率100%的目标，遏制重大生产安全事故，减少一般事故的发生，保持管城回族区安全生产形势持续平稳的态势。

二、全员参与，全方位宣传，全面检查，持续推进安全生产网格化管理工作落实

（1）全员参与。按照“逐级下沉、分包到位、全面融入”的思路，搭建了网格化管理运行构架。管城回族区安全监管局班子成员分包辖区内12个乡（镇）、街道办事处，26名机关干部和24名执法人员负责联系网格，社区、村93名专职安全员和36名兼职安全员组成二级网格，楼院、村民组445个兼职安全员组成三级网格。通过“定人、定岗、定责、定奖惩”，全部逐级下沉到基层网格，明确责任，量化任务，做

到了安全生产领域每一个场所都有人监管，每一件事都有人负责，基层群众力量得到发挥，安全监管盲点被消除，形成一个全覆盖、无缝隙的安全生产网格化管理体系。

（2）全方位宣传。一是以“安全宣传月”“119宣传日”“安康杯竞赛”等活动为载体，通过群众喜闻乐见的集中咨询活动和安全进企业、进校园、进村庄、进社区、进楼院、进家庭“六进”活动，提高群众对安全知识的认知率和参与安全的积极性。二是在网格化的基础上，以城区为依托，建立了一个安全文化主题公园，对城区居民进行普及宣传教育；以农村为依托，建立了农村文化大院，对村民进行普及宣传教育；以交通、火灾、食品、防震等为内容，在全区主干道利用墙体建立安全文化长廊18处，宣传普及安全知识。通过宣传方式的创新，改变了以往拉条幅、设立咨询台等死板固定的宣传模式，形成了随时随地宣传、群众每时每刻学习安全知识的新局面。三是为有效提高社区、村、楼院、村民组专兼职安全监管人员的安全管理素质，更好地开展安全生产网格化管理工作，以安全生产法律法规、日常消防宣传知识、防火灭火的措施等为基本内容，开展安全生产培训班，为构筑管城区网格化安全体系打下坚实的基础。

（3）全面检查。一是按照安全生产网格化安全管理运行机制，全区321名专职安全监管干部深入基层和一线排查治理事故隐患，使安全隐患排查无缝隙、隐患治理留痕迹，形成“随排查，随整改，随消除”的长效工作模式。二是在“打非治违”专项整治工作中，采取“一对一”的工作方法，即由区安委会对口乡（镇）、街道办事处和负有监管职责的部门明确责任和任务；由乡（镇）、街道办事处和负有监管职责的部门对非法生产经营单位确定取缔的时限和取缔标准，严厉打击非法生产和违法违规行为，实现了安全生产检查到位率100%，事故隐患整改消除率100%。三是检查整合全区应急救援物资和设备。充分整合社会和政府现有的应急救援资源，提高基层应急救援水平。依托社会资源整理出涵盖消防、医疗、安全生产等专业的、多方面的应急救援队伍，应急救援装备、器材、储备物资、专家联系表等，做到出现安全事故时应急救援物资和设备等可无偿调配和使用，最大限度提高全区应急救援能力。

三、加强条块融合管理，实现从事故隐患排查到治理消除的信息共享

在安全生产网格化管理过程中，为确保各类问题“应发现、尽发现，应处置、尽处置”，把“条块融合”的工作机制作为推进网格化管理的着力点和关键点，通过积极促进条块之间人员力量、职责权限等的有机结合，实现安全监管的精细化。

（1）条条融合。为进一步加大安全生产监督管理力度，提高检查执法效能，切实做好生产安全事故隐患排查治理工作，充分发挥安全生产联合执法运行机制，以“责”定权，明确主体，根据职能部门自身承担的执法权限，对人口密集场所、危险化学品生产经营单位、建筑拆迁工地、高层建筑、城市危房旧房等领域开展安全专项治理活动，全面消除各类生产安全事故隐患。

（2）条块融合。安全监管局下沉人员按照职责分工深入乡（镇）、街道办事处常驻办公，以“条”带“块”，准确把握网格化管理工作开展情况、隐患排查治理情况，及时发现问题，找出落空的区域，确保职权范围内的问题在有限时间内得到有效解决，并对乡（镇）、街道办事处上报的超出职责范围的安全生产问题，由区政府安委办逐一梳理和归类，根据权限分类处理或组织联合执法。同时，实行“隐患消除条块双向验收制度”，隐患整改消除必须由所在地乡办和行业监管部门同时确认隐患已落实到位，由区政府备案，才能通过验收，确保问题整改落到实处。

（3）块块融合。安全管城创建一直是管城回族区的重点工作，安全社区创建也作为亮点一直被打造。以社区建设为平台，整合部门资源，创建安全、巡防、消防“三位一体”的社区安全管理模式，把以前“条块分割”的部门资源整合为“条块融合”的共享资源，是网格化管理的有效运用。社区安全员、社区民警和社区巡防队员 24 小时不间断巡逻检查，社区医生 24 小时值班，实现了资源共享，优势互补，由静态管理转变为全时段、全天候的动态管理，形成区级、安监部门、街道、社区“四级联动”的安全管理运行机制。同时，下沉人员通过日常巡查工作，下沉至二、三级网格进行排查，发现最基层的安全问题，从小问题、小隐患整起，最大程度的将矛盾和问题解决在基层，并将问题及时反映到一级网格，形成“条”与“块”的有机结合，进一步推动安全生产网格化管理长效机制的贯彻落实。

四、真抓实干，全面提升安全生产网格化监管工作效能

（1）整改需真干。坚持“政府统一领导，隐患单位负责，监管部门执法，社会舆论监督”的原则，按照分级排查、隐患认定、等级划分、归口治理的程序，对事故隐患制定整改措施，限定整改时限，确保隐患发现一个整改一个。

（2）督查下真劲。为防止形式主义和短期行为，强化督察力度是确保安全生产网格化模式有效运行的有力手段。适时组织抽查暗访，对重点行业、事故高发领域加强督察检查，发现问题及时整改，对存在的重大事故隐患实行挂牌督办、限期整改，避免工作短板。

（3）考核动真格。制定详细的考核办法和奖励机制，将工作的落实情况与评优评先挂钩，真正做到责任明确、奖罚分明。2012 年底，管城回族区人民政府对 2012 年安全生产、消防安全网格化管理先进单位进行了表彰及重奖，促进了网格化管理工作持续改进和提升。

河南省郑州市管城回族区的安全生产网格化管理模式的良好运行，得到了国家、省、市领导的认可和肯定。2012 年 10 月 12 日，国家安全生产监督管理总局局长杨栋梁一行 11 人到管城区康桥花园社区调研安全生产工作。杨局长对管城区安全创建方面的工作，特别是安全社区创建给予了充分肯定。2012 年 10 月 31 日，河南省安全社区（村）创建经验交流会在管城区召开，河南省安全监管局副局长马涛率领全省 18 个地

市安全监管局主管局长、部分社区（村）主任 196 人到管城区进行现场观摩。与会人员对管城区安全社区创建的亮点赞不绝口，对管城回族区有效利用网格化长效机制促进安全创建方面的工作给予了认可和肯定。河南省委常委、市委书记吴天君在多次视察管城区安全生产工作后，对管城区“坚持依靠群众、推进工作落实”网格化长效运行机制的有效运用给予了好评，特别对管城区在安全生产领域开展的安全生产网格化管理模式提出了高度赞扬。

管城回族区安全生产网格化管理模式的实施，推动了安全生产工作的深入开展，是一项事关人民群众福祉的创新性、基础性工程。管城回族区将在现有的基础上，把握持续求进、完善提升、开创局面的工作要领，进一步加快推进安全生产网格化管理体系建设，充分发挥网格化管理作用，努力营造稳定、有序、和谐安全的社会环境，为郑州都市区建设提供有力保障。

神华煤矿推行风险预控管理体系的实践与思考

郝　　贵

1990 年后，世界主要先进产煤国家已经很少发生一次 3 人以上的死亡事故，特别是美、英、德、奥等国家基本消灭了重大死亡事故，百万吨死亡率保持在 0.01 到 0.03，煤矿安全管理处于国际领先水平。同期，中国煤矿百万吨死亡率从 6.66 下降到 0.8，煤矿百万吨死亡率也有史以来首次下降到了 1 以下，煤矿安全生产形势正在趋于好转。但是，煤矿安全生产局面并不乐观。截至 2010 年，中国煤矿事故起数和死亡人数仍然占工矿商贸中企业的 16.6%和 22.9%，重特大事故没有得到有效遏制，煤矿高危行业的面貌没有得到彻底改变，安全制度不健全、责任落实不到位、隐患排查不彻底、操作程序不清晰、管控重点不突出、防治措施不得力、现场培训不扎实、严格不起来、执行不下去等问题仍然存在，煤矿安全管理整体水平与先进国家相比差距仍然较大。

如何彻底改变煤矿安全管理的被动局面，进而切实提高煤矿安全管理的水平，一直是广大煤矿从业人员思考的重大课题。2005 年由国家煤矿安全监察局和神华集团公司共同立项组织研究的煤矿风险预控管理体系，是一套在总结中国煤矿安全管理先进经验、引进国内外先进安全理念和技术、经过 5 年多研究和实践检验发展起来的煤矿安全管理的新方法。煤矿风险预控管理体系强调的是“煤矿事故可防、事故风险可控”的过程管理，从管理对象、管理职责、管理流程、管理标准、管理措施，直至最终的管理目标，形成了一整套按照自动循环、闭环管理的长效机制，无论从认识观还是方法论的角度来看，全面推行风险预控管理体系必将成为中国煤矿安全管理的必然选择。

一、煤矿风险预控管理体系的基本特征与主要内涵

煤矿风险预控管理体系强调以危险源辨识和风险评估为基础，以风险预控为核心，以不安全行为管控为重点，通过对煤矿全生命周期过程中存在的危险源采取有效的消除、减少、稀释和隔离等措施，从而实现“人机环管”的最佳匹配，力求将煤矿风险降低和保持在可容许水平。

体系由 5 个部分组成，包含 28 个子系统、161 个元素、746 个条款，见表 1。一

郝贵，神华集团公司副总经理，博士。

表 1　神华煤矿风险预控管理体系结构及元素

五大部分	系统	系统名称
一、保障管理	1.1	组织机构（3 个元素）
	1.2	安全管理规章制度（3 个元素）
	1.3	文件、记录管理（2 个元素）
	1.4	企业本质安全文化管理（3 个元素）
	1.5	监督机制（3 个元素）
二、风险预控管理	2.1	风险管理（5 个元素）
三、不安全行为控制	3.1	人员不安全行为控制管理（7 个元素）
四、生产系统要素控制	4.1	采掘管理（11 个元素）
	4.2	地测管理（6 个元素）
	4.3	防治水管理（11 个元素）
	4.4	机电管理（17 个元素）
	4.5	运输管理（7 个元素）
	4.6	空压机及输送管理（4 个元素）
	4.7	压力容器、登高及起重作业管理（3 个元素）
	4.8	爆破管理（6 个元素）
	4.9	通风管理（8 个元素）
	4.10	通风安全监控管理（5 个元素）
	4.11	防灭火管理（5 个元素）
	4.12	防尘管理（7 个元素）
	4.13	防突管理（7 个元素）
	4.14	瓦斯管理（6 个元素）
	4.15	瓦斯抽采管理（9 个元素）
五、辅助系统要素控制	5.1	煤矿准入管理（2 个元素）
	5.2	承包商管理（2 个元素）
	5.3	消防管理（3 个元素）
	5.4	应急与事故管理（5 个元素）
	5.5	职业健康管理（4 个元素）
	5.6	煤矿环境保护管理（7 个元素）

是“保障管理”，主要规定体系运行组织机构及其安全责任制、体系方针目标、体系文件化，以及体系评价等要求，其作用是保障体系能推动起来和运行下去，体系要求能落到实处；二是“风险预控管理”，主要规定煤矿危险源辨识和风险评估、风险控制标准和措施，以及危险源监测、预警和消警等要求，其作用是将风险预控管理的理

念和方法运用到煤矿安全管理的全过程；三是“不安全行为控制”，主要规定不安全行为梳理、行为机理分析和不安全行为管控，其作用是保障员工行为安全，防止人员失误而导致事故和伤害；四是“生产系统要素控制”，规定煤矿采掘机运通、防突防瓦斯、防治水和防灭火等煤矿生产活动以及系统性重大危险源的管控，其作用是贯彻落实国家煤矿安全生产的法律法规以及煤矿安全质量标准化标准，实现安全生产；五是“辅助系统要素控制”，主要规定生产系统以外的其他安全工作，其作用是实现煤矿“全过程、全方位和全员参与”管理。

神华《煤矿安全生产风险预控体系及控制技术》获 2009 年中国煤炭工业协会科学技术奖一等奖，以神华煤矿风险预控管理体系为蓝本起草的《煤矿安全风险预控管理体系规范》（AQ/T 1093—2011）已于 2011 年发布，成为中国安全生产行业标准。

二、煤矿风险预控管理体系的先进性和实用性

煤矿风险预控管理体系与传统安全管理方式方法相比，更先进、更科学，体现在以下几方面：

1. 以先进理念创新煤矿安全管理思想

煤矿风险预控管理体系坚持“煤矿可以做到不死人”“生产时瓦斯可以做到不超限，超限就是事故”两个基本理念，彻底关闭长期以来煤矿安全工作者“煤矿不可能做到不死人”的“心理破窗”，坚定“一切风险均可控制，一切意外均可避免”的信念。改变煤矿安全管理“下达死亡指标—完成指标—考核指标”、安全工作围绕指标的做法，依靠“排查和评估风险—降低和控制风险—预防和排除事故发生—做到不死人”、以风险预控保障安全。两个理念不仅仅改变煤矿安全管理工作思路和方法，而且转变了煤矿安全管理长期以来事后管理、被动式管理，开创了风险预控、主动式的全新模式。煤矿风险预控管理两个理念的导入，对中国煤矿安全管理具有革命性的意义。

2. 以风险预控程序转变传统煤矿事后管理被动模式

传统煤矿安全管理主要依靠事故经验教训，管理跟着事故跑，一般采取行政推动、会议布置、集中整治等手段，管理无程序无标准，缺乏前瞻性和计划性，常常是“一个问题没解决，更多的问题冒出来”，管理顾此失彼，处于“救火式”的被动局面。

风险预控管理体系以风险预控为核心，以程序化为手段，流程分为 7 步（图 1）。

第一步：危险源辨识。辨识掌握煤矿危险源数量和分布情况，搞清煤矿安全管理的对象到底有哪些？在哪里？现在什么样？

第二步：风险评估。对辨识出的危险源进行风险分析，掌握每个危险源在当前状态下发生失效的可能性以及造成的后果，找出当前具有不可承受风险的危险源，掌握安全管控重点。

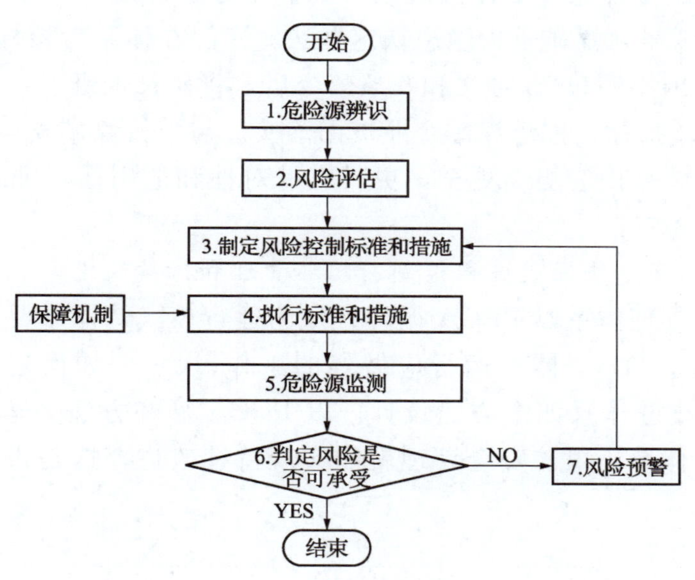

图 1　风险预控体系流程图

第三步：制定风险控制标准和措施。依据相关法律法规和标准要求，对具有不可承受风险的危险源制定安全控制标准和措施。

第四步：执行标准和措施，即依靠保障机制推动措施落实。

第五步：危险源监测，即生产过程中对危险源的状态进行监测，掌握危险源风险变化。

第六步：判定风险是否可承受。将检查结果对照风险评估标准，确定风险不可承受的“隐患”，报告和通知到相关人员。

第七步：风险预警。按隐患的警情（轻警、中警、高警、巨警）提示责任单位和责任人及时采取安全措施，消除风险。

风险预控管理流程是保障煤矿安全生产动态达标的管理程序，其优点是能帮助煤矿时刻掌握全盘，抓住重点，控制措施有针对性并能执行到位，能及时发现变化，及时报警和将事故消除在萌芽状态。

3. 以煤矿安全质量标准化标准和国家法律法规最新要求为主体，内容更全面

煤矿风险预控管理体系，除了理念和方法先进外，内容以国家煤矿安全质量标准化标准和国家法律法规方面的最新要求为主，体系与煤矿安全质量标准化实现全面融合。

国家煤矿安全质量标准化标准对煤矿采煤、掘进、机电、运输、通风和地测防治水等六个方面的管理提出了 268 项要求，神华煤矿风险预控管理体系等同采用了 259 条，采用率达到 97%。

通过标准维护和更新，神华煤矿风险预控管理体系及时将当前最新的管理理念和方法、国家新颁布的煤矿安全法律法规纳入到体系考核标准。例如，神华根据安监总煤矿字〔2005〕133 号《煤矿重大隐患认定办法》专门在体系考核标准中制定了 33 项直接扣分指标；在国家颁布 23 号文和 9 条禁令后，将矿长带班下井、六大系统建设及 9 项禁令等作为考核指标，推动煤矿企业贯彻落实。与推行煤矿安全质量标准化相比，煤矿风险预控管理体系内容更新更全，更具有针对性和适用性，进一步升华了传统煤矿安全质量标准化标准。

4. 以 PDCA 循环方法促进过程控制、闭环管理和持续改进

煤矿风险预控管理体系以 PDCA 循环方法为运行模式，体系要素从 P——如何进行体系策划和建立；D——体系运行应做好的工作；C——如何建立体系评价机制；A——如何处置和改进体系四个方面设计。以 PDCA 循环方法为运行模式的优点是，只要按照要求运行体系，煤矿安全管理就能实现持续改进，这是机制的作用。如图 2 所示。

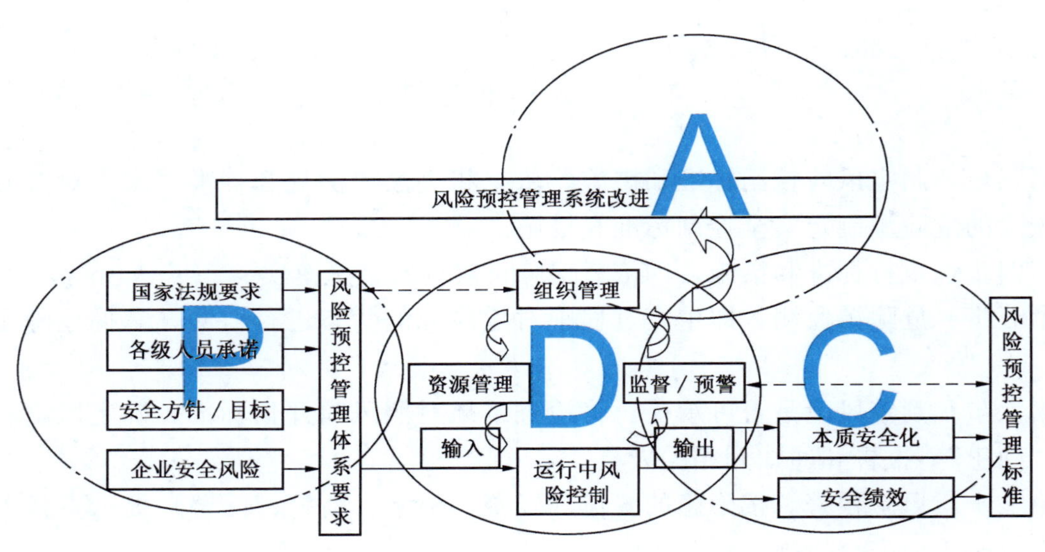

图 2　风险预控管理体系 PDCA 循环运行模式图

神华煤矿风险预控管理体系的每个部分都是 PDCA 的。如体系的第二部分“风险预控管理”元素包括风险评估准备（P）、风险评估（D）、制定管理标准和措施（D）、危险源监测（C）和预警（A）；又如第三部分“不安全行为管控”元素包括员工准入（P）、员工培训（P）、不安全行为梳理（D）、员工行为监督（C）、员工绩效考核（A）。每个部分 PDCA 模式都非常清晰完整。

不仅如此，煤矿风险预控管理体系中每个元素的要求也是按照 PDCA 顺序提出的，例如元素“内部审核”的要求：①有年初编制的年度《内部审核计划》，并经批准后下发到下属各单位/部门（P）；②内部审核周期和审核程序符合《内部审核程序》规定（D）；③审核组成员的组成符合程序文件规定（D）；④审核后形成《内部审核报

告》，对不符合项进行分析，提出纠正和预防措施（D）；⑤审核后，有对不符合项整改的跟踪验证记录（C）；⑥不符合项不能按期整改时，填写“不符合延期完成申请表”报主管部门（A）。

神华煤矿风险预控管理体系是“大系统闭环、子系统闭环、元素闭环、活动闭环”“大循环套着小循环”。PDCA 保障了每项安全工作都是全过程控制、闭环管理、持续改进的。

5. 以科学的考评机制和激励机制激发全员参与

煤矿安全质量标准化验收评价，通常采取的是用年底一次性考核结果评价全年达标等级，这种做法的缺点是，用验收时段的静态成绩代表全年动态管理水平，缺乏真实性和公正性。神华煤矿风险预控管理体系在考核评价上做了重大创新，其特点是“三结合”：

一是定期考核与动态控制相结合。煤矿将日常不定时间、不定地点对被考核单位的考核结果纳入到每月一次的风险预控管理体系自我评价；子分公司将日常定期和不定期对煤矿的安全检查结果纳入到每季度一次对煤矿风险预控管理体系验收；集团公司将日常集团和各级政府对煤矿安全检查中发现的隐患和整改情况纳入到年终对煤矿“本安企业建设”等级评定。将煤矿安全管理的日常表现纳入到验收考核，改进了考核结论与动态管理水平的符合性，解决了“煤矿提前准备验收现场和资料，以静态现场应对安全考核，静态达标”的问题。

二是结果考核和过程控制相结合。安全绩效的取得有必然性，也有很大的偶然性。现实中不乏安全管理松散但没有发生死亡事故的案例。为保证安全绩效切实通过过程控制取得，消除侥幸因素，神华煤矿风险预控管理体系考核指标经过针对性设计，746 项考核指标中结果性考核指标占 264 项，过程性考核指标却占 482 项。结果性指标抓住安全管理活动必须达到的关键业绩，过程性指标抓住安全管理活动必须执行好的关键环节，实现了过程与结果并重，结果与过程相结合的考核原则。

三是集团考核与子分公司考核相结合。不能仅仅用集团对煤矿的考核数据做评价依据，而是把子分公司季度对煤矿考核结果结合起来，改变以前煤矿安全质量标准化验收那种“集团一家说了算，年底一次定结论”的做法。神华集团开发了上下考核相结合的评价模型，体现了考核科学公正的评价原则。公式如下：

$$S=X_1\times S_1+K\times X_2\times S_2$$

式中　S——矿井综合得分；

S_1——集团公司年终对矿井考核分；

S_2——子（分）公司对矿井全年综合考核平均分；

X_1——集团公司年终对矿井考核分所占百分比；

X_2——子（分）公司对矿井全年综合考核平均分所占百分比；

K——系数。

此外，各煤矿都出台了激励员工参与的制度，如“日常员工每主动辨识一新的危险源，矿给予奖励 10～50 元”；集团和子分公司也出台相关制度，对“本安企业建设”达标企业给予奖罚，“奖励兑现到每个员工，处罚兑现到煤矿管理层成员”。这些政策都能促进管理人员履行职责，调动全员参与。

三、风险预控管理体系的普遍适用性和应用前景

1. 煤矿风险预控管理体系是一套具有普遍适用性的管理方法

在近几年国内煤矿安全管理研讨中，越来越多的煤矿安全管理专家、学者、官员和企业管理人员都认识到了煤矿风险预控管理体系的科学性和先进性，但部分人员因为对煤矿风险预控管理体系没有认真研究、深入了解，对这套体系产生了误解。比较典型的有：“这是针对神华下面煤层地质条件好的煤矿设计的，对于我们复杂矿井不能使用”；“国家煤矿安全质量标准化标准要求才 268 条，我们就很难做好，你们风险预控管理体系要求 746 条就更难做到了”。更有一些人看到神华煤矿风险预控管理体系推行中编制了 8 本体系文件，认为体系太复杂，执行很困难。这些认识与实际情况并不相符。

首先，神华所属煤矿有神东矿区条件简单的矿井，也有宁煤、乌海和新疆矿区条件复杂、“五毒”俱全的矿井，这些矿井之间在煤层赋存条件、地质条件、装备和人员素质等方面存在很大差异。2007 年以来，神华 54 个生产矿井包括 3 个突出矿井、9 个瓦斯矿井、20 个水害和 10 个火害威胁严重的矿井都建立了风险预控管理体系，按照煤矿风险预控管理体系程序化和系统化的管理方法开展风险预控。煤矿管理层和业务部门负责煤矿系统性重大危险源辨识和风险评估，制定和落实管控措施，防范重大事故；操作人员负责岗位风险评估，执行正确的操作程序和标准，防止自身伤害和伤害他人。风险预控管理流程完全一样，所不同的是，条件复杂的矿井相对条件简单的矿井而言，煤矿危险源和高风险的数量多一些，管控标准和措施多一些，日常危险源监测监控、预警消警的工作量大一些。这些不同条件煤矿的实践表明，煤矿风险预控管理体系具有普遍的实用性。

其次，推行煤矿风险预控管理体系并不难，相对推行煤矿安全质量标准化也并没有增加难度。神华煤矿风险预控管理体系考核标准 746 条指标中有 560 余条源自煤矿安全法律法规和安全质量标准化，是煤矿无论推行风险预控管理体系与否都必须贯彻执行的要求。还有 180 余条是风险预控管理和保障管理方面的，是与煤矿必须去抓去做去管的相关工作。体系要求不是一个部门的事情，不是一个岗位的事情，按照职责分解后，每个岗位只有几条或者几十条指标要求，工作量并不大。

再次，体系应用起来比推行标准化更简单。体系文件仅把需要贯彻执行的那些适用的、有针对性的法律法规要求写进来，把适用的法规要求转变为企业制度，看起来是很多，但相对浩瀚的国家安全生产法律法规却简单了很多。这些体系文件是必需的，但不是所有文件都靠一个部门去执行，每个部门适用的文件一般也就几个，具体

到岗位去执行时，也就文件中的几条、十几条。以神东上湾煤矿为例，综采煤机司机日常工作需要执行的安全标准仅 7 条，安全措施就 8 条，做成一张小卡片就可以带在身上。与推行煤矿安全质量标准化相比，每个员工更清楚自己该做什么，按什么标准做，体系方法把管理变得更简单。

2. 推行煤矿风险预控管理是中国煤矿的必然选择

目前，国际安全先进国家和企业都在推行风险预控管理体系。如 OHSAS18001、杜邦的 HSE 以及南非 NOSA 等，都是基于风险预控文化、理念和方法，推行风险预控管理体系已经成为时代潮流。

继续依靠传统的管理理念和方法不能彻底解决我国煤矿安全管理长期存在的突出问题。不解放思想跳出传统管理思维模式，不创新方法变被动为主动，继续依靠行政推动、集中整治，不可能从根本上彻底改变我国煤矿安全被动局面，体系化、程序化管理是搞好煤矿安全的必然选择。推行煤矿风险预控管理体系，能彻底改变煤矿安全管理的被动局面；改进煤矿安全管理的方法，能全面提高全员的素质，促进煤矿安全闭环管理持续改进的安全长效机制建设，应用前景极为广阔。

神华集团和部分煤炭企业推行风险预控管理体系实施煤矿安全管理的做法，得到部分地方安全监察局，特别是神华集团煤矿所在的山西、陕西、内蒙古、新疆等省和自治区煤监局的高度认可和大力支持，国家安全生产监督管理总局部分领导同志在对神华煤矿风险预控管理体系调研后，认定这套体系与 AQ/T 9006—2010《企业安全生产标准化基本规范》的理念和要求完全吻合，是行业化的基本规范。

3. 推行风险预控管理体系促进了煤矿安全管理根本性变化

推行煤矿风险预控管理体系的煤矿，安全管理在推行前后发生了根本性改变。这些变化主要有以下几个方面：

首先是安全形势稳定。实施风险预控后，煤矿安全管理对象清楚、重点突出、风险管控标准和措施针对性强，人机环管四类危险源的失效方式得到有效控制，发生概率明显下降。神华神东公司推行煤矿风险预控管理体系前后（即 2008 年与 2006 年）比较，设备故障停机率下降了 76.9%，人员不安全行为下降了 80%，百万吨死亡率下降了 83%，基本消除了较大以上事故和重大险情的发生。2001—2006 年，神华集团百万吨死亡率在 0.02～0.24 之间，忽高忽低，6 年中 3 次超过 0.1 的水平；推行风险预控管理体系后，神华集团的百万吨死亡率保持在 0.018～0.029 之间，连续四年保持在 0.03 以下；煤矿安全质量标准化达标普遍高于周边其他国有大型企业水平，安全业绩稳定。

其次是现场管理更加规范。在原来煤矿安全质量标准化的基础上，风险预控管理整体提高了现有煤矿现场和安全设施规范化标准。各场所禁止、警告、警示和提示类的标志标识配备更齐全，告知更清楚；设备和设备上的安全装置，如机械护罩、安全阀、压力表等都纳入到设备维护中，性能更可靠，防护更安全；现场物料按照整理整顿和定置管理的要求，做到了“定位、定量、定容”和“物有其所、物在其位”，基本消除了井下随意停放、混乱摆放、不安全堆放的现象；现场布局更符合工艺流程，通道通畅，出入口安全，应急指示和疏散路线清晰，作业场所更加整洁，煤矿面貌焕然一新。

再次是全员的素养得到提高。干部该管什么，工人该做什么，责任制很清楚。进入某地方可能遭遇什么，某设备的某部位可能出现什么失效，做某事可能会出现什么不安全，事情该按什么程序做，做的时候应注意什么，哪些是绝对不能发生的行为，员工在这方面的意识更高了，自觉性也更强了。通过推行风险预控管理，员工安全意识得到了提高，员工安全行为得到了规范，安全价值观念得到了升华，开始出现“要我安全”到“我要安全”的积极转变。

四、结束语

实践证明：煤矿风险预控管理体系是一套具有普遍适用性的现代管理方法，是适合不同规模、不同条件、不同所有制形式的煤矿安全管理工具，是全面的、系统的、循序渐进的煤矿安全管理长效机制，是能够解决煤矿安全管理突出问题、不断提升安全管理水平的有效抓手。目前在中国煤矿行业全面推行煤矿风险预控管理时机已经成熟，用风险预控管理体系升华推进煤矿安全质量标准化，加快提升中国煤矿安全管理水平必将成为大势所趋，加快推行煤矿风险预控体系必将大有可为。

打造"金川模式"知名品牌，缔造安全发展之路

赵 千 里

在中国有色金属工业领域，有这样一家企业：邓小平称赞她是"共和国难得的金娃娃"，温家宝称赞她是"中国的骄傲"。她就是中国的镍都——金川集团股份有限公司。金川集团是全球知名的采、选、冶、化、深加工联合配套的大型跨国经营集团。镍产量居全球第 4 位，钴产量居全球第 2 位，铜产量居全国第 3 位，铂族金属产量居全国第 1 位。金川集团目前已构筑了全球化资源开发的布局，形成了以大澳区、美洲区、欧非区和中亚区 4 个区域为重点的资源开发格局；以金川为生产经营决策管理中心、兰州为科技研发中心、上海为营销中心、北京为资本运营中心的经营管理布局。在国际化经营中，企业安全、健康和环保必须与国际接轨，才能在全球经济竞争中立于不败之地。

"世界的金川，中国的骄傲"是金川集团始终秉承的愿景。近几年来，金川人按照"基业常青、他业繁茂、扎根金川、展翅高飞"的思路，大力弘扬和倡导安全文化，不断实施文化引领，走科学发展、安全发展之路，建立了"金川模式"。"金川模式"的建立对实现安全与国际接轨，实现零伤害，构筑平安企业、和谐企业、幸福企业；对建设百年金川，跻身世界 500 强，具有非常重要的现实意义。

一、构筑"金川模式"，让管理成为文化，让文化管控安全

安全文化是安全管理的灵魂，是安全管理的最高境界，是一种追求零伤害生产、零偏差操作、零缺陷管理的一整套管理理念。做企业的最高境界，是要打造知名品牌，做出企业文化，用文化引领企业发展，用文化支撑百年老店的建设；做安全管理的最高境界，同样要打造知名品牌，做出安全文化，让管理成为文化，让文化管控安全，用文化支撑零伤害之梦的实现。

安全生产事关广大职工生命健康和切身利益，事关公司改革发展稳定大局，是企业第一位的职责和政治任务。作为一家集采矿、冶金、化工、建筑等多个高危行业并存的企业集团，由于其行业的特殊性，安全风险大，安全问题始终困扰公司的发展，

赵千里，金川集团公司安全环保部总经理，教授级高级工程师，工学博士，北京科技大学兼职教授，辽宁工程技术大学客座教授、博士生导师等；全国五一劳动奖章获得者、国家安全技术支撑专家、全国安全文化专家、全国安全生产标准化考评专家。长期从事企业安全管控技术、安全文化管控技术、安全标准化技术、通风技术等研究工作，主持完成 30 多项科研项目，出版 10 部著作，在国内外核心期刊上发表科技与管理论文 120 余篇。

尤其当时公司的安全管理仍缺乏科学的安全文化理念导向，还没有形成一套科学卓越有效的安全文化构架体系，现行安全管理体制机制还不适应自我管控的要求，员工不按工艺纪律、操作纪律做事和不按规章做事的行为依然很严重。为破解这些安全管理难题，金川集团积极学习世界上安全业绩比较卓越的必和必拓、杜邦等知名企业的先进管理经验，按照“物本靠科技，人本靠文化，零伤害靠五阶段”的管控思想，借鉴国内外先进的安全文化理念，依托企业厚重的安全文化底蕴，整合安全文化资源，研究构建了具有国内一流、国际知名的安全文化管控集成模式——金川模式。“金川模式”的成功构建，“让管理成为文化，让文化管控安全”有了“五阶段”路径，“让零事故、零伤害之梦”的实现有了管控版本。

“金川模式”是经过金川集团广大干部职工在安全生产实践中不断总结、升华形成的，是大家智慧的结晶。“金川模式”的创建过程既是层级领导，特别是高层领导意识的驱动，又是执行层多年来在实践过程中逐步被认同自我完善提升的过程，它既是从实践中来，又到实践中去的实践产物。“金川模式”是企业实现安全文化落地与传承的一套较为先进、科学、卓越的安全思维模式和安全行为工作模式；也是企业承载特色安全文化建设、实现零伤害、构筑企业平安的一套五阶段路径和方法引领体系；它为企业勾画出一个“五阶段统领、文化引领、本质化支撑、匹配化助推，环境驾驭、风险可控、模式化管控、常态化保障”的平安之网、生命之网。

二、打造企业安全文化建设升级版本，支撑零伤害之梦的实现

金川“五阶段”划分为三个安全文化管控版本：把第一、二阶段，即事后管控、缺陷管控阶段划为 1.0 版本，是传统、经验管理版本，管控结果事故多发、频发，死亡事故不可控；把第三、四阶段，即系统管控、风险管控阶段划为 2.0 版本，是科学管理、法制管理版本，管控结果零死亡、零重伤受控版本；把第五阶段，即文化管控阶段划为 3.0 版本，是文化管控版本，管控结果零事故、零伤害实现版本。

“金川模式”的多年实践证明：不要长时间使用比较低的 1.0 版本管理安全，而要用 2.0 或 3.0 版本管理安全。即只要按照“五阶段”路径，认真建设，不断提升安全管控版本，零伤害就一定能实现。

三、创新安全思维模式和行为模式，着力研究“五阶段”安全文化管控架构

金川“五阶段”安全文化管控集成模式是指按照人、机、环境及管理四要素的本质化程度、匹配化程度和管控程度或可控、受控程度分成五级，并按照“五阶段”建设的思想而形成的一套集成模式。

金川“五阶段”，按照“思维模式”＋“行为模式”＝“文化落地”这一思想将金川五阶段划为“主导模块”（企业四层次安全文化，即安全理念文化、安全制度文化、安全行为文化、安全物质文化四个五阶段）和“配套模块”（五大专业化，即生

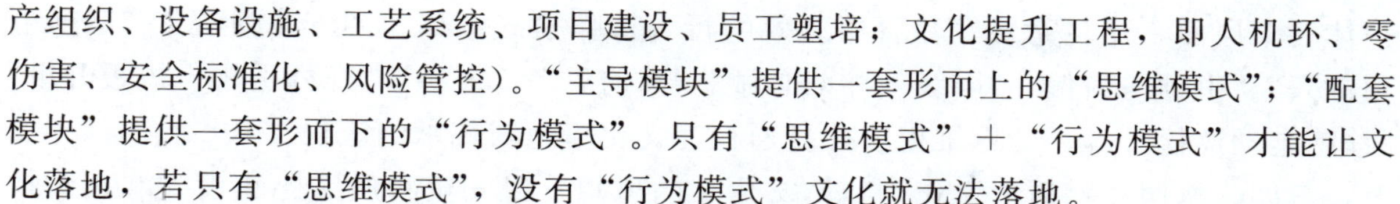

产组织、设备设施、工艺系统、项目建设、员工塑培；文化提升工程，即人机环、零伤害、安全标准化、风险管控）。“主导模块”提供一套形而上的“思维模式”；“配套模块”提供一套形而下的“行为模式”。只有“思维模式”＋“行为模式”才能让文化落地，若只有“思维模式”，没有“行为模式”文化就无法落地。

按照“让管理成为文化，让文化管控安全”这一思想将金川“五阶段”划为主导模块（企业文化四层次的四个五阶段）、配套模块Ⅰ（五大专业化五个五阶段）和配套模块Ⅱ（文化延伸工程四个五阶段）。配套模块Ⅰ让缺陷管控上升为系统管控，配套模块Ⅱ让系统管控上升为风险管控，主导模块让风险管控上升为文化管控。

按照“物本＋人本＝零伤害”这一思想将金川“五阶段”划为五个“物态”五阶段、七个“行为”五阶段和一个“零伤害”五阶段。通过五个“物态”五阶段建设来支撑“物本”建设，七个“行为”五阶段建设来支撑“人本”建设，一个“零伤害”五阶段建设来支撑“零伤害结果”建设。金川五阶段建设体现了“物本靠科技”、“人本靠文化”和“零伤害靠五阶段”的思想。

四、深刻领悟“安全+文化≠安全文化”内涵，准确把握“安全+到位+习惯=安全文化”形成路径

第一，按照“理念＋文化≠理念文化”，即“理念与文化不是简单的叠加，而是从理念—宣贯—入脑入心—固化于制，形成文化”这一思想，依据安全理念文化五阶段建设思路，建立完善金川“十二大”先进安全理念宣贯体系，深刻领悟、准确把握“十二大”先进安全理念的实质与内涵。遵循安全理念文化固化程式、安全理念文化“五阶段”建设思路，研究建立一套先进、科学的安全思维模式并固化落地，形成一切事故皆可预防、一切事故皆可避免和零伤害可以实现的思维模式。让不同层级秉持不同安全理念的人上升到一个层面秉持着一种先进理念，用这一先进安全文化理念引领各层级员工安全价值观念和价值取向的转变。只有按照一种理念引领，一种模式做事，才能步调一致实现零伤害。

第二，按照“安全制度＋文化≠安全制度文化”这一思想，依据“制度—制度化（执行到位）—制度文化（形成习惯）”的形成路径，加大安全制度文化“五阶段”建设力度，并按照制度文化建设的“科学性与先进性、配套性与可操作性、定量化与简单化、流程化与模式化”八大文化特征，遵循从复杂—简单—量化—流程化—框架化—模式化“六步法”建设原理，研究建立一套科学、简捷、管用的具有八大文化特征的制度体系，实现由人治到法治再到文治的转变，消除安全管理低效运作瓶颈，打通安全管理高效运作流程。

第三，按照“行为＋文化≠行为文化”的思想，依据安全行为文化“五阶段”建设支撑原理，在理念文化的引领下，在安全制度文化的规范下，沿着从粗放松散—强制被动—依赖引领—自我管控—行为养成（文化）的发展轨迹，从组织、群体、员工

个体三个层面，建立完善一套管用有效的行为工作模式：如“四安全研究”“岗前五项准入”“引领与纠偏”“层级领导四必做”“岗前思考5分钟”“标杆引领+短板升级”“挂牌走动巡检”等一套思维模式，打通行为文化落地与传承的流程。

第四，按照“物质+文化≠物质文化”的思想，以安全物质文化建设“八大管控要素”为重点，着重抓好物质文化五阶段落地工作，在巩固二、三阶段建设成果的基础上，认真抓好四、五阶段建设工作，深刻研究现有工艺系统是否先进科学、设备设施是否陈旧老化、作业环境是否良好、工艺布局是否科学合理、人机环境是否匹配化等，据此编制升级改造和淘汰计划并初步实施落地，全面提升设备设施、工艺系统、作业环境本质安全化，降低安全风险，弥补管理缺失和操作疏漏。

五、全力推进“金川模式”落地生根，着力打造平安金川、和谐金川、幸福金川

企业文化的生命力在于落地生根，安全文化作为企业文化的重要组成部分，尤其需要经过落地生根变成实实在在的安全绩效。金川“五阶段”安全文化管控集成模式，作为安全文化的“金川模式”，需要经历一个从理论—实践—总结—升华—再实践的过程，这一过程的实践主体正是公司全体干部职工，扎实有效的实践也正是“金川模式”落地生根的过程。金川安全文化的全面实施，要以“五阶段”四层次安全文化创建模块为主导，以五大专业化安全管控匹配化建设和四大提升工程建设为配套，全方位推进，全面提升管控水平，实现用安全文化引领安全发展，确保零伤害目标的顺利实现，着力打造平安金川、和谐金川。

“文化引领”——不仅要具体落实在安全目标的实现，同时在安全文化落地生根的过程中，还应起到提升素质、凝聚力量、促进管理、塑造形象的引领作用。既要统筹抓好安全文化的传播和落地，更要把具有金川特色的安全文化融入公司转型跨越、跨国经营、建设百年金川的全过程，渗透到生产经营和企业管理的各环节。坚定不移地贯彻并践行金川安全理念，形成全员共同的思想认识和一致的价值取向，为打造“金川模式”营造“目标同向、上下同欲、行动同步、责任共担”的氛围。

“顶层设计”——以集团公司为主体，立足全局，用系统的视角、科学的方法，在充分分析已经取得成效的基础上，进一步制定“金川模式”深度推进的实施方案。坚持从顶层入手，制定措施，细化目标，建立机制，落实责任。要对十三个“五阶段”模块进行逐项分析，拟定出每一个模块建设的具体方法、步骤和措施，明确责任，督促各层级坚决抓好贯彻落实。切实形成上下统一、任务明确、监督到位、扎实有效的金川安全文化建设格局。

“过程控制”——金川“五阶段”安全文化管控集成模式内容丰富，涉及面广，在贯彻落实中要关注每一个可能导致“瓶颈”的环节，强化过程管控。经验和教训警示我们，所有安全事故、事件或隐患都是因为过程中的某一环节管控不到位所导致的。因此，要充分遵循“五阶段三角形”事故控制原理，切实做到全面、全员、全方

位、全过程建设，确保金川安全文化落地生根。

“综合治理”——着力于基层、基础、基本功，加强金川安全文化基础建设，夯实安全发展、科学发展根基。公司生产经营区域广，工艺流程长，管理幅度和管理难度较大，在生产经营的每一个环节都会涉及到安全。要通过“五阶段”生产组织安全管控匹配化建设、“五阶段”工艺系统安全管控匹配化建设、“五阶段”设备运行安全管控匹配化建设、“五阶段”项目建设安全管控匹配化建设、“五阶段”本质安全人塑培、“五阶段”人机环科学匹配化建设、“五阶段”安全生产标准化建设、“五阶段”零伤害理论模型建设和“五阶段”危险岗位安全管控等九大配套模块建设，以厂矿、分子公司为主体，以职能部门为依托，以车间、班组为重点，将“金川模式”不折不扣地贯彻到基层组织和生产经营的各个环节，杜绝层层衰减，确保执行不变调、落实不走样，扎扎实实落实到车间、班组、岗位，真正做到固本强基，落地生根。

“创新驱动”——勇于创新、与时俱进是确保金川安全文化始终坚持旺盛生命力的基本前提。要以创新为动力，不断开拓新思路，落实新举措，推动新发展。根据党和国家关于落实企业安全生产主体责任提出的新要求，在“金川模式”建设中，要按照“公司引领、基层自控、员工自律”相结合的工作思路，重点针对生产作业现场和三层次员工行为管控，积极探索和优化安全管理流程和操作方法，更好地落实各级组织、各层级员工的安全生产责任，提高安全管控水平。

安全工作是企业一切工作的前提和基础。金川核心价值观中的“人本”首先应该体现在保证人的生命安全。金川公司建设具有国际竞争力的跨国经营集团，必须以杜邦、必和必拓等世界一流安全生产企业为标杆，以具有金川特色的安全文化为引领，不断提升安全管理水平，为挺进世界500强、实现基业长青提供坚实的支撑和保障。

唐钢安全分级管控的探索与实践

崔绍宇　杜全洪　张文会

一、安全分级管控概念

安全分级管控就是深化落实各级安全生产责任，真正实现安全生产责任制横向到边、纵向到底。以“专业归口管理”“属地管理”为管理原则，根据生产、检修、工程技改和特殊时段的安全管理等级进行公司级、厂级、车间级、班组级等四级安全分级划分，使各级领导和人员对岗位职责更加明确，不折不扣地落实安全层级负责制，达到生产、检修、工程全过程中的安全风险可控管理，保障职工生产作业过程安全。

二、安全分级管控基础

实施安全分级管控必须有一整套全面、详实、完善的安全管理制度作为基础，做到“有法可依”。唐钢每年对安全管理制度进行修订和完善，其中包括《安全生产责任制》《危险源点管理制度》《班组安全管理制度》《安全检查制度》《检修安全管理制度》《煤气安全管理制度》《动火作业安全管理制度》《进入容器、受限空间作业安全管理制度》等42项安全管理制度，覆盖了公司生产岗位、检修作业、工程技改的各个方面，从制度层次力求做到精益求精，给日常安全管理提供程序化、标准化指导。

安全分级管控更进一步明确了各级领导和人员在各项安全管理制度中的责任，根据生产、检修、工程技改和特殊时段提出相应的安全管理和安全确认的级别，使措施得以有效的执行，从而保证了生产、检修、工程技改和特殊时段的安全可控。

三、安全管理等级划分和分级管控的实施

将正常生产工作岗位、检修作业、工程技改和特殊时段的安全管理等级进行划分，根据危险程度高低定出相应的控制和确认级别，通过对高风险作业提升控制和确认级别来保证安全措施的落实和降低其他突发事故发生的概率。

（一）公司级管控

唐钢制定了《安全分级管理和提升安全防护等级管理办法》（以下简称办法），规定提升安全管理等级管理，各单位厂级管控的临时性高危作业、大型检修和公司级重

崔绍宇，高级经济师，河北钢铁集团唐山钢铁集团有限责任公司安全部部长。

点工程项目，需要提升至公司级安全管控，其余作业均以属地管理原则、按照各单位制定的分级管理办法执行。

以联合大修为例，首先是召开大修前安全确认会，会议内容包括：①通报上一次大修安全工作总结；②相关单位汇报大修项目及安全施工预案；③针对此次大修中的重点工程进行安全施工预案分析及论证；④对大修安全部署做出总体要求。其次是大修期间公司级安全管控，包括：①大修期间安全部24小时值班，安全督导；②每天下午2点30分召开安全系统碰头会，3点参加大修指挥部协调会；③每天填写大修交接班记录、安全检查内容及整改记录。最后是大修后的总结，包括：①将在大修中安全管理的好的做法、成功的经验进行总结，到下次大修进行推广；②将在大修中检查出的问题及隐患进行汇总，结合实际找出共性，分析产生共性问题及隐患的原因，总结出在大修安全管理中的不足之处，到下次大修时及时改正；③对大修中的工作票、动火票等票据进行整理存档。以上环节缺一不可，使整个大修成完整的闭合，始终在受控状态。

（二）厂级、车间级、班组级管控（以第一钢轧厂为例）

第一钢轧厂主要技术装备简介：第一钢轧厂炼钢系统目前拥有省内现代化程度最高、容量最大的150 t顶底复吹转炉三座，两个设计年处理铁水量300×10^4 t/a的铁水预处理站，3座450×10^4 t/aLF精炼炉、150×10^4 t/aRH精炼炉一座等主要设备，以及240 t大型天车4台，出渣跨等各跨天车共62台。配套设施有炼钢变电所、连铸变电所、炼钢净环泵站、软水站、浊环泵站及污泥处理间、散装料仓及上料系统、合金料仓及上料系统、一次除尘风机房、二次除尘等。设备总量为2012台套，总质量为12100 t，总装机容量为34596 kW。连铸系统由1810和1700热轧带钢生产线组成。

1. 正常生产工作岗位安全分级管控

对全厂各生产作业工序进行危险源的辨识和评价，利用LEC法对危险源等级进行划分，指定A级危险源为高度风险工作岗位，B级危险源为中度风险工作岗位，C级、D级危险源为低度风险工作岗位。

1）高度风险工作岗位安全管控

涉及有熔融金属爆炸的工作岗位如转炉炉前工、RH精炼工等；涉及有吊运液态金属起重伤害的天车工；涉及有窒息危险的维检工作岗位等共19个A级危险源定为高度风险工作岗位。

高度风险工作岗位由厂级进行管控。各厂级领导和专业科室负责分管专业内涉及高度风险工作岗位的全面安全管理。在每月召开一次安委会和每周召开一次安全例会上，分别由主管厂领导布置对较大安全风险工作岗位的安全管理要求，根据季节特点和现阶段生产、检修情况提出阶段性的安全工作重点；厂领导定期组织专业科室对熔融金属、天车设备、煤气设备、吊索具等进行安全专业检查，按照安全生产“五同时”的要求落实各项安全管理措施；组织、协调相关责任科室、车间对高度风险工作岗位进行直接安全管理，并监督相关责任科室、车间安全工作的落实情况，确保安全

责任和各项安全措施落实到位。

2）中度风险工作岗位安全管控

涉及有煤气中毒工作岗位的风机房操作工及维检工，加热炉加热工及维检工；涉及有火灾危险工作岗位的液压站维检工等22个B级危险源定为中度风险工作岗位。

中度风险工作岗位由车间进行管控。各车间负责对中度风险工作岗位的全面安全管理。车间每周组织本单位主要领导和车间组长召开车间安全会议，按照公司、厂部安全要求及车间现阶段安全工作提出具体安全管理措施；车间每日由车间主任、主管副主任、安全员组成检查组对车间区域内涉及的安全设备设施、人员执行安全操作规程等进行检查，并协调相关部门做好本单位的隐患整改工作。

3）低度风险工作岗位安全管控

涉及有高空坠物、物体打击等较低风险工作岗位的111个C级和111个D级危险源定为低度风险工作岗位。

低度风险工作岗位由班组进行管控。各班组负责对低度风险工作岗位的全面安全管理，车间班组长应按照职责要求开展好本班组各项安全工作，经常对职工进行安全教育，组织好每周一次的班组安全活动和每班的班前、班后会议，布置当班安全生产要求。班组长做好岗前确认和现场工器具自查及职工执规等检查，及时制止违章指挥和违章作业，班组长对本班组安全管理负有直接管理责任。

2. 检修作业安全分级管控

冶金企业检修作业危险性高，往往由于人员执行制度和措施不到位、不彻底而发生恶性安全事故。通过对检修作业引发的各类事故进行归纳、分析，制定并完善了《检修安全管理制度》，明确检修前各项安全措施的确认程序，对于检修项目存在安全风险及控制措施实行“工作票”式管理，并逐级进行签字审核，保证从检修风险辨识、现场安全措施落实的逐级确认。

1）检修作业安全等级划分原则

从检修作业的危险程度和发生检修作业的特殊性两个方面对检修作业进行分级管控。

按照检修作业的危险程度划分：将检修作业划分为高危检修作业和一般检修作业。高危作业包括煤气设备停送、吹扫置换、抽查盲板及动火作业；氧气管道停送、吹扫置换、动火作业；丙烷气管道停送、吹扫置换、动火作业；预处理镁粉喷吹设备及库房的检修动火作业；各主要配电室停送电作业；各主要电缆通廊及配电设施的动火作业；各主要液压站及液压管道的动火作业；转炉下料料仓、除尘烟道内、一次除尘喷淋塔、二次除尘布袋料仓、氩气阀门站受限空间作业；全停检修作业。以上高危检修作业之外定为一般检修作业。

按照发生检修的特殊性划分：将检修作业分为临时性检修作业、定修作业和大修作业。提前有检修计划安排的检修属定修，没有提前检修计划安排的检修属临时性检修。由于临时性检修突发性强，往往在检修前辨识安全风险及落实其相应的安全措施环节上存在疏漏，从而引发安全事故，所以临时性检修往往是事故的高发期，也是检修安全管理的重点。

检修作业安全分级管理分为三个等级。将高危检修部位的临时性检修、抢修和大修作业定为一级管理，由厂级领导管控；将一般检修部位的临时性检修和高危检修部位的定修定为二级管理，由车间、科室主要负责人进行管控；将一般检修部位的定修定为三级管理，由车间项目负责人进行管控，如图 1 所示。

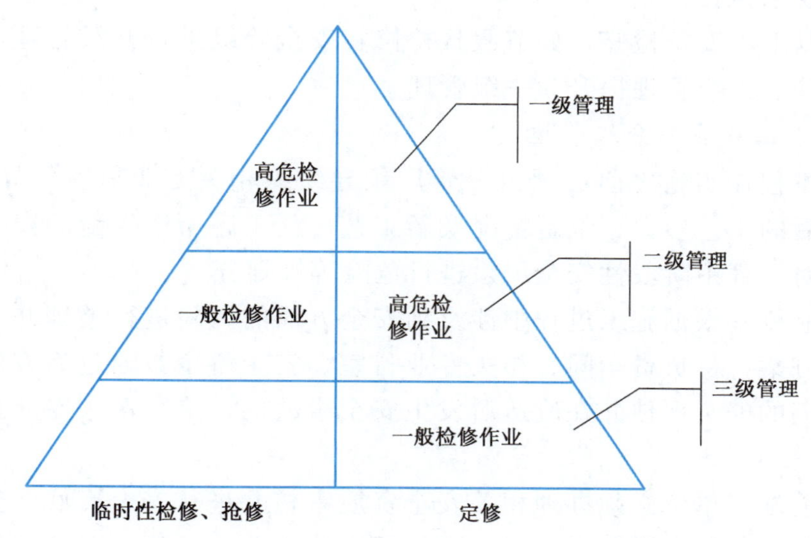

图 1　检修部位安全分级管理图

2）一级检修作业安全管控

一级管控要求专业分管厂级领导亲自组织、协调、指挥相关专业科室、车间确定高危检修部位的临时性检修方案，布置检修过程中的安全措施，并对安全措施落实情况进行监督。

一级管控要求专业科室、车间在分管厂级领导的指挥下，由本科室、本车间一把手领导负责检修方案中安全技术措施的制定和检修过程中的督促落实工作，并指定本车间、科室主要负责领导对检修全程进行监护。

3）二级检修作业安全管控

二级管控要求相关专业科室组织相关车间审核、确定检修部位的检修方案，审核、布置检修过程中涉及本专业内的安全技术措施，经负责车间确认后方可实施。相关专业科室指定专人对涉及本专业内的安全技术措施落实情况进行监督、检查。

二级管控要求责任车间一把手领导亲自组织检修安全措施的落实、确认工作，指定现场项目负责人在检修过程中严格落实安全措施。

4）三级检修作业安全管控

三级管控要求责任车间主要领导审核、确定检修方案，审核、布置检修过程中的安全措施，并对安全措施落实情况进行监督。

三级管控要求责任车间现场项目负责人落实检修各项安全措施，并对检修全程进行安全监护。

5）特殊作业环节和时段的安全管控

检修需要动火应按照《唐钢动火作业安全管理制度》相关要求执行。

进入有窒息或中毒危险的受限空间作业应按照《进入容器、受限空间作业安全管理制度》相关要求执行。

节假日原则上不安排检修，如节假日检修将安全等级进行升级管理，即三级管理提升为二级管理、二级管理提升为一级管理。

3. 新改扩建工程安全分级管控

新改扩建工程在实施之前必须由分管厂领导组织相关专业科室领导、负责车间、安全科对实施后的工艺参数、设备情况及新工艺、新工序所产生新的安全风险等进行安全评估，并对工程中阶段性安全风险进行危险等级划分。

由牵头专业科室根据施工过程中涉及到安全方面的风险进行整理并采取有效的措施后确定施工方案，待负责车间、相关专业科室、安全科全数通过后方能实施。如未按要求进行前期的安全评估并在改造后发生安全事故的，追究牵头专业科室主要安全管理责任。

工程开始前施工单位必须办理相关安全资质审核并进行安全交底，安全交底内容由负责车间拟定经相关专业科室补充、审核后交施工单位，施工单位根据施工现场实际情况对参加施工的人员进行全面、充分地安全教育，保证参加施工人员熟知现场施工安全风险及熟练掌握安全防范措施。

工程阶段性安全风险分级为二级。一级为工程过程中涉及高风险作业如火灾、中毒、爆炸等；二级为工程过程中涉及中、低风险作业如起重伤害、高处作业等。

一级安全管理应由主管厂领导负责对施工过程中生产、工艺、设备进行协调管理；负责组织相关专业科室、负责车间、施工单位对高风险作业进行现场安全措施的确认及监护；负责确定高风险作业的施工方案，布置施工过程中的安全措施，并对安全措施落实情况进行监督。专业科室、车间在主管厂级领导的指挥下，由本科室、本车间一把手领导负责高风险作业过程中安全措施的制定和督促落实工作，并指派专人对检修全程进行监护。

二级安全管理应由相关专业科室组织相关车间审核、确定中、低风险作业的施工方案，审核、布置施工过程中的安全措施，经负责车间确认后方可实施，相关专业科室指派专人对安全措施落实情况进行监督。相关车间主要领导要亲自组织安全措施的落实，并指定项目负责人对施工过程全程监护，确保安全措施的落实到位。

工程开始后工程负责车间对施工单位安全施工进行直接安全管理，牵头专业科室对施工单位安全施工进行专业安全管理，安全科对施工单位安全施工和专业科室、负责车间落实安全职责情况进行安全监管。

四、安全分级管控阶段性成效

2011 年 6 月实施安全管控分层、分级管理以来，唐钢实现了正常生产零事故、设备检修零事故、技改工程零事故，从而保证了安全稳定的良好生产秩序，为唐钢在严峻的市场形势下最具竞争力打下坚实基础。

多措并举努力打造本质安全型油品销售企业

陈尧四　郑可津　叶晓晖

安全是企业的生命，是企业永恒的主题。安全工作关系全局，重于泰山。随着人们物质文化生活水平及现代化安全管理水平的不断提高，创建本质安全型企业已逐步成为企业安全生产的必然选择。本质安全就是通过追求企业生产流程中人、物、系统、制度等诸要素的安全可靠和谐统一，使各种危害因素始终处于受控制状态，进而逐步趋近本质型、恒久型安全目标。

构建本质安全型油品销售企业是一项复杂的系统工程，涉及人、物、环境、管理等诸多因素。系统安全是相对的，世界上没有绝对安全的系统，任何系统中都包含不安全因素。中国石化浙江石油分公司着力打造以消除人的不安全行为、物的不安全状态、不良环境及安全管理漏洞的本质安全型油品销售企业。

一、中国石化浙江石油分公司安全管理现状

安全工作是企业管理中永远的薄弱环节。浙江石油分公司作为危险化学品经营企业，始终重视并致力于企业的安全生产工作，深入贯彻执行党中央、国务院关于加强安全生产工作的各项要求，落实集团公司“四个让位于”HSE工作的要求，牢固树立“安全高于一切、生命最为宝贵”的理念。

浙江石油现有定位油库27座，总库容118×10^4 m^3，在营加油站2000余座，已建成投产的成品油管道3条。2012年，全省系统各类油库共吞吐成品油31.58 Mt，加油站共销售汽、柴油1020余万吨，全省共组织各类演练20317次，参演人员达10万人次，其中与地方港监、海事、消防、环保等政府部门组织联合大型实战演练达282次。

公司已连续15年被中国石化集团公司评为安全生产先进单位，荣获中国石化集团公司2011—2012年度设备管理先进单位。2005—2011年公司连续7年被评为全国“安康杯”竞赛优胜企业；2006年、2009年两次被评为浙江省“安康杯”竞赛示范企业；2009年还被评为全国“安康杯”竞赛示范企业。2012年荣获中华全国总工会最高荣誉——“全国五一劳动奖状”，是2012年中国石化系统唯一获此殊荣的单位。

二、开拓创新，多措并举，努力打造本质安全型企业

本质安全型企业有四要素：人的安全可靠性，即克服人的不安全行为，确保人的

陈尧四，浙江宁波人，中国石化浙江石油分公司安全储运处处长，从事HSE管理工作。

本质安全；物的安全可靠性，即消除物的不安全状态，确保物的本质安全；环境的安全可靠性，即创造良好的安全环境，实现环境的本质安全；制度（管理）的安全可靠性，即堵塞管理漏洞，实现管理的本质安全。浙江石油打造本质安全型企业是紧紧围绕人、物、环境、管理这四要素展开的。

（一）以人为本，克服人的不安全行为，塑造本质安全型员工

人的本质安全包括两方面基础性含义。一是人在本质上有着对安全的需要。二是人通过教育引导和制度约束，可以实现系统及个人岗位的安全生产无事故。本质安全型员工可通俗的解释为：想安全，会安全，能安全，即具备安全理念，具备充分的安全技能，具备发现问题、分析问题、解决问题的能力。

想安全。贯彻落实“以人为本”“关爱员工”“安全高于一切”的安全理念，积极推进“七想七不干”，严格执行标准化操作，全面提升浙江石油全系统的安全管理水平。

“七想七不干”有助于提升基层员工发现问题、分析问题和解决问题的能力，进一步强化员工的安全意识，提升作业现场安全管理水平，并有效防范事故的发生，保证油库、加油站安全生产运行。

会安全。加强员工培训，强化安全意识，通过内容丰富、形式多样的培训方法，向员工灌输安全知识、安全技能以及有关安全生产规则制度及操作规程，并积极开展基层单位的各项安全生产竞赛活动，如在加油站开展防加错油竞赛，在油库开展以标准化操作为主题的“百日安全无事故”竞赛活动，从安全禁令、安全风险、安全措施、安全环境、安全技能、安全用品、安全确认等方面对油库一线员工进行综合测试，形式多样、内容丰富的竞赛活动，强化了基层员工安全理念，提升员工的综合素质。

能安全。能安全是在具备安全理念和安全操作技能的前提下，员工能发挥主观能动性，培养发现问题、分析问题、解决问题的能力，以塑造本质安全型员工为目标。

为了培养出“能安全”的员工，浙江石油在全省建立起全员查找身边隐患和未遂事件活动长效机制，即常态化开展“全员查找身边隐患和未遂事件活动”。

2012 年 11 月，浙江石油在全省系统开展“全员查找身边隐患和未遂事件活动”，鼓励员工查找身边的隐患和未遂事件，充分识别和消除作业场所风险危害，提升全员主动安全理念与自我防范意识。全员查找身边隐患和未遂事件活动长效机制建设分四个阶段开展：

第一阶段为组织准备阶段（11 月 12—23 日）。浙江石油领导高度重视本质安全型员工的培养，提出以安全文化建设为引领，全省系统开展“全员查找身边隐患和未遂事件活动”，并组织召开专题会议部署各项工作。全省系统针对性开展了员工 HSE 危害识别、HSE 观察法和 OSHA 统计等学习培训，使每位员工系统掌握隐患和未遂事件查找方法。

第二阶段为活动实施阶段（11 月 24 日—12 月 31 日）。全省系统根据活动实施方案，层层发动，确保活动有效开展。省、分公司分别组织活动督导小组深入各级公司部门和基层，监督检查活动实施开展情况（员工隐患和未遂事件查找数量和质量、考评、案例共享学习、整改及其记录等），对检查情况进行分析点评、共享与排名通报。

第三阶段为考核评比阶段。省、分公司对全省系统全员查找身边隐患和未遂事件活动开展情况进行了逐级汇总、评审和考评激励。

第四阶段为活动常态化开展。全省已将“全员查找安全隐患或未遂事件活动”作为 HSE 日常管理的重要手段，常态化开展该项活动，如图 1 所示。

图 1 “全员查找身边隐患和未遂事件活动”常态化开展

（二）着力推进设备管理自动化、信息化，实现物的本质安全

设备自动化、信息化管理是从根本上消除危险因素，从而从源头上控制事故的重要技术手段，是企业提升安全管理水平、实现物的本质安全化的真正出路所在。

浙江石油油库、加油站设备自动化程度不断提高，管理逐步实现了信息化。安全监控系统、油库自动发油系统、自助开票系统、物流 GIS 平台、3GGPS 车辆综合监控平台、自控阀门和储罐液位自动计量系统、加油站液位监控和长输管道防渗漏技术等信息化、自动化设备的运用，提升了浙江石油的设备管理自动化、信息化水平，进一步促进了浙江石油的精细化管理水平。

（1）加大科技投入，逐步实现设备自动化、管理信息化。浙江石油加快实施“科技兴安”战略，加大科技投入，全面实施信息化建设，加快油库自动化管理信息系统建设步伐，提高安全管理水平，收到了明显效果。公司现有管道下载库 9 座，萧山、康桥、三官堂、义乌等油库已基本实现设备操作自动化。

金华义乌油库自动化管理信息系统集成项目已完成试点工作，并于 2012 年 4 月 28 日专门召开现场会进行推广。标准化的作业流程，将“人管人”转变为“系统管人、智能化管理”的系统管理模式，实现管理信息化。

（2）加强应急指挥监控中心平台建设，提升应急管理能力。浙江石油分公司应急指挥监控中心已建成，并基本形成省、市、基层单位的三级应急响应体系。应急指挥监控中心平台建设是以提升应急管理，强化安全监管为目的，整合了油库、加油站的视频监控系统，同时可实现省、市公司、油库的视频及语音对讲功能。浙江石油应急指挥中心平台已接入7座油库视频、300余座加油站视频。全部安装完毕后可全面实现全省油库、加油站现场视频实时监控。初步实现在应急情况下快速反应、准确决策、有效处置，做到“指令下得去、情况上得来”。

(3) 积极探索设备管理新型培训模式。常规设备管理培训中员工常常出现参加培训的积极性不高、培训效率低、效果差、员工掌握程度低、遗忘速度快等问题。针对这些问题，浙江石油积极探索新型设备管理培训模式，杭州康桥油库与青岛安全工程研究院共同参与科技项目《设备管理三维仿真培训系统》的开发研究，将油库、加油站、加气站的设备与作业流程用三维动画方式生动形象地展示出来，提升员工学习效率，力求建立一个以设备标准化操作、典型设备、应急管理和设备检维修四部分的三维培训课件，为油库员工提供一个直观生动的培训平台。设备检维修三维仿真培训视频立体感强，更直观、生动，可以取得很好的培训效果，如图2所示。

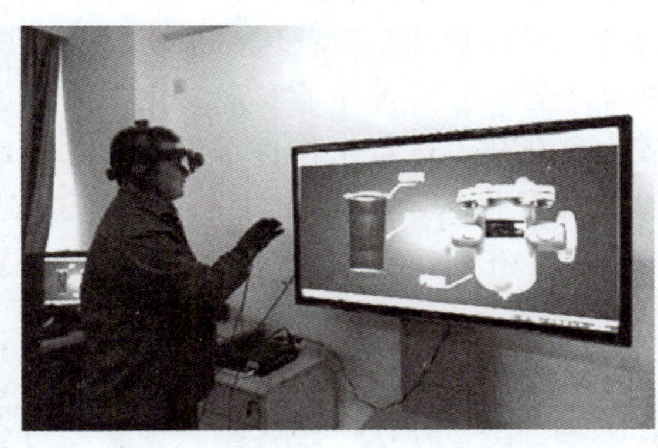

图2　员工设备三维仿真培训

(三) 深入推进安全文化建设，创造良好的企业安全环境

浙江石油不断进行观念创新和文化创新，深化推进安全文化建设，将安全文化建设融入到浙江石油的全员、全方位、全过程，形成了党政工团齐抓共管的“大安全”“大文化”格局，建立并完善具有丰富内涵的企业文化体系，初步形成了一套“内化于心，外化于形，强化于制”的安全文化体系，以安全塑文化，以文化促安全，二者相映生辉，取得了较好的效果。

(1) 内化于心，从理念创新和思想渗透入手，充分发挥安全文化的影响力。浙江石油坚持从安全文化体系建设方面进行拓展和深化，确立了“全员、全方位、全过程”和“人员零违章、设备零缺陷、管理零漏洞、事故零容忍”的安全文化理念，确保人、物、环境、管理的可靠性。

萧山油库以安全文化建设为载体，开展“一张全家福，一句温馨话”活动，简简单单的一张照片、一句话让员工家属感受到企业的安全文化，同时也有助于员工树立“为生命安全和家庭幸福而工作”的理念，让员工怀着对企业高度负责、对亲人高度负责、对自己高度负责的心，“严、细、实、恒”地抓好油库安全工作。

（2）外化于形，从眼球效应入手，充分发挥安全文化的导向力。浙江石油通过“立体化”和“多元化”的表现形式，各类提示、指示、警示标志形成统一的视觉识别体系，让安全文化外化于形，成为看得见、摸得着、触摸得到的东西。通过时刻温馨提醒，对内起到潜移默化效果，对外展示企业形象和文化。

（3）强化于制，从建立健全安全管理机制入手，充分发挥安全文化的执行力。安全文化建设是提高全员安全意识，规范员工作业行为，提升企业本质安全的重要举措。作为浙江石油 2013 年安全管理工作的一项重要内容，省公司领导高度重视，提出“要以安全文化建设为引领，统一库、站安全文化标准模式”（即各油库、加油站要以安全文化标准手册为指导，并结合自身实际建设安全文化的模式）。

2013 年 4 月初浙江石油制定完成了《中国石化浙江石油分公司加油站安全文化标准手册》（图 3a）和《中国石化浙江石油分公司油库安全文化标准手册》（图 3b），并遴选出萧山油库、康桥油库、笕桥加油站及秋涛路加油站共 4 座库站作为安全文化标准手册试点单位。4 月中旬，全省组织召开了安全文化建设推进现场会，杭州康桥油库和零售笕桥加油站对安全文化建设试点工作进行汇报，并实地参观学习了杭州秋涛路加油站和萧山油库安全文化建设情况。分公司在试点单位安全文化建设的基础上，根据分类指导方案，以点带面，在浙江石油系统全面开展安全文化建设工作，逐步覆盖全省油库、加油站。

(a) 加油站安全文化标准手册

(b) 油库安全文化标准手册

图 3 中国石化浙江石油分公司安全文化标准手册

（四）堵塞管理漏洞，实现本质安全管理

安全管理是实现人与人、人与物、人与环境规范运作的桥梁和纽带，是实现安全

目标的最有效的控制手段，管理失误是事故发生的根本原因，因此，堵塞管理漏洞，提升安全管理水平是建设本质安全型油品销售企业的基本要求。

堵塞管理漏洞，完善 HSE 管理体系，始终坚持把 HSE 工作摆在首位，建立了省、市两级 HSE 管理机构，并结合实际，制定工作目标，落实管理职责。层层签订责任书，全面落实安全生产责任制，按照“谁主管，谁负责”的原则，层层签订 HSE 责任书，人人签订承诺书，将安全责任传递到每一层、每一级、每一个人。

堵塞管理漏洞，完善各项管理制度。根据中国石化集团公司下发的设备管理制度和设备管理要求，结合实际，及时修订完善《浙江石油设备管理办法》《浙江石油油气回收设备管理细则》《浙江石油设备检修规程》《浙江石油修理费实施细则》《浙江石油资产管理及处置规定》《油库设备标准化操作手册》等管理办法和规程。

三、结语

本质安全型油品销售企业的建设是一个漫长的过程，浙江石油分公司实践告诉我们：以人为本是核心；设备自动化、管理信息化是手段；打造安全理念、营造安全环境是基础；建设安全制度、规范安全行为是保证。安全工作只有起点，没有终点。打造本质安全型油品销售企业是一个系统的、动态的过程，必须要牢固树立“安全高于一切、生命最为宝贵”“一切事故都是可以避免的”“细节决定成败”等安全理念，紧紧把握住人、物、环境、管理这四个本质安全要素，实施全员、全方位、全过程管理，消除一切隐患，实现人员、设备、环境和管理的和谐统一。

安全累进奖——安全正激励的有效手段

任汾香　蔡杵杵

“三违”现象是企业屡禁不止的现象，对待“三违”现象我们传统的做法是严管重罚，用这种负激励的手段，让违章者承担一定的违章成本，来达到减少或杜绝员工违章的目的。即便是在这样的严管重罚下，发生事故的原因仍有85%都是违章操作造成的。这种负激励的手段非常容易让员工产生逆反心理，造成抵触情绪较重，工作态度消极，无法真正认识到违章的危害后果，对再次违章也不以为然。其他员工也会认为企业的安全管理者不近人情，导致员工从心理上排斥安全管理人员，排斥安全管理工作。实际上，通过建立完善的激励机制，提高生活待遇和物质奖励，让大家真正都来关注安全、重视安全，真正从以人为本为出发点，对于安全工作的长治久安具有更加积极的意义。本文介绍的安全累进奖正是体现了这样的一种激励机制，奖励金额大，范围广，从员工的实际生活需要方面进行实实在在的物质奖励，深受员工拥护，实践证明，在安全正激励方面是一种行之有效的管理方法。

一、安全累进奖的概念

安全累进奖实行按月考核进行累进，年终一次性发放奖励的考核计奖方式。一个考核期内如果中途发生如“三违”现象等违法、违规行为，或者发生生产安全事故等，则根据安全累进奖归零的相关规定，取消当月奖金或当月之前累积的所有奖金，次月重新开始累进，年终结算奖励。

通过安全累进奖制度的制定与实施，将全体员工的个人收入和企业安全工作效果紧密相连、息息相关，改变以往安全工作处罚多、奖励少的思维定式。

二、实行安全累进奖的优势

1. 全员参与营造安全生产良好氛围

安全累进奖所特有的吸引力，让全体员工都有机会参与到安全奖励活动中来。充分调动职工参与安全管理的积极性和主动性，提高职工自我约束、自我提高、遵章守纪的自觉性，营造了一个全员参与安全生产的良好氛围。

2. 实实在在提高员工物质生活水平

如果以100元为基数，以50元为累进额，不发生归零现象的话，每人可拿到的年

任汾香，陕西庆华民爆集团有限公司高级工程师业务主管。

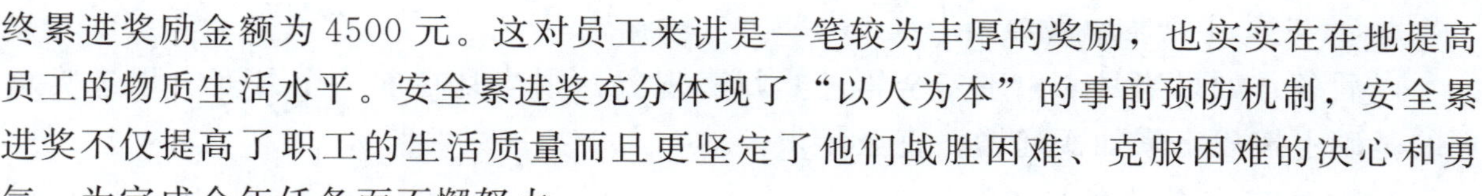

终累进奖励金额为4500元。这对员工来讲是一笔较为丰厚的奖励，也实实在在地提高员工的物质生活水平。安全累进奖充分体现了“以人为本”的事前预防机制，安全累进奖不仅提高了职工的生活质量而且更坚定了他们战胜困难、克服困难的决心和勇气，为完成全年任务而不懈努力。

3. 实现“我的安全我负责”

实行安全累进奖制度后，班组成员安全操作的思想意识明显提高，谁都不想给集体抹黑，不想让班组其他成员受到牵连。员工不仅主动学习提高操作技能，而且认真学习安全操作规程，提高隐患排查能力和应急救援能力。实现了从“要我安全”到“我要安全”的转变。

4. 起到“你的安全我有责”的作用

安全累进奖的实施起到了互相监督，人人都是安全管理人员的作用，充分体现了“我的安全我负责，你的安全我有责”。班组成员经常相互提醒注意安全操作的事项，员工的日常行为与整个团队的利益荣辱紧紧地捆绑在了一起，这是安全累进奖最为突出的特点。在生产过程中，每个人都是主人翁，都有安全生产的责任。该制度的考核和班组、车间、分厂的成员都有关系。充分体现了风险同担、利益共享，改变了以往被动言传说教的局面。

5. 鼓励职工坚持不懈做好安全工作

安全累进奖采用按月考核累进，年终一次性发放奖金的方式，就跟滚雪球般，奖金会越滚越多，所以可以鼓励职工坚持不懈地做好安全工作，达到逐步消除“三违”现象和安全隐患的目的，而且更能调动员工安全生产的积极性，督促其规范自身行为，按章操作，杜绝违章。

6. 有效应对岁末年初事故多发时期

安全工作应该做到“行百里路者半九十”，也就是说，干工作越接近完成时越艰难、越关键，越要认真对待。从事安全管理的工作人员都知道“岁末年初，事故多发”，岁末年初是各类生产事故的高发期，安全工作正处在这个“半九十”的当口。岁末年初天气渐冷、雨雾天气增多，元旦、春节的节日气氛也带来人的不安全因素。岁末年初生产任务重，每个单位在冲刺全年任务的同时都会再三强调安全的重要性，安全之弦必须紧绷，稍有松懈则功亏一篑。安全累进奖制度以阴历年为考核单位正是考验在岁末年初任务繁重、安全责任形式严重的情况下的有效办法。

三、安全累进奖实施步骤

1. 确定奖励基数

企业根据本单位的生产危险性、经济状况、从业人员状况等确定一个奖励基数。奖励基数为员工每年（阴历年）1月的安全累进奖数额。岁末年初是生产安全事故的高发期，故以阴历年为一个考核周期更具有其实用性。

2. 确定每月的递增累加额

以后各月如果当月未出现安全累进奖归零现象，则当月在前一个月安全累进奖总额的基础上按规定累加额递增，直至年末。

3. 确定安全累进奖归零条件

如果出现当月安全累进奖归零现象，则当月安全奖励金额为零，下月在以前的累积额的基础上继续累积。如果出现以前月份所有安全累进奖归零现象，则下月从奖励基数开始重新累进。

四、安全累进奖奖励计算方式示例

企业可以根据企业自身的安全管理状况和财务状况，选用不同的基数和累加额，确定年终的安全累进奖励金额。以下介绍无归零现象和有归零现象情况下的具体计算方法以及具体的归零条件。

1. 无归零现象时的计算规则

表 1 所列是以不同基数、不同累进额为例计算的安全累进奖情况。

表 1　安全累进奖示例　　元

月　份	以 20 元为基数，以 20 元为累进额	以 50 元为基数，以 50 元为累进额	以 100 元为基数，以 50 元为累进额
1	20	50	100
2	40	100	150
3	60	150	200
4	80	200	250
5	100	250	300
6	120	300	350
7	140	350	400
8	160	400	450
9	180	450	500
10	200	500	550
11	220	550	600
12	240	600	650
年终累进奖励金额	1560	3900	4500

从表 1 可以看出，以 20 元为累进基数和累进额，每人可拿到的年终累进奖励金额为 1560 元；以 50 元为基数和累进额，每人可拿到的年终累进奖励金额为 3900 元；以

100 元为基数，以 50 元为累进额，每人可拿到的年终累进奖励金额为 4500 元。

2. 出现归零现象时，安全累进奖的计算规则

如果发现“三违”现象、事故隐患未按要求整改、发生安全生产事故等，根据归零规定对安全累进奖进行归零。安全累进奖归零后，次月以安全累进奖奖励基数为基准重新开始累进。以 50 元为基数、50 元为累计额，在 3 月、6 月、9 月出现归零现象后的累进奖情况见表 2。

表 2　出现归零现象后的累进奖情况（50 元为基数和累进额）　元

月份	无归零现象	3 月出现归零		6 月出现归零		9 月出现归零	
		当月归零	当月以前全部归零	当月归零	当月以前全部归零	当月归零	当月以前全部归零
1	50	50	50	50	50	50	50
2	100	100	100	100	100	100	100
3	150	0	0	150	150	150	150
4	200	150	50	200	200	200	200
5	250	200	100	250	250	250	250
6	300	250	150	0	0	300	300
7	350	300	200	300	50	350	350
8	400	350	250	350	100	400	400
9	450	400	300	400	150	0	0
10	500	450	350	450	200	450	50
11	550	500	400	500	250	500	100
12	600	550	450	550	300	550	150
年终累进奖励金额	3900	3300	2250	3300	1050	3300	300

从表 2 可以看出，尽管均为周期内其中一个月出现全部归零现象，但产生的结果差异很大，因此更能激励员工在年终岁末重视安全生产。

3. 安全累进奖归零条件

在公司安全检查中，发现车间员工存在 3 次以下“三违”现象，该车间全员当月安全累进奖归零；出现 3 次以上“三违”现象，该车间全员当月以前所有安全累进奖归零。

在车间安全检查中，发现班组员工存在 3 次以下“三违”现象，该班组全员当月安全累进奖归零；出现 3 次以上“三违”现象，该班组全员当月以前所有安全累进奖归零。

班组安全日查中，发现员工存在“三违”现象，该员工当月安全累进奖归零；同一员工出现 2 次“三违”现象，该员工当月以前所有安全累进奖归零，出现 3 次“三违”现象，该员工个人全年安全累进奖归零。

特种作业人员无证上岗操作，个人全年安全累进奖归零。

在公司安全检查中，发现车间安全事故隐患未按要求整改的，每有 1 项，该车间全员当月安全累进奖归零；2 项以上未整改的，该车间全员当月以前安全累进奖归零。

车间安全检查中，发现班组安全事故隐患未按要求整改的，每有 1 项，该班组全员当月安全累进奖归零；2 项以上未整改的，该班组全员当月以前安全累进奖归零。

发生轻伤事故的班组全体员工全年安全累进奖归零。发生轻伤事故的车间全体员工当月安全累进奖归零。

发生重伤事故的车间，车间全体员工全年安全累进奖归零。重伤 3 人次以上的公司全体员工全年安全累进奖归零。

出现死亡事故的，公司全体员工全年安全累进奖归零。

出现迟报、漏报、谎报和瞒报生产安全事故的，除相关人员安全累进奖不同程度归零外，同时依据相关规定进行责任追究。

煤矿瓦斯灾害防治若干关键技术

周世宁　陈学习

煤炭是我国的主要能源，在我国一次能源消费结构中的比重在60%以上。然而，在我国开采的煤层中，松软低透气性高瓦斯煤层约占60%，属极难抽放瓦斯煤层。煤层赋存条件复杂多变，瓦斯灾害最为严重，是瓦斯事故最多的国家之一。

瓦斯灾害主要表现为瓦斯爆炸（煤尘瓦斯爆炸）和煤与瓦斯突出。新中国成立以来，我国煤矿发生一次死亡百人以上的特大瓦斯爆炸事故10多起。特别是2004年10月20日至2005年2月14日，短短115天时间里，河南大平、陕西陈家山、辽宁阜新孙家湾连续发生3起死亡百人以上的特大恶性煤矿瓦斯爆炸事故，不仅使国家的生命财产遭受了重大损失，也造成了极坏的国际影响。我国所有煤矿均为瓦斯矿井，其中国有重点煤矿高瓦斯矿井占20.3%，煤与瓦斯突出矿井占18.9%，煤与瓦斯突出次数占全世界突出总次数的1/3以上。今后随着开采深度的进一步增加、开采强度的加大，瓦斯危害会越来越严重，防治难度也更大。

瓦斯事故之所以频频发生，除管理措施不到位、安全监察不力、安全措施不落实等人为因素外，最重要的是有很多本质的东西没有认识，很多瓦斯灾害防治关键技术有待攻克。近几年来，华北科技学院矿井瓦斯防治研究所经过不懈努力，在防治煤矿瓦斯灾害技术方面做了大量的工作，笔者就这些技术的研究进展作一简要介绍。

一、井下主动式煤层瓦斯压力测定技术

主动式煤层瓦斯压力测定方法由20世纪80年代周世宁院士等提出，其基本原理是用固体封液体、用液体封气体，且封孔液体的压力始终高于瓦斯压力。该法通过高压密封液渗入孔壁与固体物间的缝隙和孔壁周围的裂隙中，阻止瓦斯的泄漏，对瓦斯是一种主动进攻式的封孔方法，因而封孔性能较为可靠。近几年来，华北科技学院矿井瓦斯防治研究所对主动式煤层瓦斯压力测定仪进行了改进与完善，在封孔性能、操作工艺和数据采集等技术方面取得了较大进步。

在封孔性能方面，考虑不同测压条件，研制出了系列化的端头固体封孔装置与三

周世宁，中国工程院院士，采矿工程博士，主要从事煤矿瓦斯防治的科研工作，发表论文60余篇。

陈学习，华北科技学院安全工程学院副院长，工学博士，教授。主要从事煤矿瓦斯与粉尘灾害防治等方面的工作，主持或为主参加国家自然科学基金、国家科技攻关计划等多项课题，多次获省部级科技进步奖励，在国内外发表学术论文40多篇，其中被三大检索收录18篇。

相泡沫密封液。端头固体封孔装置包括有机高分子材料胶囊、布袋式软胶囊和钢丝硬胶囊等。有机高分子材料——胶囊以特制软胶囊作为外部包裹材料，其内部充填高分子膨胀材料，能够满足不同瓦斯压力测定要求。布袋式软胶囊端头包裹弹性好、耐撕裂强度高的褶状布袋；布袋式端头装置结构简单、价格便宜，可以适用于一次性测压场所。钢丝硬胶囊抗压抗拉强度高（8 MPa 以下）、密封性能好、附着力强和耐压强度较高，主要应用于高瓦斯煤层测压。三相泡沫密封液由发泡剂 FP、稳泡剂 WP、固相填充物 RX 与 GX、水和惰性气体组成。基于均匀实验设计方法及相关试验获得的封堵钻孔裂隙的三相泡沫最优配比为：发泡剂 FP1.5%，稳泡剂 WP2.0%，固相填充物 RX3.0%，固相填充物 GX3.0%，现场应用表明，试验获得的三相泡沫配比封堵测压钻孔裂隙效果较好，测压过程中稳定时间与泄漏量基本上与理论值一致，所测瓦斯压力值准确可靠。

在操作工艺上，研制了主动式瓦斯压力测定仪自动充气补偿控制压力阀。该压力阀针对固、液、气三相封孔变压特性，可根据瓦斯压力大小，自动调节密封液的压力，使测压过程中密封液的压力始终大于瓦斯压力，避免了人工调节的滞后性和误差性，从而提高了瓦斯测压工作效率，最大限度地保证了测定结果的准确性。

在数据采集方面，开发了瓦斯压力测定数据采集、显示与分析集成系统，实现了井下瓦斯压力参数的自动记录、存储、动态观察和数据再现功能。该系统主要由数字压力传感器、单片机和计算机监测软件组成。传感器将监测到的煤层瓦斯压力信号转换为电信号，经单片机 A/D 转换为数字信号，根据设定的采样时间间隔自动完成瓦斯压力数据的采集与存储，然后通过串行通信接口将数据输入到计算机内，利用软件实现压力数据的显示、查询与分析计算等。

二、井下卸压密闭煤层含量直接测定技术

直接法通过测定和计算采样过程的损失瓦斯量、解吸瓦斯量和残存瓦斯量这三部分之和获得煤层原始瓦斯含量。其中解吸瓦斯量和残存瓦斯量可通过直接测定得到，唯有损失瓦斯量是通过补偿推算得来的。目前，国内外对直接法测定瓦斯含量的研究多是集中在如何进行损失瓦斯量的补偿计算上，提出的补偿计算公式与方法有多种。由于这些方法获得的损失瓦斯量，都是利用孔口所取钻屑较长时间测定获得的瓦斯解吸规律推算而来，而目前直接法取样中瓦斯漏失难以避免，不同时间段、不同煤质与不同介质中瓦斯解吸规律不尽相同，因而推算出来的损失瓦斯量误差较大。为此，提出了取芯筒口密封液保压、真空室卸压和无转移防瓦斯漏失等一体化煤芯取样新技术，研制了相应的双管单动卸压密闭煤芯取样器，最大限度地防止所取煤芯瓦斯的漏失，提高瓦斯含量直接测定的准确性。

在井下煤芯的采集过程中，随着取芯钻头的不断钻进，煤芯不断地进入煤样筒。煤芯进入煤样筒后由于四周是密封的，因此瓦斯难以释放和逸散。然而，当取芯结束

(即煤样筒内装满煤芯）后，在靠近煤体一侧会形成一个裸露断面，该断面通过钻孔与井下大气相连通，因煤芯瓦斯压力远大于井下大气压力，所以煤芯瓦斯会以很快的速度向周围释放，并扩散至井下巷道。研究表明，这种瓦斯解吸和释放速率是不稳定的，初期大，随后逐渐减小。一般而言，从停钻、退钻到取出煤芯筒，在这段时间内煤芯中瓦斯会发生大量漏失，从而影响测量结果的准确度。因此，在煤芯断面形成后，若能快速将其与周围气体介质隔绝，则可抑制煤芯瓦斯的解吸和放散。借鉴石油钻井取芯密封技术，笔者提出了一种新的密封思想，即在煤芯筒后设计一段密封液空腔，取芯前事先在空腔内注满密封液，当取芯结束形成煤芯断面后，借助一定的外力作用将空腔内的密封液挤压流动到断面上，并将整个断面糊住。如果密封液选择恰当，经过一段时间后能形成一厚层致密的薄膜，就好像在断面上加了一个密封盖，从而很好地将煤芯与周围气体介质隔绝，这样在很大程度上阻止了煤芯瓦斯的解吸和漏失。

煤芯中瓦斯压力是影响取样过程中瓦斯漏失量大小的主要因素。基于此，笔者提出了真空卸压防瓦斯漏失技术，即：在煤芯取样筒的后方设计一段真空卸压室，取芯钻头在钻进过程中，随着煤芯逐渐进入煤芯筒，煤芯筒中的活塞会慢慢地被挤向真空卸压室侧，当煤芯筒装满煤芯或煤样后，依靠钻进时煤体产生的反作用力，煤芯筒中的煤样会强烈地挤压活塞，使固定在真空卸压室前端的尖头顶破活塞上的薄膜，从而将煤芯筒与真空卸压室连通。由于真空卸压室呈负压，最小可达－1个大气压，因此煤芯中的高压瓦斯会迅速地向真空室中释放，直到达到平衡为止。通过向真空室释放瓦斯，煤芯煤样所含瓦斯量减少，瓦斯压力降低，当退钻时煤芯从钻孔终端被移出钻孔过程中即使端头未被严密密封，也能在一定程度上减少瓦斯因解吸释放而漏失，从而提高测量的精度。

传统的煤芯采集方法，无论是地勘时期的采样还是井下煤层取样，取芯结束后都需要将煤芯筒里的煤芯或煤样转入特制的煤样罐中，然后盖上密封盖加以密封。然而在煤芯的转移过程中，由于煤芯或煤样中含有一定量的高压瓦斯，一旦暴露于井下空气（约为1个大气压）中，在压差的作用下煤芯中的瓦斯会在瞬间迅速释放，从而导致煤芯所含瓦斯大量漏失。尽管目前通过对瓦斯解吸速度的测定和解吸规律的回归分析，采用补偿计算的方法进行了一定程度的补偿，但毕竟属于一种补偿措施，精度难以保证，不可避免地存在较大的误差。在设计的取芯系统中，提出了一种方法，即以取芯筒本身作为煤样筒，不需另外的专用煤样筒或煤样罐。当取芯结束后退出钻杆，拧下钻头，然后迅速拧上密封盖将煤芯密封，因此减少了将煤芯转入煤样罐这一环节。另外，在靠近真空卸压室一端，煤芯通过向其释放瓦斯，减小了煤芯中的瓦斯压力；而在靠近钻头一端，因煤芯断面被密封液所密封，在很大程度上阻止了瓦斯的逸散，因此从拧下钻头到盖上取芯筒密封盖这段时间内瓦斯基本上不会发生漏失。

三、瓦斯含量法预测突出危险性新技术

煤与瓦斯突出预测可分为区域性预测和工作面预测。前者主要有指标预测法（包括单项指标法和综合指标法）、瓦斯地质单元法和物探法；后者依其与煤体的关联程度分为非接触式预测与接触式预测。非接触预测方法目前尚处于研究阶段，技术上还不够成熟；接触式预测有钻屑指标法、钻孔瓦斯涌出初速度法和 R 值指标法等。这些预测指标或方法在我国绝大矿井得到广泛应用，对防治煤与瓦斯突出起到了重要作用。但是，也存在一定的局限性，主要体现在两个方面：一是预测深度浅，需要频繁预测，采掘循环进尺较短，严重影响采掘进度，不适应当前机械化高强度连续采掘的需要；二是不同煤层对各预测指标的敏感性不一样，其突出临界值也不全相同。若临界值确定得偏安全，则增加防突工程量，经济上不合理；若临界值确定得偏经济，安全可靠性就降低。

根据煤与瓦斯突出的综合作用假说，煤层瓦斯含量是瓦斯突出的直接控制因素，只有达到一定的瓦斯含量，煤层才具有突出的可能性。近年来，煤层瓦斯含量作为突出危险性预测指标越来越得到国内外的关注。澳大利亚已将该指标应用到防突预测工作中，我国四川南桐、河南焦作等矿区也先后进行过煤层瓦斯含量法突出危险性预测。

在卸压密闭煤层瓦斯含量测定技术的基础上，开发了瓦斯含量法预测突出危险性新技术。该技术通过快速测定突出煤层的瓦斯含量及其突出敏感性，确定相应的临界值，从而判断测定区域煤层有无突出危险性。与传统预测方法相比，煤层瓦斯含量法具有预测深度大（最大可达 50 m 以上）、实测方便、工程量小等特点。

四、瓦斯抽采封孔材料及装置

目前提高瓦斯抽采率的技术途径主要有两方面：一方面是人为预先松动煤体，提高煤层透气性，主要有水力压裂、水力割缝等水力化措施，预裂爆破，保护层开采卸压抽采；另一方面是合理布置钻孔及选择合适抽采参数，其中封孔质量的好坏至关重要。水泥封孔凝固时会出现水平面现象，封孔的有效距离较短，同时水泥封孔在下向抽采钻孔时较困难。常用的聚氨酯封孔，封孔长度较短，难以超过裂隙带，并且聚氨酯发泡时间短（2 min），没有操作简单的封孔设备。

聚氨酯耐压强度有限，易受钻孔变形挤压产生裂隙；而水泥强度较高，能够承受钻孔变形压力，封孔可靠，为此提出聚氨酯一水泥段混合封孔（即两端用聚氨酯封孔，中间填充水泥段），这样既发挥聚氨酯用量少、固化快的优点，又保留水泥砂浆能够严密封闭钻孔孔壁裂隙的特点。

现有抽放密封材料存在如下问题：聚氨酯类有机封孔材料膨胀倍数高，但反应迅速，不易操作，实际施工中容易溅到工人身上，有害健康且成本较高；无机类封孔材

料膨胀水泥和高水材料对人体无害，但两者也各有缺陷，高水材料的强度随时间逐渐增大有利于与煤壁结为一体，但注入钻孔后体积不会膨胀，不利于封堵钻孔过程中形成的微裂隙；膨胀水泥体积可以膨胀，但其反应速度快，操作者往往来不及注浆其体积已经膨胀，也失去封堵微裂隙的功效。为此进行了新型封孔材料的研发，包括有机材料与无机材料两个方面。新的有机膨胀材料但其反应产物的强度等性质应该是可控制调解，且与人体接触无害。无机材料，结合膨胀水泥和高水材料各自的优点，克服各自得缺点，使新材料在膨胀倍数不减小的情况下，膨胀速度放缓，在体积膨胀的同时，浆体强度不断增加至柔软固体程度，使得材料与煤体紧密黏合在一起。

在抽放封孔装置上，开发了膨胀式抽放封孔器，该封孔器采用固液耦合封孔，能够较大地抽高封孔效率。

五、软煤围岩水力破裂增透消突新技术

由于我国大多数煤层透气性差，加之采掘交替紧张，所以增加煤层的透气性，提高预抽率和减少预抽期一直是亟待解决的难题。目前，国内低透高突煤层区域增加煤层透气性、提高抽采率的技术主要包括本煤层密集交叉钻孔、深孔预裂爆破、水力割缝、保护层开采等。本煤层密集交叉钻孔工程量大，要求预抽期长，并且在低透煤层的衰减期很短，抽采达标难度大；深孔预裂爆破的长钻孔装药工艺及爆破安全问题没有得到很好解决，有效作用半径有限；水力割缝形成的松动卸压影响范围可达 4 m 以上，瓦斯涌出量可增加 3 倍左右，具有一定的效果但区域消突增透范围有限。保护层开采是各国采用的增加煤层透气性、消除突出的主要区域性措施，该技术可使煤层透气性增加千倍以上，消突效果也较明显，但技术的实施要求有合适的保护层。

水力压裂作为油、气田开发中行之有效的增产措施，近几年在美国广泛应用于煤层气开采。我国白沙红卫煤矿、阳泉一矿、抚顺北龙凤井、焦作中马村矿和沈阳等矿先后开展了地面和井下钻孔煤层水力压裂抽瓦斯实验，取得了一定的效果。但该项技术在“三软”煤层应用时需进一步研究，原因是煤田地质条件特殊，滑动构造发育，全层构造煤的煤质松软易碎，呈粉末状，煤层内生裂隙系统受强烈构造影响不发育，水力压裂作用于这类煤层时，往往既不能对原有的裂隙或割理作进一步的扩展，也不能产生新的破裂或裂隙，而主要是在煤层中发生塑性形变，无法达到应有的压裂效果。另外，软煤遇水膨胀，煤层致密、透气性差、瓦斯含量高且构造复杂，这给水力压裂也带来了一定的困难。

软煤渗透率低、可压裂性差，要将煤层作为抽采瓦斯的排气通道，采用水力压裂改变其透气性，效果将不会很理想。为此，提出水力破裂软煤围岩增透消突新技术。该技术与水力压裂的区别在于：不直接对煤层进行压裂，而是通过对煤层围岩进行透气性改造处理后，使瓦斯在煤层与围岩接触面处泄放，气体流入围岩后再顺围岩钻孔而被抽取。水力破裂软煤围岩增透消突新技术的优势在于：①低透气性的煤层，其围

岩的透气性也差，一般而言，围岩的脆性或“可压裂性”远远高于煤层，通过对煤层围岩进行压裂提高其透气性，其效果要比直接作用于软煤好得多；②由于煤层与其围岩是平行接触的，在围岩被充分压裂的情况下，围岩钻孔产生的压降可以传递到与它接触的煤层表面，使瓦斯在接触面处释放，它将具有很大的释放面积；③长时间抽气时，除在钻孔附近，煤层中瓦斯移动到围岩接触面的距离远小于它到钻孔的距离，它的排放阻力比直接顺煤层到达钻孔时小得多，因而钻孔瓦斯抽放流量衰减期较长。

此外，水力破裂法可在压裂钻孔周围围岩层布置控制钻孔，使压裂钻孔与控制钻孔压通破裂，起到卸压增透作用；可采用多孔酸化技术冲洗溶蚀围岩中的部分成分，加大围岩的孔隙；可通过对应钻孔交替增减压力，使煤层由于应力状态改变产生裂缝和裂隙，增加煤层中瓦斯的泄放。

六、结束语

作者介绍的几项关键技术中，井下主动式煤层瓦斯压力测定技术及相应装置已广泛应用于淮南、淮北、阳泉、晋城、贵州、开滦、峰峰、铜川等矿区；卸压密闭煤芯取样与瓦斯含量法预测突出危险新技术在淮南、淮北进行应用试验；瓦斯抽采封孔材料与水力破裂增透消突技术仅在部分矿区进行过试验，要实现大面积推广应用还需要一个过程。煤矿瓦斯灾害防治是一项长期而艰巨的任务，瓦斯灾害防治关键技术还有待进一步的发展和完善。

矿山顶板安全技术进展

姜福兴

一、煤矿顶板事故现状

（一）煤矿顶板事故概况

2012年，全国煤矿发生顶板事故366起，死亡459人，虽然同比分别下降35.41%和31.1%，但事故起数和死亡人数仍占事故总量的47.01%和33.21%，在各类事故中居第一位，“总量下降、比重仍高”的局面没有根本改变。这种状况表明，防治水害和防治瓦斯灾害等已经取得重要进展，而顶板事故控制仍然任重道远。

与其他主要产煤国家相比，我国煤矿顶板安全程度还有很大的差距，依然严重影响我国煤炭行业和国家的形象。

（二）煤矿顶板事故分析

根据统计分析，造成煤矿顶板事故和死亡人数居高不下的原因，主要有以下几个方面。

1. 小煤矿顶板支护装备和技术落后

我国小煤矿发生的顶板事故占总事故的60%以上，目前很多煤矿由于所有制的改变，在支护改革上投入的资金严重不足，落后的支护装备和技术导致事故频繁发生。因此通过资源整合、“关停并转”等途径，可以大幅度降低顶板事故。

2. 采掘工作面顶板管理不规范

根据统计，发生顶板群死群伤主要地点是采煤工作面和掘进头，约占煤矿顶板死亡总人数的56.5%，主要原因是单体支柱工作面顶板大面积冒落和掘进工作面冒顶。很多煤矿没有进行采煤工作面支护设计和顶板动态的监测，也没有配备专门的矿压监测与控制的队伍。

近年来，随着采深的增加，顶板事故中冲击地压事故的比例逐年上升。由于冲击地压事故具有突然性和不可预测性，因此这类事故的防治任务十分艰巨。

3. 煤矿顶板事故控制的理论、技术和装备不能满足煤矿发展的需要

近年来，我国煤炭开采技术突飞猛进，出现了很多新的开采工艺和开采方法，另外，开采条件也发生了变化，而相应的顶板事故控制理论、技术和装备的研究没有跟上，导致发生新的开采环境下的顶板事故。

姜福兴，北京科技大学博士生导师，中国劳动保护科技学会顶板防治专业委员会副主任，长期从事煤矿矿山压力与岩层控制研究，发表论文100余篇。

例如，千米深井冲击地压和矿震诱发的顶板事故、一次采全高 6 m 以上的高冒事故、放顶煤工作面掘进头高冒事故、浅埋工作面切顶事故、超近距离煤层群开采的漏顶事故、不规则煤层开采的抽冒事故、大倾角煤层的“先抽底、后冒顶”事故等。

二、顶板控制理论与技术新进展

（一）顶板控制理论新进展

采场支护经过近 30 年的研究和改革后，顶板事故控制取得了长足的进展，20 世纪和 21 世纪初顶板运动与矿山压力理论重点是以采场支护为最终目标的，随着采深的增加，冲击地压、煤与瓦斯突出、矿震、顶板异常压力等灾害越来越严重，这些灾害至今没有得到很好的认识和控制。对多起重大事故的调研结果表明：与事故相关的岩层运动与应力场的范围，在厚度方向上已经超出了一般概念下基本顶（6～8 倍采高）的范围；在层面方向上也超出了本工作面上下两巷附近的范围，即顶板事故逐步由岩层运动型向采动应力型转化，相应的矿山压力理论也逐步由以岩层运动型向采动应力型转化。

1. 以工作面顶板控制为主要目标的矿压理论新进展

前苏联工程师 Φ·许普鲁特提出的压力拱假说认为，采场在一个“前脚在煤壁、后脚在采空区”的拱结构的保护之下。拱假说对一些矿压现象进行了合理的解释。

之后，苏联学者 T·H·库茨涅佐夫提出的铰接岩块学说，认为需控的顶板由垮落带和其上的铰接岩梁组成，铰接岩块在水平推力的作用下构成一个平衡结构。该假说是定量研究采场控制设计的重要理论基础。

钱鸣高院士在铰接岩块学说和预成裂隙梁假说的基础上，提出了上覆岩层开采后呈砌体梁式平衡的结构力学模型。该理论认为采场上覆岩层的岩体结构主要是由多个坚硬岩层组成，每个分组中的软岩可视为坚硬岩层上的载荷，此结构具有滑落和回转变形两种失稳形式。该研究的意义主要在于：上覆岩层结构形态与平衡条件的提出，为论证采场矿山压力控制参数奠定了基础。缪协兴、钱鸣高给出了关于砌体梁全结构模型，并对全结构进行了力学分析，得出了砌体梁的形态和受力的理论解以及砌体梁排列的拟合曲线。

宋振骐院士在大量现场观测的基础上，建立并逐步完善了以岩层运动为中心的矿压理论，矿压界称之为传递岩梁理论。这一理论揭示了岩层运动与采动支承压力的关系，并明确提出了内外应力场的观点，以此为基础，提出了系统的采场来压预报和控制设计的理论。

在砌体梁和传递岩梁理论的基础上，通过大量现场观测、实验室研究和理论研究，基于“岩层质量的量变引起基本顶结构形式质变”的观点，姜福兴提出了基本顶存在类拱、拱梁和梁式三种基本结构，并提出了定量诊断基本顶结构形式的“岩层质量指数法”。在此基础上，采用专家系统原理，实现了计算机自动分析柱状图，得出

基本顶结构的形式和直接顶的运动参数，进而实现顶板控制的定量设计。这一成果已在数百个煤矿应用。

基于坚硬顶板断裂预报和顶板支护设计的需要，贾喜荣首先将基本顶岩层视为四周为多种支撑条件下的“薄板”并研究了薄板的破断规律、基本顶在煤体上方的断裂位置以及断裂前后在煤与岩体内所引起的应力变化。朱德仁、蒋金泉等提出了岩层断裂前后的弹性基础板模型，从理论上证明了“反弹”机理，并提出了各种不同支撑条件下的 Winkler 弹性基础上的 Kichhoff 板力学模型，利用基本顶岩层形成砌体梁结构前的连续介质力学模型分析了顶板断裂的机理和模式。

随着西部浅埋深煤层的开发，浅埋深煤层的矿压理论得到了快速发展，石平五、黄庆享等建立了浅埋煤层采场基本顶周期来压的短砌体梁和台阶岩梁结构模型，分析了顶板结构的稳定性，揭示了工作面来压和顶板台阶下沉的机理是顶板结构的滑落失稳，给出了维持顶板稳定的支护力计算公式。钟新谷借助突变理论分析了煤矿长壁工作面顶板变形失稳的初始条件，推导了变形失稳的分叉集，指出了顶板不发生大面积来压的条件。

放顶煤开采是近 20 年来发展很快的开采技术，相关的矿压理论也取得了长足进展。放顶煤采场顶板结构、支架设计、矿压规律等逐步得到较统一的认识。砌体梁理论建立了采场矿山压力整体力学模型，解释了放顶煤采场的支架受力问题。姜福兴认为放顶煤采场的顶板属于类拱结构，由于顶煤的存在，基本顶的运动效应将被“弱化”，变为次要的控制对象。在放顶煤采场，顶煤从垮落到放完是一个动态过程，在此过程中直接顶的厚度是变化的，因而基本顶的厚度和位态也是变化的，其变化主要由顶煤的放出率控制，并推导了相关的公式。石平五、邓广哲提出了放顶煤采场上覆岩层的拱壳结构力学模型，对放顶煤采场上覆岩层形成拱结构从宏观上作了探索。闫少宏、贾光胜基于放顶煤开采上覆岩块运动特点引入有限变形力学理论，提出了上位岩层结构面稳定性的定量判别式和放顶煤开采上覆岩层平衡结构向高位转移的原因。张顶立提出“砌体梁”与“半拱”式结构结合而构成的综放工作面覆岩结构的基本形式。吴健、王家臣、陆明心、郝海金认为综放工作面上覆岩层存在比分层开采层位更高的平衡结构，以大变形梁的形式存在。

放顶煤采场矿压理论对放顶煤技术的发展起到了重要的作用，目前仍然处于研究中的是一次采放 15 m 以上的特厚煤层的矿压规律和不规则厚煤层放顶煤的矿山压力规律。

近年来，一次采厚 5 m 以上的大采高综采技术已经进入推广应用阶段，而相应的大采高工作面矿压理论还需要加强研究。

以上介绍的矿压理论新进展，主要是以顶板支护为目的的。

2. 以采动应力灾害控制为主要目标的矿压理论新进展

冲击地压、煤与瓦斯突出、矿震、顶板异常压力等灾害主要是由采动应力引起的，近年来关于覆岩空间结构与应力场研究的理论观点主要有钱鸣高院士领导的课题组提出的关键层理论、姜福兴提出的“覆岩空间结构”理论、谢广祥提出的应力壳理论等。这些理论研究的重点是工作面基本顶以上、地表以下的岩层运动和由此引起的应力分布。

钱鸣高、缪协兴、茅献彪等将对上覆岩层活动全部或局部起控制作用的岩层称为关键层。关键层判断的主要依据是其变形和破断特征，即在关键层破断时，其上覆全部岩层或局部岩层的下沉变形是相互协调一致的，前者称为岩层活动的主关键层，后者称为亚关键层。关键层理论及其有关采动裂隙分布规律的研究成果为顶板控制、瓦斯抽放、矿井水防治等提供了理论依据。

姜福兴通过大量的三维微地震监测，探索了采动覆岩空间结构与应力场的动态关系，提出了采场覆岩空间结构的概念，解释了平面模型难以解释的综放面异常压力、采空区“见方”易发生底板突水、顶板溃水、冲击地压、矿震等灾害的机理。其科学意义在于将采场矿压与岩层运动的研究范围扩大到了基本顶以上的三维空间，从覆岩空间结构的角度研究了结构运动与采动支承压力的关系，将采场矿压的研究从平面阶段推进到了空间阶段。

谢广祥通过现场实测和数值模拟，提出了工作面周围的三维“应力壳”模型。揭示了岩层运动引起的应力场变化规律，以及由此引起的顶板事故机理。

采动应力引起事故的机理和灾害控制是今后矿山压力理论和技术研究的重点。

（二）顶板控制技术新进展

1. 工作面顶板控制新技术

近年来工作面顶板控制新技术的主要发展方向是综采多样化、单体液压化和保障信息化。

工作面降低顶板事故的主要途径是采用支撑能力强的支架，顶板死亡事故随综采支架和液压支柱推广快速下降的事实充分证明了这一点。

1）综采多样化

随着综采技术的发展，综采放顶煤支架基本解决了厚煤层的顶板控制问题，目前我国已经形成了几十个型号的综采放顶煤支架。

到2008年，我国已经能够生产6.2 m及以上的大采高支架，基本解决了大采高工作面的顶板控制问题。

在薄煤层工作面，已经生产出了最小采高0.6 m的液压支架，基本解决了薄煤层炮采工作面的顶板安全问题。

在大倾角工作面，大量推广了适合30°～40°倾角的综采支架，基本解决了大倾角工作面的顶板安全问题。

总之，我国具备了生产多种型号、多种类型支架研发和生产能力，综采支架多样化是降低顶板事故的重要途径。

2）单体液压化

我国数量众多的小煤矿大部分使用金属支柱或不规范的其他支护，安全性很差，

通过推广液压支柱，小煤矿的顶板事故明显好转。

近年来推广的急倾斜煤层液压支柱（支架）取代柔性掩护支架的研究取得很大进展，使容易出事故的急倾斜煤层安全状况明显好转。

3）保障信息化

顶板安全保障信息化主要是指顶板动态与支护质量监测和顶板控制设计的计算机辅助设计系统。

我国煤矿质量标准化建设中要求采煤工作面进行科学的顶板控制设计和开展顶板动态与支护质量的监测。经过十多年的推进，已经形成了多套顶板控制设计计算机系统和顶板动态与支护质量监测系统，经过软件和产品的市场化运作，已经形成了较大规模的顶板安全保障信息化的产业，对顶板安全起到了积极的作用，随着信息技术的快速发展，顶板安全保障信息化技术正逐步融入矿井安全监控系统，成为矿井安全信息化保障的一部分。

4）工作面动力灾害控制技术新进展

工作面冲击地压、岩爆、矿震等动力灾害是顶板控制领域的难题，且呈现越来越严重的趋势，预计将成为今后我国顶板的主要灾害，因此动力灾害控制是顶板安全研究领域的重点课题，2007 年科技部批准设立“十一五”国家科技支撑计划、2009 年科技部批准设立国家重大基础研究项目（973）进行研究。

近年来，我国华东、华北、东北主要产煤地区数十个大型矿井深度接近或超过 1000 m，深部煤矿冲击地压、岩爆、矿震等动力灾害是安全高效开采面临的重大问题，由于冲击地压、岩爆、矿震等动力灾害具有突发性、多因素耦合性和灾难性的特点，因此，国际学术界普遍认为，矿井动力灾害控制问题是 21 世纪采矿、地质、力学和地球物理界面临的共同难题。开展深部煤矿动力灾害发生机理、危险性评价理论与技术、监测预警理论与技术、控制理论与技术的研究，对于发展深井矿山压力与岩层控制理论、建立深井动力灾害防控体系，实现加快深部煤炭资源开发步伐，保障未来煤炭资源安全、高效开采具有重要的科学意义。

根据我国深部煤矿开发中存在的问题与现状，动力灾害治理需要研究的关键科学问题有：①深井动力灾害发生的机理；②诱发深井动力灾害的关键参数辨识与多因素耦合模型；③深井覆岩空间结构理论与动力灾害的关系；④深井动力灾害的地球物理响应；⑤深井动力灾害控制理论与技术。

近年来，已经取得明显进展的冲击地压治理技术有冲击地压危险性多因素耦合评价技术、微地震监测预警技术与装备、冲击地压实时在线监测预警技术与装备、危险区检验与卸压技术及装备等。

2. 巷道顶板控制新技术

近年来，巷道顶板控制新技术发展的主要领域，是锚杆支护、围岩加固和支护的机械化。

1）锚杆支护技术新进展

无论是煤层巷道还是岩石巷道，锚杆支护是推广量最大、适应面最广、技术进步最快的支护技术，针对不同的围岩条件，创新了越来越多的支护方式，研发了种类数以百计的锚固类材料。为了适应不同围岩条件，锚杆支护逐渐延伸为锚网支护、锚网梁支护、锚注支护、锚喷支护、锚索支护等。根据锚喷支护施工工序的不同，又分为喷锚喷支护、喷锚网喷支护、锚网喷支护等。

近年来，进展较大的锚杆支护技术主要集中在大厚度煤层巷道锚杆支护和软岩巷道的锚杆支护。

深井锚杆支护推广较好的矿区有山东新汶、江苏徐州、河北开滦等，很多矿井采深超过了 1000 m。大厚度煤层巷道锚杆支护推广较好的矿区有山东兖州，山西潞安、大同，安徽淮南、淮北，江苏徐州等。这些矿区在推广锚杆支护过程中，结合自身的条件，开展了很多创造性的工作，形成了适合自身条件的锚杆支护体系。

近年来软岩巷道锚杆支护得到快速发展，出现了多种让压锚固技术和锚注技术。已经有生产厂家研制了专用多角度底板钻机用于锚固底板。但需要说明的是，由于软岩支护与软岩性质和变形机理有关，至今还没有一种通用的软岩支护技术。

2）围岩加固新技术

在围岩破碎的条件下，围岩注浆加固是有效支护的前提。除了传统的水泥注浆外，近年来，化学注浆技术在我国得到了快速发展。特别是欧洲原主要产煤国家德国、波兰、法国、英国等由于矿井逐渐关闭，相关矿业化学材料公司逐渐将技术转移到中国，纷纷在中国建厂生产和销售矿业化学材料，已经初步形成规模，推进了支护技术的发展。

水泥注浆材料渗透性和可灌性相对较差；遇水凝固效果差；凝固速度慢；注浆体为刚性材料，抵抗变形的能力差；价格低，适合大体积注浆；材料来源广泛。

化学材料分为遇水反应和不反应两类，可以在有水和无水条件下使用；渗透性和可灌性好，可以注入小于 0.25 mm 的裂隙；注浆体具有弹性变形能力，可以适应围岩运动；注浆体强度高，且强度可调；加固速度快，一般能够在几分钟内凝固，达到设计强度，特别适合抢险救灾；注浆工艺简单，施工方便；材料价格较高。

3）支护机械化发展方向

掘进工作面容易发生事故的地点是掘进迎头，因此临时支护的机械化和锚杆支护的机械化是近年来攻关的主要方向。澳大利亚等国家已经开始推广掘锚一体化机组，我国部分矿区也引进了该项技术，掘锚一体化机组的应用对大幅度降低掘进工作面事故具有重要意义。

巷道临时支护段是事故高发区，很多矿区在探索临时支护的机械化。目前已经形成了多种机械化、半机械化的设备，对降低顶板事故起到了积极的作用，由于掘进工作面数量多、条件复杂目前的机械化水平还远不够，但这是降低工作面事故的重要方向。

4）冲击型巷道支护技术新进展

在巷道死亡事故中，冲击地压造成的事故占很大一部分，因此，多个矿区和科研单位开始探索冲击型巷道支护技术。

目前取得的进展主要体现在让压性强力支护、防护性支护和巷道卸压三个方面：

让压性强力支护主要借用国外用于软岩支护的强力锚杆、锚索，配合让压机构（让压管和鸟笼锚索等），使支护体具有让压和提供强支护力的特性，以适应冲击性压力。这种方案在某些矿井有效，在冲击能量大的矿井，效果不明显。

为了防止锚杆支护体系在冲击力作用下失效后伤人，很多矿井采用锚杆支护配合U形金属支架作为防护性支护，取得了良好效果。冲击事故发生后，U形支架能够维护一个小的断面空间，很多遇险人员得以从该空间逃生。

与支护相结合，开采之前进行围岩卸压，是防止发生灾害性冲击地压的有效途径。即卸压与支护相结合，实现冲击性围岩灾害的控制。这方面的研究与实践处于探索与试验阶段。

（三）顶板灾害监测装备新进展

1. 采煤工作面与巷道矿山压力监测装备发展趋势

顶板灾害监测装备大致可以分为采煤工作面和巷道顶板监测两大类。

采煤工作面的监测装备主要是综采支架载荷在线监测系统，目前我国有数十家科研单位和企业生产类似产品，产品的型号也有数十种。在单体支柱工作面，使用较多的是支柱阻力测试仪，这是传统技术和产品，目前我国有数十家科研单位和企业生产类似产品，产品的型号达数十种。

巷道顶板监测主要是锚杆、锚索测力仪和离层仪，有单体的和联成系统组网的两种类型。近年来的发展趋势是将工作面监测和巷道监测传感器组网，组成煤矿矿压监测系统。目前，成熟的组网产品有十多个型号。

随着煤矿信息化的逐步推进，已经有很多煤矿将矿压监测系统并入煤矿安全监测系统，统一进入安全调度系统管理。

2. 动力灾害监测预警新进展

近年来，动力灾害的监测预警是矿压研究最活跃的领域之一，由于动力灾害具有毁灭性和突然性，因此其监测预警越来越受到重视。

国内外动力灾害的区域性监测预警主要采用微地震和声发射技术，国外微地震监测技术用于监测冲击地压和矿震主要有波兰、德国、加拿大、澳大利亚、南非、美国、俄罗斯等国家，在煤矿监测方面，综合技术和应用程度最好的首推波兰，其中波兰、南非、俄罗斯和德国属于一个体系，澳大利亚、加拿大、美国、法国和中国是一个体系。在一个体系中，微地震和声发射监测技术性能、指标也有很大的差别。

美国矿业局在20世纪40年代提出应用微震法来监测采动引起的岩层破裂，近年来美国一些公司的研究机构和大学联合研究开发的微地震监测技术，在地热水压致裂、水利大坝、石油、采矿核废料处理等工程中进行了一些重大工程应用实验，并获得了成功。澳大利亚联邦科学与工业研究院（CSIRO）从1992年开始，对采矿引起的微地震现象进行了研究，主要针对长壁采煤工作面附近岩层的破坏及冒落。加拿大的工程地震组织（ESG）的主要研究方向是地下坚硬围岩开挖引发的隧道损伤和岩爆，ESG 公司主要在金属矿山进行监测。波兰开展微地震监测较早，波兰的 ARAMIS 和 SOS 监测系统对监测区域震动有效，对高精度定位则精度不够。南非 ISSI 公司的技术源于波兰，监测系统性能差不多。

德国 DMT 公司生产的 SUMO EX - SUMMIT 微地震监测系统性能指标与波兰的 ARAMIS 几乎相同。

北京科技大学、中国矿业大学、煤炭科学研究总院、山东科技大学和辽宁工程技术大学等单位已经逐步开展煤矿微地震监测研究，近年来在国内安装了 10 多套微地震监测系统，对推动动力灾害的区域性监测预警起到了促进作用。

在非煤矿山，北京矿冶研究总院、中南大学、东北大学、长沙矿冶研究院等做过微震监测矿震的试验研究，采用的是南非和加拿大的设备。目前还没有进入大规模的实用阶段。

总之，微地震技术在国外进行得较早，相对也比较成熟，并在不同领域取得了一系列开创性成果，但是，微地震监测技术主要揭示的是引发冲击地压的机理，而且是较大范围内的震动情况，还不能满足临场预报的需要。

在深井动力灾害的临场监测预警方面，钻屑法比较实用可靠。由于钻屑法包含了采动应力、煤体性质、突出环境等综合指标，比较实用和可靠，到 2008 年，钻屑法仍然是德国、波兰、俄罗斯等国主要的临场监测预警方法，电磁辐射监测法、应力监测法、顶板动态法等只作为辅助的方法。

钻屑法的突出优点是其实用性和方法的可靠性，其突出缺点是实施过程中操作人员的危险性、因人而异的操作误差和不能连续监测，从而导致有用信息遗漏而出现漏报。

近年来，北京科技大学根据多个大型矿区的要求，研制了实时连续监测和报警的冲击地压监测预报系统，它不仅可以克服钻屑法的危险性和操作误差，而且可以实现连续监测和实时报警。目前该系统已经投入使用，取得良好的效果。由上述分析可知，深井动力灾害的监测预警理论、技术和手段正处于探索和实践阶段。

三、煤矿顶板重大灾害控制案例

我国顶板控制领域最困难的是冲击地压的治理，冲击地压事故往往群死群伤。下面以山东能源新汶矿业集团有限责任公司华丰煤矿为例，介绍冲击地压治理的进展情况。

山东新汶矿业集团公司华丰煤矿是我国冲击地压灾害最严重的矿井之一，自 1992 年首次发生冲击地压以来，已经伤亡了数十人，破坏巷道数千米，如果不能有效治理冲击地压灾害，则矿井不得不关闭，职工和家属上万人将失去生活来源，深部近亿吨优质煤炭资源将不能采出，因此，冲击地压治理是煤矿的头等大事。

经过与北京科技大学、煤炭科学研究总院等科研单位的合作，较好地控制了冲击地压灾害，自 2006 年以来，实现了安全生产。

总体思路是：①按照冲击地压预测预警要求，开发与应用微震监测系统数据处理软件；②基于覆岩空间结构理论，研究推进过程中预测冲击地压的技术；③采用力学方法研究覆岩空间结构运动与支承压力的关系；④研究基于覆岩空间结构理论和微震监测结果的 1410 工作面冲击地压机理；⑤冲击地压监测预警技术的探索与实践；⑥基于微震监测的 3407 工作面冲击地压危险性评价方法；⑦基于微震监测、模拟试验和力学分析的解放层有效性研究；⑧冲击地压的治理技术研究。

其主要结论如下：

（1）微震监测系统数据处理软件的开发与应用。在已经建立的微地震监测系统基础上，按照监测预警和矿山压力理论，开发了微震监测系统数据处理软件和工程应用软件，为摸清冲击地压机理提供了手段（图 1）。

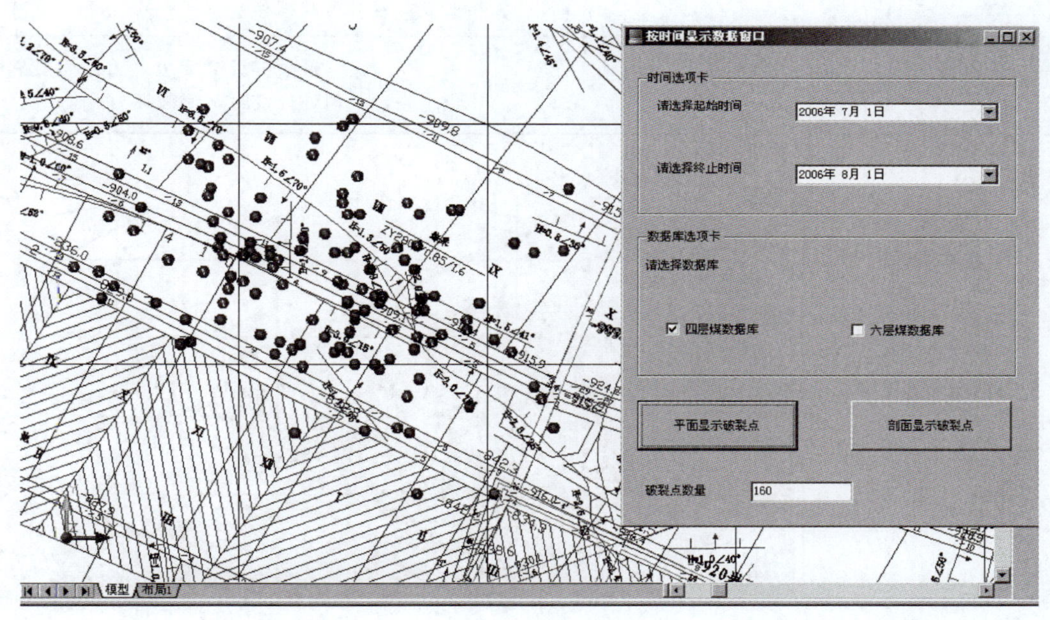

图 1　2006 年 7 月 1410 工作面发生的微地震事件平面分布图

（2）基于覆岩空间结构理论的冲击地压预测技术。进入深部开采后，决定工作面周围矿山压力显现程度的岩层运动范围已经超出了直接顶和基本顶的范围，基本顶上方岩层状况与相邻工作面的采动情况决定了关键岩层的运动，从而决定了矿山压力的显现程度。即覆岩以空间结构的形式影响采场矿山压力的显现，因此，基于覆岩空间结构的观点，对冲击地压发生的位置进行了宏观预测。

基于覆岩空间结构理论的 1410 工作面冲击地压预测与实际发生对比表，见表 1。

根据覆岩空间结构理论预测的 1410 工作面冲击地压发生的位置图（图 2）可知，每一次见方的破裂高度不同，作用的范围、强度也不同。

表 1　基于覆岩空间结构理论的 1410 工作面冲击地压预测与实际发生对比表

岩层运动阶段	预计发生冲击地压的推进步距/m	实际发生冲击地压步距/m	破坏程度描述
基本顶来压	60	58	动压明显，无破坏
单工作面见方	128	130.7	震级 2 级，破坏巷道 170 m，没有预处理
双工作面见方	268	280	震级 1.8 级，动压明显，预处理及时，无破坏
三个工作面见方	432	402.7	2 次震级 1.9 级，工作面震感强烈，预处理及时，无破坏
两个工作面第二次见方	536	560	最大震级 2.2 级，工作面震感强烈，预处理及时，无破坏

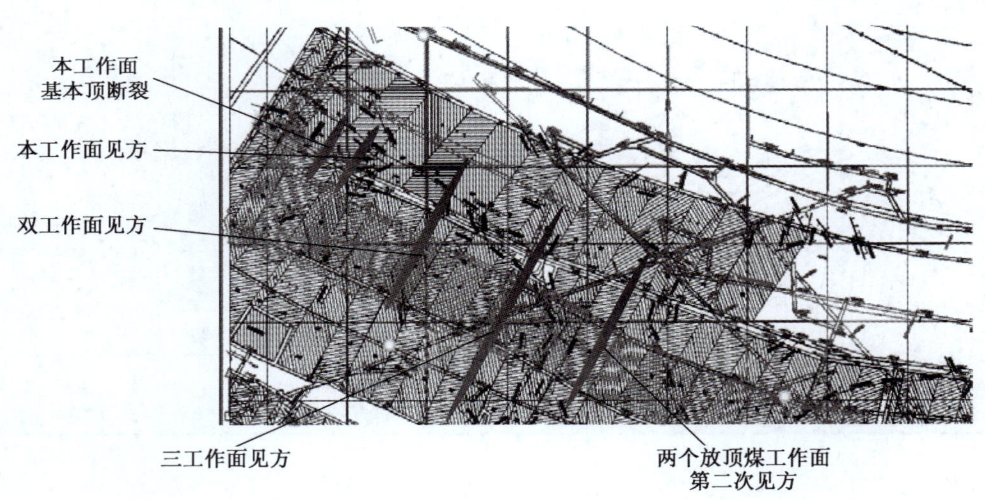

图 2　根据覆岩空间结构理论预测的 1410 工作面冲击地压发生位置图

（3）力学研究揭示覆岩空间结构运动与支承压力的关系。采用弹性力学方法研究了充分采动阶段覆岩多层空间结构动态支承压力的分布状况与冲击地压的关系，为研究确定卸压参数提供了基础。

（4）微震监测揭示的 1410 工作面冲击地压机理。1410 工作面推进过程中，遇到了基本顶断裂、单工作面见方、多工作面见方、区段煤柱影响区、不规则煤柱影响区、断层影响区等容易诱发冲击地压的条件，采用微地震监测的工程应用软件，展示了工作面推进过程中微震监测的结果，揭示了岩层运动、危险区预警、提前解危、解危效果检验等与微震监测的关系，得到了1410工作面冲击地压的机理，为治理冲击地压提供依据。

(5) 冲击地压监测预警技术的探索与实践。定量化的冲击地压预测预报是十分困难的课题，但是可以通过岩层运动理论和监测结果的结合，对危险区域做出预计，并对危险区发生冲击地压的可能性做出比较准确的预报，从而实现冲击地压的监测预警。

冲击地压监测预警方法如图3所示。冲击地压预测预报采用以下技术方案：

第一步：根据采动应力计算、MS监测、采动及地质条件分析，圈定冲击地压“靶区”，划分危险等级。

第二步：应力动态预报。根据MS监测、岩层运动、采动及卸压情况，计算某一时间段内应力场的变化趋势。

第三步：诱发因素评价、变化趋势评价及进行冲击地压可能性预报。

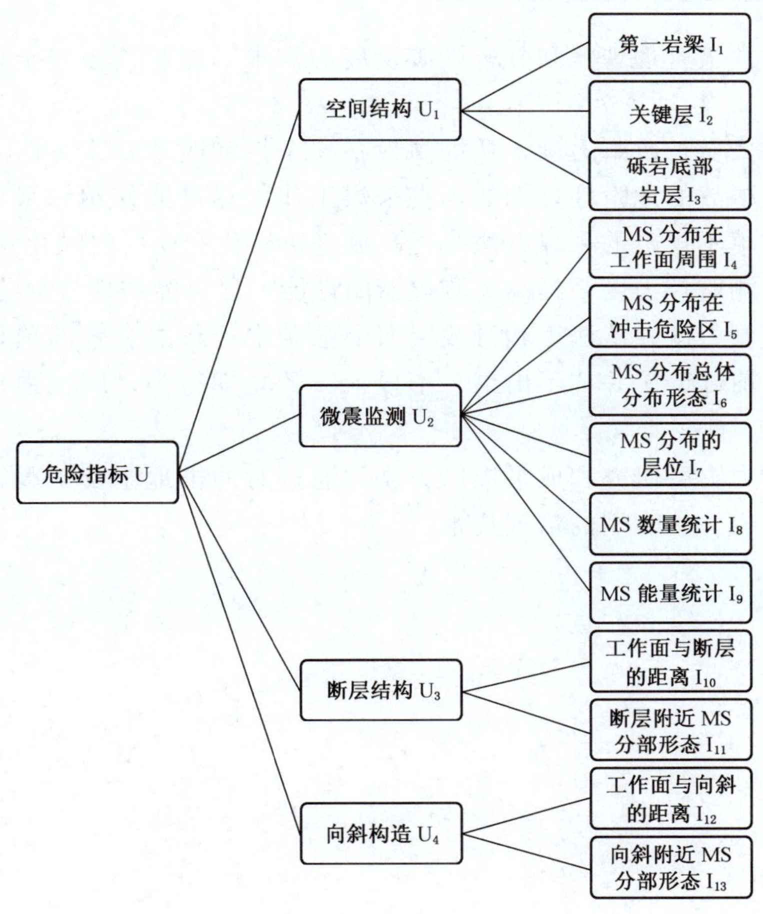

图3　冲击地压监测预警方法示意图

（6）基于微震监测的 3407 工作面冲击地压危险性预测与评价。通过制作 3407 工作面微地震监测的动态过程展示动画，可以清楚地看到工作面推进与微地震事件的良好“互动”关系，结合能量、分布区域和岩层层位分析，得出了该工作面不会发生灾害性冲击地压的评价结论。开采实践证明，评价的结果是正确的。

（7）基于微震监测、模拟试验和力学分析的解放层有效性研究。微震监测揭示的下解放层的有效性研究结论：1410 下平巷和工作面中部已经有效卸压，得到保护，上平巷仍然处于危险区。即下解放层的开采不能够对上平巷实施卸压，解放层存在极限深度，并提出了计算极限深度的方法。

（8）冲击地压治理的技术研究。通过监测、检验、理论研究和卸压，做到了有针对性的处理危险区，取得了很好的效果。主要内容包括岩层深孔爆破卸压、煤层大直径深孔卸压及卸压效果评价、基于微地震监测和覆岩空间结构理论的监测预警和冲击地压管理 4 个部分。与传统技术相比，华丰煤矿提出的冲击地压治理的技术在理论基础、信息基础和设备方面，都有较大的推进。

四、煤矿顶板安全技术的发展趋势

总结近年来顶板管理现状和分析煤矿发展的需求，煤矿顶板安全技术的发展趋势可以归纳为以下 4 点：

（1）通过加大支护改革力度，从提高设备安全性和改革开采方法入手，从根本上降低或消除顶板事故的危险性。例如，在采煤工作面尽可能使用综采支架，推行单体支柱液压化，改革不规范的采煤方法，提高掘进机械化和支护机械化水平等。

（2）加大监测监控力度，提高监测仪器的性能，尽可能实现自动化和智能化。

（3）加大监管力度，从法律和行政层面上强制推行行之有效的顶板管理先进技术和装备，改变目前部分矿井“不出事、不投入”的短期行为，即加强顶板控制装备和技术研发的投入。

（4）加大动力灾害研究和成果推广力度，通过对冲击地压及矿震等动力灾害的持续研究，逐步形成一套实用的治理技术。

依托信息化管理系统为煤矿安全生产保驾护航

于　雷　冯占科

目前，我国煤矿的安全管理主要是由管理人员凭主观意志和经验进行工作，管理技术和手段落后。这种管理模式，由于受管理人员的知识、经验和责任心的限制，很难适应矿井灾害事故的复杂多变条件，这也是煤矿灾害事故多发的原因之一。从安全工程学角度，事故的发生是由物的不安全状态和人的不安全行为造成的，避免这些状态的出现，直接的作用来自安全管理。在国家政策的严格要求下，大多数煤炭企业对安全管理工作非常重视，但是煤矿企业具有地域分散、工程环节多且复杂、安全工作涵盖面广、信息量大、信息采集频率高、信息多样性等特点，这些表明煤矿企业信息的管理难度比较大，而安全管理的调控依据就是全面、准确、快速信息。

目前手工管理信息很难达到准确、全面的效果，要做到多个方面的信息融合与分析更是难上加难。因此，手工信息管理采集的大量数据并没有发挥支持预防决策的作用，企业为改进安全管理，分析事故原因，进而达到防患于未然的目的没有达到。因此根据煤矿复杂的实际情况，研究开发了一套实用的煤矿安全生产信息管理系统，对减少煤矿事故、提高工作效率、提升管理水平具有重大的现实意义。

一、安全管理理论研究

企业安全管理大致经历四个阶段：①经验管理阶段：主要是事后管理，完全被动的面对事故，在积累了一定的经验和教训后，制定出一系列规章来约束人的行为；②对象管理阶段：对生产过程中人的不安全行为、设备和管理缺陷进行控制，主要控制措施是针对个体的防护和管理；③过程管理阶段：运用安全系统工程、安全原理等科学理论，有重点、有对策、较全面、较积极地完成安全管理工作；④系统安全管理阶段，运用系统分析方法对企业生产活动的全过程进行全方位、系统化的风险分析，确定生产活动可能发生的危害、安全、环境等方面产生的后果，通过系统化的预防管理机制并采取有效的防范手段和控制措施消除各类事故隐患的管理方法。

1. 预防管理体系

预防管理体系需要管理手段的支撑。管理在于信息，对信息的收集、分析贯穿了整个安全管理工作的核心。通畅、准确、有效的信息流是安全管理体系运转的必要条

于雷，国家安全生产监督管理总局信息研究院能源安全研究所所长，高级工程师。主要从事煤矿生产、安全、管理等方面的信息化系统开发工作，参加“十一五”国家科技支撑计划重点项目、国家科技部技术开发等多项课题，在国内外发表学术论文近十篇。

件，而有效的信息管理手段是信息流通畅的保证。

信息化管理系统正是为规范安全管理工作、优化管理流程、提高效率提供了强有力的现代手段和支撑平台，将“安全三角形”的理论与企业管理实践相结合，规划、跟踪、控制企业安全管理工作整个过程，达到有效控制“无伤害、无损失或险肇事件”的目的，实现预防为主的目标，为改进安全管理，提供先进可靠的手段。

2. 闭环安全管理思想

闭环安全管理思想是将特定的工作单元，用系统的管理手段，按照时间和过程的先后顺序构成一个连续、严密、封闭的管理环路。此思想按 PDCA 循环来实现，PDCA 的概念最早是由美国质量管理专家戴明提出的：

P（Plan）——计划，确定方针和目标，确定活动计划；

D（Do）——执行，实地去做，实现计划中的内容；

C（Check）——检查，总结执行计划的结果，注意效果，找出问题；

A（Action）——行动，对总结检查的结果进行处理，成功的经验加以肯定并适当推广、标准化。

闭环管理是过程的管理，记录管理的全过程，进行分析，总结规律，找出薄弱环节。

3. 安全评价和风险控制原则

安全评价和风险评估是控制事故的主要依据，安全评价是以实现工程、系统安全为目的，应用安全系统工程原理和方法，对工程、系统中存在的危险、有害因素进行识别与分析，判断工程、系统发生事故和急性职业危害的可能性及其严重程度，提出安全对策建议，从而为工程、系统制定防范措施和管理决策提供科学依据。针对安全生产面临的威胁、存在的弱点、造成的影响，以及三者综合作用而带来风险的可能性的评估。

风险评估有多种方法，在信息系统中支持定量的风险评估，风险评估后更加有利于分配资源、及时采取措施、防范潜在的风险。从而实现安全管理工作从事后管理向事前管理转变。

4. 系统安全原则

从总体出发，实现人、机、环境、制度的协调统一，实现系统安全管理，确定“系统安全理念”，将风险评估、查找隐患以及主动预防和控制风险作为安全工作的重点，从组织和系统的角度落实安全管理，在安全管理理念上，注重企业安全文化，全员参与，全过程参与。

二、信息化系统功能

至今大型的煤矿企业也进行了一些信息化工作，但很多煤矿企业的信息化系统是某一专业的系统，并且各信息系统间的接口难以对接，这使得各系统之间信息不能共享，但煤矿企业各信息之间又是存在联系的，这就人为地将信息分割对立，这不利于煤矿企业的安全管理，信息化管理系统要涵盖煤矿企业的大部分业务，而通过权限来控制数据的共享。基于以上思想，研究开发煤矿安全信息化系统，该系统的主要功能子系统如图1所示。

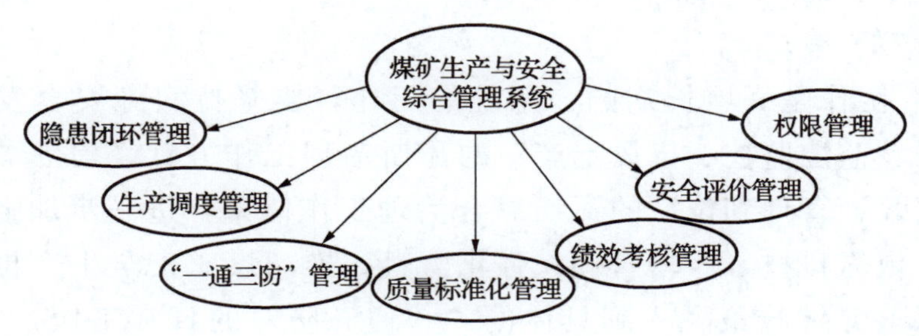

图1　煤矿生产与安全综合管理系统功能模块

1. 隐患闭环管理

隐患管理，信息是源头，该模块供安全信息调度员记录班中电话汇报、领导下井以及安检部门的活动，采集来自这些活动的所有安全反馈信息，记录存在的安全问题和隐患。对“三违”人员进行登记并进行相应的处理；对于发现的隐患，给与分级管理，促动各级管理责任人员关注隐患处理情况，杜绝遗漏，达到消灭隐患的目的。

隐患管理要突出“闭环管理”思想，以“责任无缝隙”管理为基础。引入隐患风险评估环节，建立风险优先控制顺序，强化了PDCA执行的有效性。系统具体功能分为隐患登记、隐患风险评估、重大隐患挂牌督办、隐患整改进度提示、整改超时报警、隐患整改过程跟踪、隐患查询、统计与分析、整改通知书、安全大检查、三违管理、事故管理。

2. 生产调度管理

生产调度信息的采集包括产量、掘进进尺、外运、瓦斯抽采、瓦斯日报、煤炭洗选、安全重大问题等信息。

数据分布式上报：煤矿各采煤队、掘进队通过系统上报本队组的班次生产情况，计划科上报各队组的生产计划，安监科上报安全情况，通风调度上报瓦斯情况，其他相关部门上报相关情况。

数据统计分析：根据矿井实际要求，按日、周、旬、月、年对煤炭产量、掘进进尺、安全情况等信息进行统计分析自动生成煤矿企业要求的报表。

对照检查功能：根据实际生产和定额指标、检查采煤、掘进计划执行情况，掌握井下动态及时解决井下出现的问题。

管理协调的功能：检查、督促和协助有关科室，及时做好煤炭生产的准备工作。

资源合理分配功能：根据煤炭生产需要合理调配劳动力、检查坑木、炸药、雷

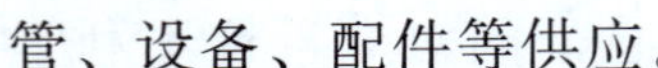

管、设备、配件等供应。

资料存储与查询功能：保存有关生产数据及生产、安全的法规和资料，以超文本方式进行有关资料的查询，帮助矿井生产规范化。

根据各单位填报的调度信息按煤矿企业的报表格式自动生成日报表；矿领导通过信息化实时掌握全矿的生产情况，运筹帷幄。

3.“一通三防”管理

“一通三防”工作是一项长期的、系统的工作，要坚持实施安全发展战略，必须贯彻“先抽后采、监测监控、以风定产”的瓦斯治理工作方针，建立“通风可靠、抽采达标、监控有效、管理到位”的瓦斯综合治理工作体系，进一步加强领导，落实责任，增加投入，依靠科技，严格管理，强化监察，推动煤矿安全生产再上新水平。信息化系统要将以上方针政策融入到具体的“一通三防”的日常工作，并将其数字化、信息化。其中包括测风管理、通风调度、突出预测、粉尘防治、监测监控、瓦斯抽采。使“一通三防”管理工作更加高效、更加到位并且自动生成瓦斯日报、瓦斯月报、风量曲线、瓦斯抽采报表、粉尘测量报表等。

4. 质量标准化管理

煤矿质量标准化是煤矿安全生产的基础，是建立煤矿安全长效机制的主要内容和根本途径。通过安全质量标准化矿井的建设，改善煤矿安全生产基本条件，切实保障煤矿职工的生命安全和健康，让煤矿工人在井下作业有安全感。就是将质量标准化进行信息化、网络化、透明化管理。

不同煤矿企业管理重点不一样，同一煤矿企业不同时期管理重点不一样，信息化管理系统要能针对不同情况制定不同的标准最后形成标准库。具体在检查过程是选择被检查单位、选择质量标准化标准来组成一次检查任务，根据选择的标准进行评分。评分结束后，预警不合格的部分将归入隐患并进入闭环管理模式，列出检查报告同时将结果发布，使矿领导及各队组及时掌握情况，以便管理。

5. 绩效考核管理

绩效管理是人力资源管理的核心，绩效考核是绩效管理较为重要的环节，是构建激励机制，塑造企业文化，打造企业核心竞争力的需要。

绩效考核体系是一个多源评估体系，这些信息的来源包括来自上级的自上而下的反馈，来自下级的自下而上的反馈，来自同级的反馈。根据这些信息渠道可以采用纵向考核和逆向评议相结合的考核方式。纵向考核就是自上而下的考核，包括矿领导考评和职能部门考核；逆向评议就是自下而上的评议，包括基层单位对管理部门及服务单位的评议。

信息系统要体现，公平、公正、公开、突出绩效的原则；过程考核和结果考核相结合，以结果考核为主的原则；纵向考核和逆向评议相结合的原则；分层次、分系统考核的原则；奖优罚劣的原则。

6. 安全评价管理

信息化系统可以辅助煤矿企业建立适合本身特点的安全检查表，并且利用该安全检查表进行企业自查、自评，评价者均为最熟悉煤矿企业现状的各级管理人员。信息化系统将一个庞大的评价任务根据业务划分成若干评价单元，每个评价者根据标准只负责评价自己最熟悉的那一部分即可，系统自动汇总所有评价者的评价意见，自动生成评价报告，使煤矿企业及时掌握安全状况，采取整改措施。

信息化管理系统要适应标准的灵活管理，支持多个评价标准，标准分的自动校验，支持评价项批量处理自动汇总分数，自动生成评价报告，查找不符合规定的评价项。

7. 系统管理

用户、管理员、机构、角色及用户权限的设置和管理。

三、开发技术与应用环境

1. 总体结构

系统采用B/S结构设计，所有数据由服务器集中处理和存储，用户可以远程访问本系统，系统可以通过手机发送预警信息。系统的部署，如图2所示。

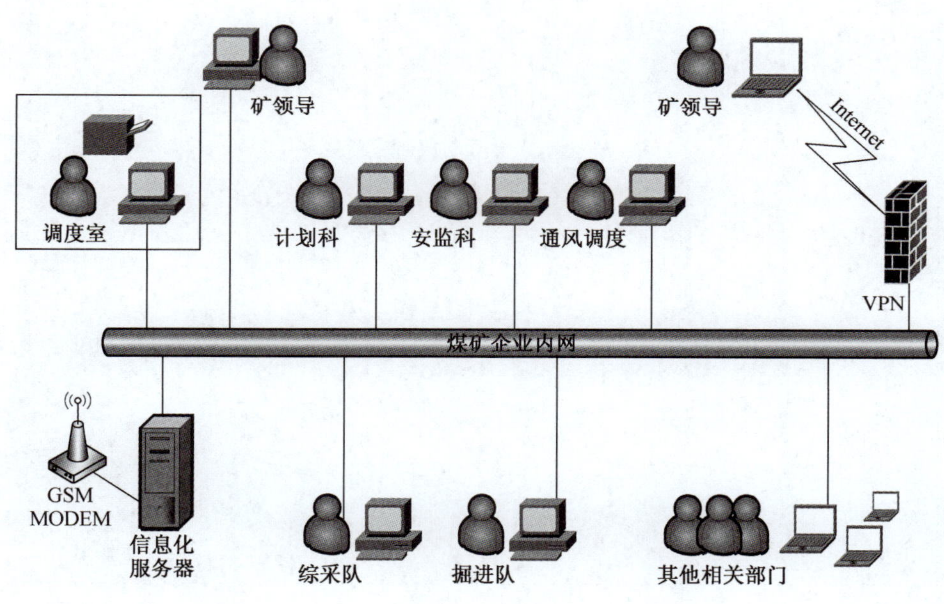

图2　系统部署图

2. 开发技术

底层框架实现了MVC和AOP模式、开发语言JAVA、数据设计软件PowerDesigner、开发环境Eclipse、建模语言UML及工作流。

3. 运行环境

系统运行于 Windows、Unix/Linux 环境下均可，JDK1.4 及以上；采用 B/S 方式，IE6.0 以上浏览器。数据库采用 PostgreSQL、SQLServer2000、Oracle 均可，应用服务器为 Tomcat5.0。

四、结论

总而言之，现代化煤矿对安全、生产、管理和决策提出了更高的要求。只有依托新一代的信息化管理系统，不仅能最大限度解决煤矿生产过程中的安全问题，全面掌握井下各种安全信息，有效地预防和及时处理各种突发事故和自然灾害，杜绝各种灾害事故的发生；还能掌握煤矿生产状况，实现煤矿各部门的信息资源共享，使各级领导和有关管理人员及时准确地掌握煤矿安全、生产、经营状况，为领导的快速决策提供有力数据支撑。我们深刻认识到，安全是煤炭企业永恒的主题，创新是企业发展的动力，信息化建设只有起点，没有终点，只有更好，没有最好，是一项长期而又艰巨的工作。随着信息技术和企业经营管理理念的进步和发展，研发适用于煤矿企业的信息化系统，最大程度地发挥信息化的潜在效益，为煤矿安全生产保驾护航。

山区公路危险路段典型治理措施研究

李　志　中

山区公路危险路段受多种因素影响，是一个复杂的问题，它涉及公路的设计参数、驾驶员的守法意识、车辆的机械性能、特定的气候环境，以及交通管理等多个方面。因此对它的治理必须是多角度的和系统的，也就是说，不应该是一个单一的措施，而应该是一个体系。这个体系中包括彼此独立但又相互关联的若干组成部分，其结构如图 1 所示。

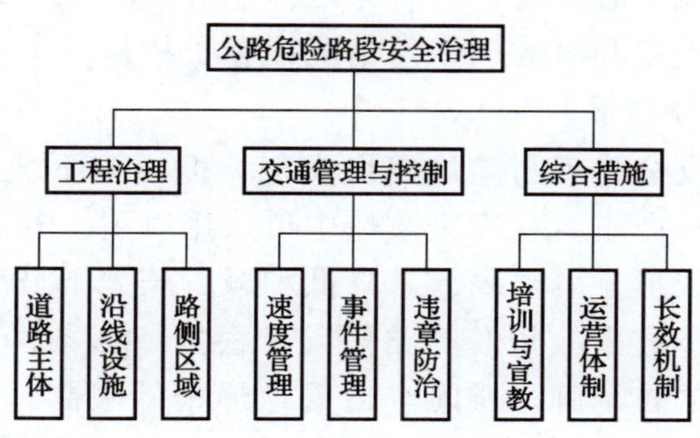

图 1　公路危险路段安全治理的方法体系

在进行公路危险路段的治理之前，均需要进行事故危险路段的鉴别。对于已经投入运营的公路，危险路段的鉴别等同于公路事故多发点段的鉴别，即根据交通事故的“集聚特性”判断哪个路段属于“事实上的”事故多发，然后将其作为重点治理的路段。根据现有调查，结合交通部安全保障工程技术指南的要求，在重点考虑陡坡路段、长大下坡路段、急弯路段。

一、陡坡路段和长大下坡路段治理措施

在纵坡的危险路段常常包括陡坡路段和长大下坡路段，其危险路段判断标准见表 1。

1. 陡坡路段治理措施

陡坡路段存在的主要安全隐患往往是车速过快或强行占用对向车道超车、连续刹车导致车辆制动失效，易造成追尾或对撞事故，在安全改造中可采用以下土建和交通工程综合措施：

李志中，云南省交通科学研究院安全研究中心主任，高级工程师。

表 1　陡坡路段和长大下坡路段的危险路段设计参数

设　计　参　数	设计速度/(km·h⁻¹)	纵坡 I/%
陡坡路段	80 60 40	$I>4$ $I>5$ $I>6$
长大下坡路段	连续下坡大于 3 km、相对高差为 200～500 m 时，平均纵坡 $I>5.5\%$；相对高差大于 500 m 时，平均纵坡 $I>5\%$	

（1）由于坡度陡经常发生事故的路段，可在有条件的路段改变线形，降低坡度；在条件受限的路段可考虑设置避险车道，并在坡道起点处设置避险车道的告示牌。

（2）设置限速标志、减速设施和视线诱导设施。

（3）设置上陡坡警告或下陡坡警告标志或禁止超车标志或其他文字型警告标志。

（4）陡坡段标线画成中心实线，或者分道强制分流上下坡方向车辆。

（5）根据路侧危险程度和事故的严重情况设置护栏。

2. 长大下坡路段治理措施

连续下坡路段主要安全隐患与陡坡路段类似，但由于下坡的长度较长，因此交通事故发生率较高且事故较严重。在安全改造中可采用以下土建和交通工程综合措施：

（1）局部路段改善线形，调整高差，降低和减少长大下坡事故隐患。

（2）在因刹车失灵造成事故频发的路段，可根据地形条件设置避险车道，并在坡道起点处设置避险车道的告示牌。避险车道受地形条件限制，不能满足失控车辆的制动要求时，应在避险车道端部设置柔性防撞设施。在刹车经常失灵的路段，在地形条件有利的路段设置避险车道。

（3）设置连续下坡告示牌标志，根据情况可以辅助标志标明连续下坡长度，或使用告示牌，说明“前方连续下坡××m，超速危险”。

（4）设置限速标志、禁止超车标线、减速设施。

（5）根据路侧危险程度和历史事故资料设置护栏。

二、急弯路段安全治理措施

在急弯路段的危险路段常常包括单个急弯和连续急弯路段，其危险路段判断标准见表 2。

表 2　单个急弯路段和连续急弯危险路段设计参数

设　计　参　数	设计速度/(km·h⁻¹)	平曲线半径 R/m
单个急弯	60 40	$R<250$ $R<60$
连续急弯	设计速度小于 60 km/h，连续有 3 个或 3 个以上小于下列半径 R 的平曲线，且各曲线间的距离 L 小于 50 m 路段	

1. 单个急弯治理措施

单个急弯存在的主要安全隐患一般是视距不良或车速过快，易造成两车相撞、单车碰撞山体或车辆驶出路外。在安全改造中可采用以下土建和交通工程综合措施：

（1）弯道处外侧路面加宽，在经常发生侧翻或者滑移的路段适当调整超高。

（2）如因视距、视野受限导致事故频发，应开挖左侧山体，提高通视距离。

（3）设置限速标志。如果超速现象严重，且是造成事故频发的主要原因时，可在进入弯道前一定距离设置摩阻系数大迫使车辆强制减速的弹石（块石）路面，或设置其他物理减速设施。

（4）设置禁止超车标志，并根据需要设置解除禁止超车标志。

（5）路侧设置线形诱导标和/或轮廓标。

（6）设置中心实线或物理分隔设施，减少因视距不良车辆越过中心线发生的对撞事故（图 2）。

（7）设置弯道警告标志或/和事故多发路段等警告标志。

（8）根据路侧危险程度和历史事故资料在弯道外侧设置有效的护栏。

图 2　单个急弯路段

2. 连续急弯治理措施

连续急弯存在的安全隐患与单个急弯路段类似，但交通事故的发生率更高。因此，除可选择单个急弯采取的处置措施外。在安全改造中可采用以下土建和交通工程综合措施：

（1）设置紧急停车区或将路侧沟坎修整为宽浅边沟，尽量提供路侧容错空间。

（2）设置“连续弯道”警告标志，还可以加设辅助标志说明前方连续弯路的长度，或使用告示牌说明前方××m 连续弯道。

（3）设置禁止超车标志及施划，连续设置中心实线标线（图 3）。

（4）弯道处连续设置线形诱导标。

（5）将弯道外侧设置连续的钢筋混凝土挡墙或强度较高的波形梁护栏。

图 3　连续急弯路段

三、危险弯坡组合路段安全治理措施

在弯坡组合路段的危险路段常常包括陡坡急弯和连续陡坡急弯路段，其危险路段判断标准见表 3。

表 3　陡坡急弯和连续陡坡急弯路段设计参数

设　计　参　数	设计速度/(km·h^{-1})	纵坡及平曲线半径
陡坡急弯	60	$I>4\%$且 $R<250$m
	40	$I>5\%$且 $R<60$m
连续陡坡急弯	连续下坡大于 3 km，纵坡 $I>4$ 且连续有 3 个或 3 个以上小于下列半径 R 的平曲线，且各曲线间的距离 L 小于 50 m 路段	

典型危险弯坡组合路段包括陡坡急弯（或急弯陡坡）和连续陡坡急弯路段，这种路通常弯道外侧为山谷，弯道内侧山体遮挡视距不良，主要的安全隐患在危险的弯坡组合处易造成两车相撞、刹车失灵、单车碰撞山体或车辆驶出路外。在安全改造中可采用以下土建和交通工程综合措施：

（1）由于陡坡急弯或连续陡坡急弯经常发生事故的路段，可在有条件的路段改变线形，降低坡度和弯道半径；在条件受限的路段可考虑设置路侧容错区域（如停车区）和避险车道。

（2）在急弯前的直线路段应设置限速标志，宜结合设置其他减速设施逐步过渡到急弯陡坡路段，控制车速使车辆能以较安全的车速通行。

（3）弯道内侧视距不良，设置线形诱导标，弯道路段中心线设置黄实线。

（4）路面设置减速标线，强制减速措施。

（5）外侧设置钢筋混凝土护栏或者波形梁护栏（图 4）。

图 4　急弯陡坡路段

四、路侧危险路段安全治理措施

路侧危险路段是指陡崖、峡谷、沟深、填方边坡高度或路肩挡墙高度不小于 4 m 的路段，或至路肩边缘不足 3 m 有大片的水域（水库、河流、湖泊、沟渠）或者高速公路、铁路等路侧险要的路段。路侧险要路段主要安全隐患一般是车辆驶出路外造成恶性事故或者导致二次事故。在安全改造中可采用以下土建和交通工程综合措施：

（1）设置警告标志和轮廓标，加强诱导，使车辆保持在车道内行驶。

（2）有条件的地方设置路肩振动带，防止驾驶员疲劳驶出路外。

（3）设置减速设施和缓冲设施，设置路侧护栏。

（4）根据路侧危险程度和历史事故严重性质调整护栏防撞等级。

五、村镇危险路段安全治理措施

公路穿越村庄路段、校区、集市等主要的安全隐患是快速行驶的车辆和横穿摩托车、行人、自行车的碰撞。为了提醒驾驶员降低车速保障安全，在安全改造中可采用以下土建和交通工程综合措施：

（1）进入穿越集镇和村庄路段之前，设置限速标志、村庄警告标志或注意行人等警告标志。

（2）采用护栏、隔离网（栅）强制分离路两侧的行人、自行车、摩托车、农用车等，减少村镇与公路的出入口，规范交通行为。

（3）在街道化较严重的路段，设置信号灯、黄闪灯、安全岛等设施（图 5）。

（4）在有条件的路段设置人行横道线和人行道。

(5) 在进入村庄后易超速路段设置减速丘、摄像监控、颠簸路面等强制减速措施。

图 5　穿越学校、集镇、村庄路段

六、视距不良危险路段安全治理措施

在视距不良的危险路段常常包括平曲线弯道和凸曲线路段，其危险路段判断标准见表 4。

表 4　视距不良路段设计参数

视距不良路段类型	设计速度/($km \cdot h^{-1}$)	会车视距 L/m
平曲线弯道	60	$L<220$
	40	$L<150$
凸曲线路段	60	$L<220$
	40	$L<150$

平曲线或凸曲线视距不良路段主要安全隐患一般是车辆占用对向车道时易造成对撞事故。在安全改造中可采用以下土建和交通工程综合措施：

(1) 开挖或移走造成平曲线视距障碍的山体、树木等物体，提高通视距离。

(2) 降低进入凸曲线的纵坡。

(3) 设置鸣喇叭标志、限速标志、禁止超车标线。

(4) 平曲线道路中间设置分道体，凸曲线道路压缩下坡方向的车道要宽（图 6）。

七、平面交叉口危险路段安全治理措施

无信号控制的平面交叉路口主要安全隐患是不按规定让行、车速过快、突然出现的行人和车辆形成严重冲突，造成的追尾和侧碰等。解决的基本原则是消除交通冲突

图 6　视距不良危险路段

或降低其影响。在安全改造中可采用以下土建和交通工程综合措施：

（1）改善交叉口进口的线形，消除交叉口附近的障碍物或修剪树枝等，保持交叉口的通视距离。

（2）没有设置交通信号灯且交通量较小的平面交叉口，应在主路上的支路路口处设置道口标注，设置交叉路口警告标志；支路设置物理减速装置，强制支路车辆在汇入干路之前减速。

（3）交通量较大或者面积较大的交叉口应设置道路交通标志、标线，合理分配通行优先权，必要时可设置信号灯等设施对平交路口进行交通控制管理。

安全生产控制指标分解方法初探

刘顺章　刘　毅　于　猛　刘　璐

我国自2004年开始实行安全生产指标的量化控制与考核机制，目前已成为我国各级政府和部门加强安全生产监管和绩效考核的重要抓手和主要依据。逐年下降的量化考核指标，激发了安全生产管理部门的领导和干部积极探索科学有效的监管办法，遏制了经济快速发展过程中各类事故高发的势头。

当前，我国事故死亡人数已连续5年大幅下降，可调控空间日益狭小，加之我国工业化进程进一步加快，经济社会迅猛发展，生产过程中不安全因素日益增多，面对既是“黄金发展期”，又是“事故高发期”的矛盾新格局，地区安全监管部门来不及适应逐年减少的指标任务带来的过大压力，各类事故谎报、瞒报现象屡见不鲜，控制考核机制的约束激励作用日渐减弱。因此，如何从理论上找到一套科学、合理的控制考核评价办法，重新调整并建立一套科学、规范的安全生产控制考核综合评价体系，将安全生产考量因素真正纳入到区域经济和社会发展的总体规划中，使地区安全生产与经济发展同步实施，协调发展，已成为各地政府和部门广泛关注的焦点。

宁波市作为我国经济社会快速发展的沿海城市，工业化进程不断加快，安全生产水平率先达到较高水平，安全生产控制指标（以下简称“安控指标”）可调空间面临新的挑战。为确保地区安全生产与经济社会协调发展，解决目前控制指标难以分解的尴尬局面，课题组在宁波市安监局的大力支持下在宁波市各级政府相关部门展开了为期一周的专题调研，先后在宁波市、海曙区、鄞州区、镇海区安监局以及海洋局、交警支队、消防局、建委、城管局、质监局和劳保局等十几个地区和部门进行数据收集与方法体系征求意见。通过研究和分析，课题组提出3套分解方法，为决策者开辟了新的分解途径。

一、分解目标

以生产事故历史统计数据为基础，采用科学安控指标分解方法，建立宁波市安全生产控制指标二维坐标：以浙江省政府下达给宁波市的安控指标总量为中心，向宁波市各区域维度（纵向）、各行业维度（横向）进行分解，最后省政府下达各区域/行业的实际指标与合计指标之间可根据宁波市各区域/行业安全生产实际进行适当微调。

刘顺章，国家矿山应急救援指挥中心副处长，高级工程师，律师，主要从事安全生产政策、法律法规、安全技术等方面的研究。

最终将科学建立宁波市区域维度、行业维度安控指标二维分解表，如图1所示。

余姚						
慈溪						
奉化						
宁海						
象山	区					
鄞州						
镇海	域					
北仑						
海曙	维					
江东	度					
江北						
大榭						
保税区						
高新区						
东钱湖		行	业	维	度	
合计						
省政府下达宁波市指标总数/人	各类事故死亡人数	工矿企业死亡	道路交通死亡人数	水上交通死亡人数	火灾事故人数	渔船水上交通及捕捞作业死亡人数

图1　宁波市各地区/行业安全生产考核控制指标二维分解表

二、分解方法

(一)“影响因素确定权重”分解法

1. 基本思想

以“加权平均预测法”为理论依据，从近年来宁波市安全生产实际出发，探索出影响宁波市地区/行业生产安全的影响因素，建立地区/行业死亡人数与各影响因素之间的多元统计关系模型，基于宁波市地区/行业生产安全控制指标和经济社会发展相关历史统计数据，科学计算出各影响因素在安全生产过程中所占的权重向量，进而对宁波市各地区/行业安控指标进行科学分解，以克服传统安控指标分解方法片面追求下降、忽视经济社会对安全生产制约作用的弊端，具体分解计算方法如下：

2. 分解计算方法

以“按区县维度（纵向）分解计算方法”为例，将浙江省政府对宁波市下达的下一年安全生产事故死亡绝对总量控制指标（S）按区域横向分解计算方法如下：

$$Y_X = \sum_{i=1}^{i}[f(i)_j \times S_{j+1} \times q_i] = \sum_{i=1}^{i}\left(\frac{\frac{1}{5}\sum_{j=1}^{5} T_{ij}}{\frac{1}{5}\sum_{j=1}^{5} Q_{ij}} \times S_{j+1} \times q_i\right) \tag{1}$$

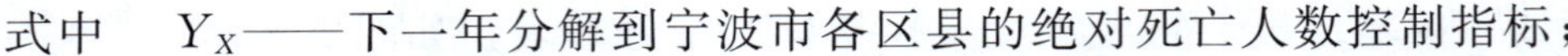

式中 Y_X——下一年分解到宁波市各区县的绝对死亡人数控制指标；

f——宁波市安全生产各影响因素的“五年滚动累计平均”指数；

i——宁波市安全生产的因素｛前五年绝对死亡人数平均数，地区 GDP，机动车保有量，从业人员数｜$i=1，2，3，4$｝；

S——省政府下达给宁波市的绝对死亡人数控制指标；

j——年份｛前五年｜$j=1，2，3，4，5$｝；

T_{ij}——各区县安全生产第 i 个影响因素第 j 年的统计数；

Q_{ij}——全市安全生产第 i 个影响因素第 j 年的统计数；

q_i——第 i 个影响因素在全市安全生产工作中的权重。

由于式（1）中，$f(i)_j$ 和 S_{j+1} 均可依据历年来宁波市生产安全相关数据计算得出，所以只要能确定影响宁波市生产安全状况的各影响要素所占权重即可由式（1）得出下一年分解到各区县的死亡人数控制指标数了。因此，下面将介绍如何用多元线性回归的方法来科学确定影响因素 i 在全市安全生产中的权重向量的计算方法：

首先，确定 X 地区绝对死亡人数前 4 年统计向量：

$$Y_X=\{y_1,y_2,y_3,y_4\} \tag{2}$$

其次，计算各影响因素“五年滚动累计平均指数”$f(i)_j$ 矩阵：

$$f(i)_j=\begin{bmatrix} r_{11} & r_{12} & r_{13} & \cdots & r_{1i} \\ r_{21} & r_{22} & r_{23} & \cdots & r_{2i} \\ r_{31} & r_{32} & r_{33} & \cdots & r_{3i} \\ \vdots & \vdots & \vdots & \vdots & \vdots \\ r_{j1} & r_{j2} & r_{j3} & \cdots & r_{ji} \end{bmatrix} \tag{3}$$

再次，将式（2）向量｛S_1，S_2，S_3，S_4｝和由式（3）计算所得的 $f(i)_j$ 以及省政府下达给宁波市的历年绝对死亡人数控制总量 S_{j+1} 代入式（1），得到 X 地区死亡人数与各影响因素之间的统计关系：

$$\{y_1,y_2,y_3,y_4\}=\sum_{i=1}^{i}\left(\begin{bmatrix} r_{11} & r_{12} & r_{13} & \cdots & r_{1i} \\ r_{21} & r_{22} & r_{23} & \cdots & r_{2i} \\ r_{31} & r_{32} & r_{33} & \cdots & r_{3i} \\ \vdots & \vdots & \vdots & \vdots & \vdots \\ r_{j1} & r_{j2} & r_{j3} & \cdots & r_{ji} \end{bmatrix}\times S_{j+1}\times q_i\right) \tag{4}$$

将 X 地区前四年各相关统计数据代入式（4），采用 SPSS 计算软件，利用多元线性回归的方法，得到各影响因素权重向量：

$$q_i=\{w_1,w_2,w_3,w_4\} \tag{5}$$

由式（4）和式（5）得到 X 地区安全生产绝对死亡人数与各影响因素之间统计关系模型：

$$Y_X = \sum_{i=1}^{i} [f(i) \times S_{j+1} \times w_i] \tag{6}$$

最后，只要将历年该地区各影响因素相关统计数据代入式（6），即可得到下一年度该地区生产安全绝对死亡人数分解数。

按行业维度（横向）分解计算方法与上雷同，不再赘述。

(二)“五年平均降幅”分解法

1. 基本思想

以“简单移动平均法”为理论依据，取时期数 n 为 5。各区县/行业生产安全下一年绝对死亡人数控制指标，分别以各区县/行业前五年死亡人数统计平均数占全市/各类生产安全死亡人数统计平均数的百分比乘以相应的计算基数确定。

计算基数为下一年省政府下达给宁波市绝对死亡人数控制指标乘以前五年“连续五年控制指标平均下降幅度”的权重所得。

该方案用阶段性指标权重的方法可以解决传统的“三年平均数确定权重”分解法难以解决的“生产事故偶发性”作用的弊端。

2. 分解计算方法

以“按区县维度（纵向）分解计算方法”为例，将浙江省政府对宁波市下达的下一年安全生产事故死亡绝对总量控制指标（S）按区域横向分解计算方法如下：

$$Y_X = \frac{\frac{1}{5}\sum_{j=1}^{5} T_j}{\frac{1}{5}\sum_{j=1}^{5} Q_j} G_X = \frac{\frac{1}{5}\sum_{j=1}^{5} T_j}{\frac{1}{5}\sum_{j=1}^{5} Q_j} (S_{j+1} \times q_j) \tag{7}$$

式中　Y_X——下一年分解到宁波市各区县的绝对死亡人数控制指标；

S_{j+1}——省政府下达给宁波市的下一年绝对死亡人数控制指标；

j——年份 {前五年 | j=1，2，3，4，5}；

T_j——各区县安全生产死亡人数统计数；

Q_j——全市安全生产死亡人数统计数；

G_X——计算基数；

q_j——连续五年平均下降幅度的权重。

其中，计算基数 G_X 算法由“连续五年平均下降幅度确定权重”的方法来计算：

$$G_X = S_{j+1} \times q_j = \left[S_{j+1} \left(\frac{1}{5} \sum_{j=1}^{5} \frac{(S_j - S_j - 1)}{S_j} \times 100\% \right) \right] \tag{8}$$

按行业维度（横向）分解计算方法与上雷同，不再赘述。

(三)“相对指标反推绝对指标”分解法

1. 基本思想

以“弹性系数预测法的逆运用”为理论基础，先确定各区县/行业下一年相对指标统计数（取亿元产值死亡率和十万从业人员死亡率两项相对指标），以该相对指标统计数乘以前五年各区县/行业该相对指标平均下降幅度为计算基数，用该计算基数乘以该区县/行业下一年 GDP/从业人员数的预测值得到两个绝对死亡人数，取最小值作为下一年各地区/行业绝对死亡人数控制考核指标。

该方案用以克服传统安控指标分解方法面对宁波市当前安控指标连续五年大幅下降难于再向下层层分解的尴尬局面。

2. 分解计算方法

$$Y_X = N_{j+1} \times \left[R_{j+1} \times \frac{1}{5} \sum_{j=1}^{5} \left(\frac{R_j - R_{j-1}}{R_j} \right) \times 100\% \right] \tag{9}$$

式中 Y_X——下一年分解到宁波市各区县/行业的绝对死亡人数控制指标；

N_{j+1}——各区县 GDP 统计数/各行业从业人员数；

R_j——各区县亿元 GDP 死亡率预测数/各行业十万从业人员死亡率预测数。

最后，上述式（1）计算出的两个绝对指标 $Y_X(1)$（根据 GDP 算出）和 $Y_X(2)$（根据从业人员数算出）中最小的一个，作为下一年下达给宁波市的绝对死亡人数控制指标，即

$$Y_X = \min\{Y_X(1), Y_X(2)\} \tag{10}$$

三、结论

宁波市安全生产控制指标二维坐标（分区域、分行业）分解方案见表 1。

表 1 宁波市安全生产控制指标分解方案

类型		区县	行业
绝对指标	方案一	$Y_X = \sum_{i=1}^{i}[f(i)_j \times S_{j+1} \times q_i] = \sum_{i=1}^{i}\left(\frac{\frac{1}{5}\sum_{j=1}^{5}T_{ij}}{\frac{1}{5}\sum_{j=1}^{5}Q_{ij}} \times S_{j+1} \times q_i\right)$	$Y_X = \sum_{i=1}^{i}[f(i)_j \times S_{j+1} \times q_i] = \sum_{i=1}^{i}\left(\frac{T_{i(j+1)}}{\frac{1}{5}\sum_{j=1}^{5}T_{ij}} \times S_{j+1} \times q_i\right)$
	方案二	$Y_X = \frac{\frac{1}{5}\sum_{j=1}^{5}T_j}{\frac{1}{5}\sum_{j=1}^{5}Q_j} \times G_X = \frac{\frac{1}{5}\sum_{j=1}^{5}T_j}{\frac{1}{5}\sum_{j=1}^{5}Q_j} \times (S_{j+1} \times q_j)$	$Y_X = \frac{\frac{1}{5}\sum_{j=1}^{5}T_j}{\frac{1}{5}\sum_{j=1}^{5}Q_j} \times \left[S_{j+1} \times \frac{1}{5}\sum_{j=1}^{5}\frac{(S_j - S_{j-1})}{S_j} \times 100\%\right]$
	方案三	$Y_X = N_{j+1} \times \left[R_{j+1} \times \frac{1}{5}\sum_{j=1}^{5}\left(\frac{R_j - R_{j-1}}{R_j}\right) \times 100\%\right]$	$Y_X = N_{j+1} \times \left[R_{j+1} \times \frac{1}{5}\sum_{j=1}^{5}\left(\frac{R_j - R_{j-1}}{R_j}\right) \times 100\%\right]$

表 1（续）

<table>
<tr><th>类型</th><th colspan="2">区　县</th><th>行　业</th></tr>
<tr><td rowspan="2">相对指标</td><td>方案一</td><td colspan="2">GDP、工矿商贸从业人员数以及机动车保有量分别以各区县下一年该统计指标预测数及年度目标参考计算，死亡人数按照上述绝对指标分解方案所得的下一年度各区县各类事故死亡人数、工矿商贸企业死亡人数以及道路交通死亡人数控制指标计算</td></tr>
<tr><td>方案二</td><td colspan="2">下一年相对控制指标按照上一年控制指标乘以前五年各区县该指标平均下降幅度计算</td></tr>
</table>

附

录

中国安全生产大事记

1949 年

9 月 27 日，中国人民政治协商会议第一届全体会议通过《中华人民共和国中央人民政府组织法》，规定政务院设劳动部。

11 月 2 日，中央人民政府劳动部成立，李立三任劳动部部长。

1950 年

2 月 27 日，河南省新豫煤矿公司宜洛煤矿发生瓦斯爆炸，死亡 187 人，重伤 2 人，轻伤 24 人。

5 月 3 日，政务院财政经济委员会发布《全国公私营厂矿职工伤亡报告办法》。

5 月 31 日，劳动部公布试行《工厂卫生暂行条例（草案）》。

6 月 29 日，中央政府颁布《中华人民共和国工会法》。

10 月，政务院批准《中央人民政府劳动部试行组织条例》。

1951 年

2 月 26 日，政务院发布《中华人民共和国劳动保险条例》。

9 月 3—5 日，劳动部召开第一次全国劳动保护工作会议，讨论并通过了《工厂安全卫生暂行条例（草案）》《限制工厂矿场加班加点暂行办法（草案）》和《保护女工暂行条例》。

10 月 9 日，劳动部发布《关于搬运危险物品的几项办法》。

12 月 31 日，政务院财政经济委员会公布《工业交通及建筑企业职工伤亡事故报告办法》。

1952 年

12 月 23—31 日，劳动部召开第二次全国劳动保护工作会议，提出“安全为了生产，生产必须安全”的安全生产方针。并讨论了《加强劳动保护工作的决定》《工厂安全卫生条例》《保护女工暂行条例》和《工时休假条例》。

1953 年

1 月 26 日，劳动部公布《中华人民共和国劳动保险条例实施细则修正草案》。

4 月 3 日，劳动部、全国总工会共同决定定期出版《劳动保护通讯》。

1954 年

2 月 25 日，长江航运管理局重庆港务局江汉轮发生汽油爆炸事故，死亡 26 人，伤82人。

6月12日，内务部、劳动部发布《关于经济建设工程民工伤亡抚恤问题的暂行规定》。

8月11日，劳动部发布《关于厂矿企业职工的安全教育工作的规定》。

9月29日，一届全国人大第一次会议决定，任命马文瑞为劳动部部长。

11月18日，劳动部发布《关于厂矿企业编制安全技术劳动保护措施计划的通知》。

12月6日，内蒙古包头市大发煤矿发生瓦斯爆炸事故，死亡104人。

1955年

3月，全国总工会召开第一次全国工会劳动保护工作会议，起草了《工会群众安全检查员暂行条例》。

3月17日，劳动部在北京举办了第一期劳动保护干部训练班。

4月26日，国务院发布《关于女工作人员生产假期的通知》。

6月11日，国务院批准在劳动部内成立锅炉安全检查总局。

11月21—25日，劳动部召开第一次全国劳动保护统计工作会议。

12月28日，劳动部发布《工人职员伤亡事故调查、登记、统计、报告规程草案》。

1956年

1月31日，国务院批准，劳动部发布《防止沥青中毒的办法》。

5月25日，国务院第29次全体会议通过并发布《工厂安全卫生规程》《建筑安装工程安全技术规程》和《工人职员伤亡事故报告规程》（简称三大规程）。

5月31日，国务院发布《关于防止厂矿企业中矽尘危害的决定》。

7月20日，劳动部发布试行《工厂通风装置管理办法（草案）》的通知。

7月24日，劳动部发布试行《关于装卸、搬运作业劳动条件的规定（草案）》。

9月15日，劳动部发布试行《防止金属废料中危险物品爆炸的办法（草案）》的通知。

10月15日，劳动部、卫生部联合发布《关于实行职业中毒和职业病报告试行办法》的通知。

1957年

2月28日，卫生部发布《职业病范围和职业病患者处理办法的规定》。

6月18日，中央监察部、劳动部批转了湖南省监察厅、劳动局《关于加强小煤窑领导和安全管理工作意见报告》。

8月9日，劳动部、卫生部联合发布《橡胶业汽油中毒预防暂行办法》。

11月18—25日，劳动部、卫生部、全国总工会联合在北京召开全国防止矽尘危害工作会议。

1958 年

1月15日，劳动部、卫生部、全国总工会联合在上海召开钢铁安全生产和工厂防尘、降温现场经验交流会。

3月19日，劳动部、卫生部、全国总工会联合发布《矿山防止矽尘危害技术措施暂行办法》《矽尘作业工人医疗预防措施暂行办法》和《产生矽尘的厂矿企业防痨工作暂行办法》。

9月，劳动部决定撤销锅炉安全检查总局，其职能合并到劳动保护局。

9月5—16日，劳动部在天津召开全国第三次劳动保护工作会议。

11月，劳动部、卫生部和全国总工会联合发布《小煤窑开采安全须知》。

1959 年

2月15日，四川省盐源县龙塘水库发生火灾，死亡199人，伤75人。

3月30日，湖北省建工局第二工程公司第五工程处施工中，发生34个房架全部坍塌事故，死亡43人，伤13人。

4月6—13日，劳动部在沈阳召开全国第一次锅炉安全工作会议。

5月20日，国务院发布《关于工棚和临时宿舍防火和卫生设施的暂行规定》。

9月7日，劳动部、农业部、化工部、卫生部、一机部、商业部、铁道部、公安部联合发布试行《关于加强农药安全管理的规定（草案）》《关于爆炸物品管理规则的补充规定》。

1960 年

1月11日，劳动部召开第二次全国劳动保护统计工作会议。

1月17日，国务院通过批准《关于放射性工作卫生防护暂行规定》，由卫生部、国家科委于2月27日公布执行。

2月25日—3月1日，劳动部召开锅炉安全技术鉴定委员会第一次会议。

4月10—20日，劳动部和全国总工会在长沙联合召开了第四次全国劳动保护工作会议。

5月5—12日，劳动部、一机部和化工部在天津联合召开了全国锅炉技术革新现场会。

5月9日，山西省大同老白洞煤矿发生煤尘爆炸事故，死亡684人，是新中国最严重的一起煤矿事故。

7月1日，卫生部、劳动部和全国总工会联合公布试行《矽尘作业工人医疗预防措施实施办法》和《防暑降温措施暂行办法》。

7 月 24 日，中共中央批转劳动部、全国总工会、全国妇联党组《关于女工劳动保护工作的报告》。

11 月 28 日，河南省平顶山市五庙煤矿发生瓦斯爆炸事故，死亡 187 人。

12 月 15 日，重庆市中梁山煤矿发生瓦斯爆炸事故，死亡 124 人。

12 月 21 日，中共中央发布《关于在城市坚持 8 小时工作制的通知》。

12 月 24 日，劳动部发布《蒸汽锅炉安全规程》。

1961 年

1 月 10 日，国家经委、劳动部发布《关于加强安全设备的维护检修工作的通知》。

3 月 16 日，辽宁省抚顺胜利煤矿发生火灾事故，死亡 110 人。

4 月 3 日，四川竹园坝钢铁厂焦化车间职工宿舍发生火灾事故，死亡 93 人，重伤 33 人，轻伤 14 人。

4 月 30 日，煤炭部发布《关于加强煤矿卫生工作及防止矽尘危害的通知》。

7 月 12 日，劳动部、公安部、化工部联合发布试行《气瓶安全管理暂行规定》。

10 月 7 日，劳动部、商业部发布《关于劳动保护用品管理职责问题的通知》。

1962 年

4 月 26 日，劳动部发布试行《起重机械安全管理规程》。

7 月 24 日，国家计委、卫生部发布《工业企业设计卫生标准》。

8 月 14 日，劳动部、商业部发布《关于防止氨瓶爆炸事故的通知》。

9 月 26 日，云南省云西公司新冠采选厂火峪都尾矿库发生溃坝事故，死亡 171 人。

10 月 4 日，劳动部发布《蒸汽锅炉使用登记试行办法》和《对蒸汽锅炉司炉工人的安全技术管理试行办法》。

10 月 8—13 日，劳动部在北京召开了 13 省、市劳动保护工作座谈会。

12 月 10—18 日，劳动部、卫生部、全国总工会及冶金、煤炭、轻工等 8 个部门联合召开第二次全国防止矽尘危害工作会议。

1963 年

3 月 30 日，国务院发布《关于加强企业生产中安全工作的几项规定》，对安全生产责任制、安全技术措施计划、安全生产教育、安全生产的定期检查、伤亡事故的调查和处理等作了规定（简称“五项规定”）。

4 月 15—29 日，劳动部在天津召开劳动保护工作会议。

7 月 15 日，劳动部、卫生部、全国总工会修订公布《矽尘作业工人医疗预防措施实施办法》。

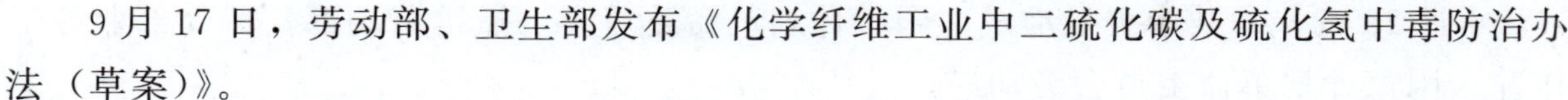

9月17日，劳动部、卫生部发布《化学纤维工业中二硫化碳及硫化氢中毒防治办法（草案）》。

9月18日，劳动部发布试行《国营企业职工个人防护用品发放标准》。

9月23日，劳动部、全国总工会发布《关于患矽肺病职工的若干待遇问题的通知》。

10月24日，劳动部、二机部联合发布《从事放射性工作人员防护用品管理办法及发放标准暂行规定》。

10月30日，国务院批准，劳动部、卫生部、全国总工会发布《防止矽尘危害工作管理办法（草案）》。

11月11—21日，劳动部在武汉召开全国锅炉安全监察工作会议。

1964年

1月27日，卫生部、劳动部发布《工业企业设计卫生标准（试行）实施办法》。

5月7日，湖南省浏阳县城关出口鞭炮厂发生重大火药爆炸事故，死亡35人，伤16人。

1965年

1月8日，新疆生产建设兵团农二师塔里木二场基建二队发生火灾事故，死亡171人，烧伤10人。

6月5日，劳动部发布《关于加强安全生产和劳逸结合的意见》。

10月11—23日，劳动部在辽宁省旅大市召开了全国劳动保护工作会议。

1967年

1月12日，贵州摩天岭农场大用平峒矿发生瓦斯爆炸事故，死亡98人。

1968年

10月24日，山东省新汶矿务局华丰煤矿发生煤尘爆炸事故，死亡108人，伤72人。

12月25日，山西省宁武县阳方口煤矿发生煤尘爆炸事故，死亡63人。

1969年

4月3日，山东省新汶市潘西煤矿发生煤尘爆炸，死亡115人。

4月28日，国营375厂单基无烟药机械混合车间发生炸药爆炸事故，30多吨130单基粒状炮药爆炸，死亡27人，重伤35人，轻伤101人。

1970年

6月3日，抚顺红透山铜矿井下爆炸材料库发生爆炸，死亡47人，伤76人。

6 月 22 日，中共中央批准成立国家计划革命委员会，撤销劳动部，劳动部业务工作并入国家计划革命委员会劳动局。

12 月 11 日，中共中央发布《关于加强安全生产的通知》。

1971 年

2 月 19 日，四川德阳县白马公社水利工地发生炸药爆炸事故，死亡 35 人，伤 77 人。

7 月 16 日，贵州省镇远县湘黔线工地发生火灾，引起炸药爆炸事故，死亡 77 人，重伤 134 人，轻伤 126 人。

11 月 16 日，国际劳工理事会第 184 次会议根据联大第 396（V）号决议，通过恢复中国在国际劳工组织中合法权利的决议，并邀请中国参加国际劳工大会和国际劳工组织的各项活动。

12 月 13 日，国家基本建设革命委员会发布《关于加强基本建设施工安全的规定》（实行）。

12 月 20 日，冶金部发布《关于加强安全生产的规定》。

1972 年

6 月 27 日，广东省龙川县彭坑大桥因设计不合理、施工质量低等倒塌，死亡 64 人，伤 20 人。

7 月 19 日，上海燎原化工厂发生重大氯气泄漏事故，246 人中毒。

7 月 29 日，云南东川矿务局民矿一坑发生炸药燃烧，产生大量的有毒气体，死亡 41 人，受伤 118 人。

11 月 23 日，福建三明农药厂硫化物反应罐爆炸，152 人中毒，5 人死亡。

1973 年

10 月 30 日，国家计委发布《关于防止矽尘危害和有毒物质危害工作的通知》。

11 月 23 日，湖南省浏阳县牛石公社出口花炮厂发生爆炸，死亡 53 人，伤 37 人，经济损失 23 万元。

1974 年

4 月 27 日，国家计划委员会、国家基本建设委员会、国防科学技术委员会、卫生部联合发布《放射防护规定》。

6 月 29 日，江西省交通局“赣忠”号客轮因违章超载发生沉船事故，死亡 93 人。

1975 年

3 月 24 日，国家计委发布关于《安全生产管理暂行办法》和《防止矽尘和有毒物质危害实施计划》的通知。

5月11日，陕西省铜川焦坪煤矿发生瓦斯爆炸事故，死亡101人，伤15人。

8月4日，广东省航运局珠江船运公司第二船队240号和245号客轮相撞，两船沉没，死亡437人。

8月25日，国家计委发布《关于加强职工伤亡事故统计报告工作的通知》。

9月30日，国务院发布《关于调整国务院直属机构的通知》，决定在国家计委劳动局的基础上组建国家劳动总局，为国务院的直属机构，由国家计委代管。任命康永和为国家劳动总局局长。

1976 年

11月13日，河南平顶山六矿发生瓦斯爆炸，死亡75人，伤14人。

12月4日，国家劳动总局、石油部联合发布《关于加强小氮肥厂安全生产的通知》。

1977 年

2月24日，江西省丰城矿务局坪湖煤矿发生瓦斯爆炸事故，死亡114人，伤6人，经济损失162余万元。

3月2日，国家劳动总局在北京召开全国各省劳动部门主管劳动保护、锅炉压力容器安全工作负责人的工作会议。

4月14日，辽宁省抚顺老虎台矿发生瓦斯爆炸，死亡83人，伤30人。

5月16日，国家计委转发《全国安全生产工作会议纪要》。

8月24日，国家劳动总局、国家计委、财政部、国家物资总局联合发布《关于加强有计划改善劳动条件工作的联合通知》。

11月2日，国家劳动总局发布《关于加强锅炉压力容器安全工作的通知》。

12月6日，国家劳动总局、冶金工业部发布《关于对钢铁冶炼企业从事高温繁重劳动的工人实行临时补贴问题的通知》。

1978 年

1月24日，辽宁省盖县东风街鞭炮厂鞭炮车间发生爆炸事故，死亡107人，65人受伤。

6月5日，国家劳动总局在湖北宜昌召开全国锅炉安全工作会议，讨论了《锅炉压力容器安全工作条例（草案）》和《关于加强锅炉水处理工作的意见》。

9月4—16日，国家计委、国家劳动总局、国家经委、卫生部在北戴河联合召开全国第三届防尘防毒工作会议。

1979 年

4 月 9 日，国务院同意并批转了国家劳动总局、卫生部《关于加强厂矿企业防尘防毒工作的报告》。

4 月 25 日，国家劳动总局发布《气瓶安全监察规程》，于 1980 年 1 月 1 日起施行。

5 月 25 日，国家计委、国家经委、国家劳动总局发布通知，重申切实贯彻执行《国务院关于加强企业生产中安全工作的几项规定》《工厂安全卫生规程》《建筑安装工程安全技术规定》和《工人职员伤亡事故报告规程》等劳动保护法规。

7 月 31 日，国务院发布《国家标准化管理条例》。

8 月 31 日，国家劳动总局、卫生部发布《工业企业噪声卫生标准（试行草案）》。

9 月 30 日，国家劳动总局、卫生部、国家计委、国家建委联合发布《工业企业设计卫生标准》。

10 月 15—26 日，国家劳动总局、煤炭部、全国总工会在湖南长沙召开全国煤矿安全大检查总结汇报会。

11 月 5 日—12 月 25 日，国家劳动总局在北京市通县举办全国劳动保护干部培训班。

11 月 25 日，石油部海洋石油勘探局渤海 2 号钻井船在渤海湾迁往新井位的拖航中翻船沉没，死亡 72 人，直接经济损失 3700 万元。

12 月 15 日，国家劳动总局在无锡召开第四次全国锅炉压力容器安全技术鉴定委员会会议。

12 月 18 日，吉林市城建煤气公司液化石油厂发生爆炸燃烧事故，8 个液化石油气储罐和 3000 个民用液化石油气罐爆炸燃烧，大火燃烧 23 个小时，死亡 23 人，受伤 54 人，直接经济损失 539 万余元。

1980 年

2 月 25 日，煤炭部颁布《煤矿安全规程》。

4 月 2 日，经国务院批准，确定 5 月为全国“安全月”，广泛开展安全生产活动。同时确定以后每年的 5 月都作为“安全月”。

6 月 3 日，湖北宜昌盐池河磷矿发生山体滑崩事故，死亡 285 人。

6 月 15 日，全国总工会召开第三次工会群众劳动保护工作会议，这是“文化大革命”后的第一次劳动保护会议。

7 月 11 日，国家劳动总局发布《蒸汽锅炉安全监察规程》。

7 月 26 日，国务院发布《中外合资经营企业劳动管理规定》。

11 月 15—21 日，国家劳动总局在天津召开北方 13 省劳动局长劳动保护座谈会。

12 月 1 日，国家经委、国家计委、卫生部、财政部、化工部、煤炭部、冶金部、五机部、国家劳动总局、国防工办、环保领导小组、国务院环保领导小组、全国总工

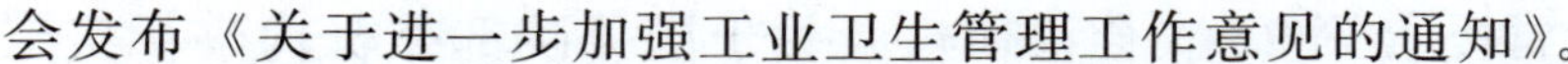

会发布《关于进一步加强工业卫生管理工作意见的通知》。

12 月 22 日，化工部发布《化工企业安全管理制度》。

12 月 30 日，国家能源委员会、国家经委、国家劳动总局批转煤炭部《关于地方煤矿安全问题的报告》。

1981 年

1 月 1 日，国家劳动总局正式成立矿山安全监察局，对矿山安全卫生工作实行国家监察，保护矿山职工在生产中的安全和健康。

3 月 23 日，国家劳动总局、卫生部、国防工办、国务院财贸领导小组、全国总工会等 9 个部门联合发布开展第二次“安全月”的通知。

4 月 11 日，国家劳动总局发布《开展劳动安全标准化工作的通知》。

5 月 9 日，中国劳动保护科学技术学会筹委会在北京成立，并召开第一次筹委会工作会议。

6 月 24 日，化工部、国家劳动总局发布《关于在化工有毒有害作业工人中改革工时制度的意见》。

9 月 23 日，煤炭部、国家劳动总局、全国煤矿工会在山东济南召开全国地方煤矿安全工作会议，研究了地方煤矿发展的安全生产问题。

10 月 5 日，国家劳动总局召开全国第三次职工伤亡事故统计工作会议。

11 月 28 日—12 月 2 日，国家劳动总局、卫生部在杭州召开了全国工厂噪声治理试点工作经验交流会。会议提出了《噪声防治“六五”规划纲要》。

12 月 16 日，国家劳动总局、卫生部、国家医药总局在北京召开全国职业病普查总结会议。

12 月 24 日，河南省平顶山煤矿五矿发生瓦斯爆炸事故，死亡 134 人，重伤 7 人。

12 月 26 日，四川省五届人大常委会通过《四川省厂矿企业劳动安全条例》和《四川省厂矿企业劳动安全监察和违章处罚条例》，这是新中国第一个由地方政府发布的综合性劳动保护法规。

1982 年

1 月 4—11 日，国家劳动总局在北京召开全国锅炉压力容器安全监察工作会议。

2 月 6 日，国务院发布《锅炉压力容器安全监察暂行条例》。

2 月 13 日，国务院发布《矿山安全条例》和《矿山安全监察条例》。

2 月 16 日，国家劳动总局在湖南长沙召开第一次劳动保护标准化工作会议。

3 月 5 日，国家劳动总局、卫生部发布《关于恢复职业中毒和职业病例报告制度的通知》，对 1956 年发布的《职业中毒和职业病报告试行办法》作了修改。

3 月 27 日，国家经委、国家劳动总局、卫生部、公安部、全国总工会组织开展第三次“安全月”活动。

5 月 4 日，五届全国人大常委会第 23 次会议通过《关于国务院部委机构改革实施方案的决议》，将原国家劳动总局、国家人事部、国务院科学技术干部局和国家编制委员会合并成立劳动人事部。任命赵守一为劳动人事部部长。

9 月 29 日，劳动人事部、商业部和国家标准局发布《劳动防护用品产品质量监督检验暂行管理办法》。

1983 年

3 月 23 日—4 月 1 日，劳动人事部在北京召开全国安全生产工作会议。讨论了《国家劳动安全监察条例》和《违反劳动安全法规经济处罚暂行办法》两个法规草案。

4 月 26 日—5 月 2 日，煤炭部在北京召开全国煤矿安全检查会议。

4 月 28 日，国务院召开全国第四次“安全月”活动。

7 月 13 日，河南省平顶山矿务局高庄煤矿发生井下火灾事故，死亡 112 人。

8 月 15—22 日，劳动人事部在吉林四平和浑江召开全国第一次安全教育工作经验交流会。

9 月 17—20 日，中国劳动保护科学技术学会成立暨第一届学术会议在天津召开。

1984 年

1 月 3 日，冶金部发布《炼铁安全规程》。

1 月 17 日，国务院批转国家计委、国家经委《关于改善地方国营煤矿安全生产条件的报告》。

3 月 19 日，卫生部发布《职业病诊断管理办法》。

4 月 27 日，国家经委、劳动人事部、卫生部、公安部、广播电视部、全国总工会联合开展第五次“安全月”活动。

5 月 27 日，云南省铜川因尼铜矿矿区发生泥石流事故，死亡 123 人。

5 月 30 日，全国人大常委会批准承认《确定准许使用儿童于工业工作的最低年龄》和《妇女在各类矿山井下作业公约》等 14 个国际劳工公约。

7 月 18 日，国务院发布《关于加强防尘工作的决定》，并对新建或改扩建项目提出了“三同时”作业要求。

10 月 23 日，劳动人事部、国家经委、煤炭部、农牧渔业部发布《乡镇煤矿安全生产若干暂行规定》。

11 月 26 日，国务院批准成立全国安全生产委员会为非常设机构。

1985 年

1 月 3 日，全国安全生产委员会成立，召开第一次会议。安委会由国务院有关部委及全国总工会领导人组成，国务委员张劲夫任第一届主任。

1 月 18 日，全国总工会书记处会议通过了《工会劳动保护监督检查员暂行条例》

《工会小组劳动保护检查员工作条例》。

1 月 22—29 日，劳动人事部在浙江杭州召开全国劳动保护科学技术工作会议。

1 月下旬，劳动人事部矿山安全监察局与中国有色金属工业总公司在江西西华山钨矿召开全国矿山防尘工作现场会。

3 月 20 日，中国科学技术协会正式批准接纳中国劳动保护科学技术学会为团体会员。

4 月 26 日，全国安委会发布《关于开展安全月活动的通知》，决定今后将停止开展“安全月”活动，但各地区、各部门必须针对实际情况认真组织安全生产活动。

5 月 3—7 日，全国安委会、劳动人事部、国家经委、卫生部、全国总工会在北京召开全国防尘防毒工作会议。

5 月 28 日，冶金部发布《炼钢安全规程》。

7 月 6—10 日，劳动人事部在湖北宜昌召开第二次全国劳动保护宣传教育工作会议。

7 月 16 日，全国安委会在鞍山钢铁公司召开首届安全生产现场会议。

8 月 18 日，松花江哈尔滨段发生沉船事故，死亡 161 人。

11 月 1 日，煤炭部、劳动人事部、全国总工会、煤矿地质工会、农牧渔业部召开安全大检查总结汇报会。

1986 年

2 月 20 日，城乡建设环境保护部、国家经委、劳动人事部、公安部联合发布《关于加强城市煤气安全工作的通知》。

3 月 25 日，最高人民检察院、劳动人事部发布《关于印发〈关于查处重大责任事故的几项暂行规定〉的通知》。

10 月 13 日，全国安委会在山东肥城矿务局召开全国第二次安全生产现场会。

10 月 29 日，国务院发布《民用核设施安全监督管理条例》。

11 月 12 日，国家经委、劳动人事部、全国职工教育管理委员会、全国总工会印发《关于加强企业班组长培训工作的意见》。

12 月 23 日，劳动人事部科学技术委员会成立。

1987 年

1 月 16 日，全国安委会办公室决定举办全国工业生产安全知识竞赛。

1 月 26 日，劳动人事部在浙江杭州召开会议，把“安全第一，预防为主”确定为安全生产工作方针。

2 月 27 日，国务院发布《化学危害物品安全管理条例》。

4 月 27—30 日，劳动人事部在北京召开全国劳动安全监察工作会议。

5 月 8 日，武汉长江轮船公司“长江 22033”轮与南通市轮船公司的“减速（客）

0130”轮在长江南通航段发生碰撞事故，死亡105人，失踪9人。

5月10—14日，国家经委、国家计委、煤炭部、农牧渔业部、劳动人事部在北京联合召开全国地方煤矿工作会议。

6月5日，首届全国工业生产安全知识竞赛结束。

6月8日，国务院发布《关于加强安全生产管理的紧急通知》。

7月22日，劳动人事部、农牧渔业部发布《关于加强乡镇企业劳动保护工作的规定》。

10月5日，劳动人事部、国家经委、公安部、轻工部、农牧渔业部、财政部、国家工商行政管理局联合发布《关于加强烟花爆竹企业安全生产管理的紧急通知》。

10月12日，首届劳动保护科学技术进步奖评审结果在北京揭晓。

11月5日，卫生部、劳动人事部、财政部、全国总工会等部门发布修订后的《职业病范围和职业病患者处理办法的规定》。

12月3日，国务院发布《尘肺病防治条例》。

12月16—25日，全国劳动保护、安全生产技术开发展览会在北京中国国际展览中心举行。

1988年

1月18日，全国总工会、国家经委发布《工业企业班组安全建设意见纲要》。

1月18日，民航西南航空公司伊尔十八—222号客机在重庆坠毁，机上108人全部遇难。

2月27日，劳动人事部、农牧渔业部、国家建材局、公安部联合发布《乡镇露天矿安全生产规定》。

4月9日，七届全国人大一次会议审议通过《国务院机构改革方案》，决定撤销劳动人事部，分别组建人事部、劳动部。

4月13日，第七届全国人大一次会议通过《全民所有制工业企业法》，在有关条文中对劳动保护做出了规定。

6月3日，国务院发布《私营企业暂行条例》，对私营企业的劳动保护事项作出规定。

6月13日，经国务院批准，劳动部、人事部联合发布《关于矿山安全监察人员编制问题的通知》。

7月13—15日，中国劳动保护科学技术学会第二次代表大会在吉林省劳动保护教育中心召开。

7月21日，国务院发布《女职工劳动保护规定》，自1988年9月1日起施行。

7月21日，四川省重庆轮船公司乐山分公司客轮在犍为县峰子弯水道翻沉，死亡、失踪共计166人。

7月27日，《劳动保护》创刊35周年座谈会在北京举行。

7月28日，劳动部、国家计委、轻工部、农业部联合发布《烟花爆竹安全生产管理暂行办法》。

8月20日，卫生部发布修订后的《职业病报告办法》，于1989年1月1日起实施。

10月1日，劳动部科学技术委员会和劳动部科学技术办公室成立。科技委下设职业安全卫生、矿山安全卫生和锅炉压力容器三个专业组。

10月13日，劳动部上海特种电器安全检验中心成立。

11月，第二届劳动保护科技进步奖揭晓，共81项科技成果获奖。

1989年

2月13日，劳动部、农业部发布《关于加强农垦企业劳动安全工作的规定》。

3月28日，全国劳动防护用品产品监督检验站工作会议在吉林召开。

3月29日，国务院发布《特别重大事故调查程序暂行规定》。

4月17—20日，劳动部在北京召开全国劳动监察工作会议。

6月16日，劳动部、农业部、公安部、国家建材局发布《乡镇露天矿场爆破安全规程》。

12月22日，劳动部、商业部、国家工商局、财政部、全国控购办公室、全国总工会联合发布《关于特种劳动防护用品实行定点经营的通知》。

12月28日，全国安委会事故调查和隐患评估专家组成立大会在劳动部召开，专家组下设铁道、民航、交通、火炸药、矿山、化工6个专业组。

1990年

2月6日，劳动部与北京电视台联合举办的以宣传劳动保护、安全生产为主题的“笑迎明天”元旦文艺晚会在电视台播放。

4月23—27日，全国安委会与劳动部、能源部、农业部、全国总工会和统配煤矿总公司在山西大同矿务局召开全国煤矿安全生产现场会。

6月5日，国务院办公厅发布《关于特别重大事故报告工作有关问题的通知》。

9月5日，全国女职工劳动保护工作会议在新疆乌鲁木齐市召开。

12月12—15日，劳动部在北京召开全国劳动厅局长会议。

1991年

1月16日，监察部发布《监察机关参加特别重大事故调查处理的暂行规定》。

2月22日，国务院发布《企业职工伤亡事故报告和处理规定》，自1991年5月1日起施行，同时1956年发布的《工人职员伤亡事故报告规程》废止。

3月30日，劳动部、建设部、公安部联合发布《城市燃气安全管理规定》。

4月9日，七届全国人大批准《中华人民共和国国民经济和社会发展十年规划和第八个五年计划纲要》，对全国安全生产、劳动保护工作作出部署。

4 月 26 日，全国安委会做出决定，要求全国各地区、各部门在 6 月 17—23 日一周时间内，开展安全生产周活动。

5 月 9 日，劳动部、交通部发布《油船、油码头防油气中毒规定》。

6 月，国务院企业管理指导委员会发布《关于制定、修订“八五”期间企业升级标准的规定》，把安全生产指标与经济效益、能源消耗、产品质量一起列入升级考核指标。

6 月 17—23 日，全国开展安全生产周活动。

7 月 6 日，交通部、劳动部发布《港口煤尘防治规定（试行）》。

7 月 25 日，劳动部发布《企业职工伤亡事故报告和处理规定有关问题的解释》。

8 月 7 日，劳动部、财政部发布《劳动保护专项措施经费管理办法》。

9 月 3 日，江西省贵溪县农药厂剧毒化学品运输车在上饶县沙溪镇发生泄漏，造成 595 人中毒，死亡 43 人。

12 月，国务院常务会议审定并通过国家《中长期科学技术发展纲要》（1990—2000—2020）。劳动部关于《安全生产科学技术中长期发展纲要》作为其中第 23 个重大领域被列入其中。

12 月 6 日，劳动部发布《劳动事业发展十年规划和第八个五年计划纲要》。

1992 年

1 月 14—16 日，劳动部召开年度矿山监察会议。

3 月 9 日，劳动部、卫生部、全国总工会联合发布《职工工伤与职业病致残程度鉴定标准（试行）》。

4 月 3 日，第七届全国人大五次会议通过《中华人民共和国工会法》，对安全生产和劳动保护作出专门规定。

4 月 11 日，全国安委会发布《关于开展“安全生产周”活动的通知》。

7 月 24 日，劳动部发布《关于全国工厂企业重大伤亡事故情况的通报》。

9 月 5 日，国家技术监督局、劳动部等部门发布《关于对实施安全认证的电工产品进行强制性监督管理的通知》。

11 月 7 日，第七届全国人大常委会第二十八次会议通过《矿山安全法》，并于 1993 年 5 月 1 日起施行。

11 月 24 日，中国南方航空公司波音 737－300 型 2523 号飞机在桂林地区撞山失事，机上 141 人全部遇难。

12 月 9 日，劳动部发布《未成年人特殊保护规定》。

1993 年

1 月 3 日，国务院批转劳动部等部门的《关于制止小煤矿滥采乱挖确保煤矿安全生产意见》。

5 月 24—30 日，全国开展第三次“安全生产周”活动，主题为“遵章守纪，杜绝三违”。

6 月 16 日，劳动部受国务院委托召开全国安全生产电话会议。

7 月 12 日，国务院发布《关于加强安全生产工作的通知》，决定撤销全国安委会，由劳动部负责综合管理全国安全生产工作，对安全生产行使国家监察职权；负责安全生产法规、政策的研究制定；组织指导各地区、各有关部门对事故隐患进行评估和整改；代表国务院对特别重大事故调查结果进行批复，并根据需要对特别重大事故进行调查；安全生产中的重大问题由劳动部请示国务院决定。

8 月 27 日，青海省海南藏族自治州共和县沟后水库发生垮坝事故，死亡 288 人，失踪 40 人，直接经济损失 1.53 亿元。

10 月 10 日，劳动部受国务院委托召开第二次全国安全生产电话会议。

10 月 22 日，中国劳动保护科学技术学会在成都召开了第三次全国会员代表大会。

10 月 27 日，国务院发布《关于控制重大、特大恶性事故的紧急通知》。

11 月 6—8 日，劳动部在广东深圳召开劳动监察会议。

11 月 19 日，广东省深圳市葵涌镇港商独资的致丽工艺厂发生火灾，死亡 84 人，重伤 20 人。

11 月 26 日，劳动部、卫生部、人事部、全国总工会、全国妇联联合发布《女职工保健工作规定》。

12 月 13 日，福建省福州市马尾经济技术开发区内台商独资的高福纺织有限公司发生火灾，死亡 60 人，受伤 8 人。

1994 年

1 月 24 日，黑龙江省鸡西矿务局二道河子煤矿多种经营公司七号井发生瓦斯爆炸事故，死亡 99 人，其中女工 35 人，重伤 3 人，直接经济损失 450 万元。

3 月 25 日，劳动部发布《矿山呼吸性粉尘危害程度分级方案》。

4 月 20 日，全国职业安全卫生和锅炉压力容器安全监察工作会议在北京召开。

5 月 16—22 日，全国开展第四次“安全生产周”活动，主题是“珍惜生命，勿忘安全”。

6 月 16 日，广东省珠海市潜山镇裕新染织厂厂房发生火灾并倒塌，死亡 93 人，重伤 48 人，轻伤 108 人，直接经济损失 9515 万元。

7 月 5 日，第八届全国人大常委会第八次会议通过《中华人民共和国劳动法》，于 1995 年 1 月 1 日起正式实施。

7 月 6 日，劳动部发布《关于重申特大伤亡事故报告有关问题的通知》。

10 月 19—21 日，全国劳动监察工作会议在福建省厦门市召开。

10 月 27 日，第八届全国人大常委会第十次会议审议并批准了“第 170 号国际劳工公约”，即《作业场所安全使用化学品公约》。

11 月 27 日，辽宁省阜新市艺苑歌舞厅发生火灾，死亡 233 人。

12 月 11—13 日，全国劳动工作会议在北京召开。

12 月 26 日，劳动部发布《违反〈中华人民共和国劳动法〉行政处罚办法》。

1995 年

1 月 24 日，劳动部组织召开全国安全生产工作电话会议。

2 月 20 日，国家安全生产专家组成立大会在北京召开。

2 月 25 日，农业部、劳动部发布《乡镇企业安全生产综合治理活动方案》，决定从 1995 年起连续三年开展全国乡镇企业安全生产综合治理活动。

5 月 15—21 日，全国开展第五次“安全生产周”活动，主题为“治理隐患，保障安全”。

7 月 24 日，全国安全生产电话会议在北京召开。

12 月 14 日，劳动部在辽宁省大连市召开全国劳动工作会议。

1996 年

1 月 22 日，全国安全生产工作电视电话会议在北京召开。

1 月 31 日，湖南邵阳发生爆炸事故，死亡 122 人，受伤 117 人，直接经济损失 1966 万元。

2 月 5 日，国家教委、劳动部、公安部、交通部、铁道部、国家体委、卫生部联合发出通知，决定建立全国中小学生“安全教育日”制度，并确定每年 3 月最后一周的星期一作为“安全教育日”。

2 月 5 日，劳动部、煤炭部、农业部、地矿部、监察部、全国总工会发布《关于加强乡镇煤矿安全工作的通知》，提出整顿煤矿秩序的措施。

3 月 14 日，国家技术监督局发布《职工工伤与职业病致残程度鉴定国家标准》。

4 月 1 日，劳动部组织开展第六届劳动保护科学技术进步奖评审工作。

5 月 13—19 日，全国开展第六次“安全生产周”活动，主题为“遵章守纪，保障安全”。

8 月 12 日，劳动部发布《企业职工工伤保险试行办法》。

9 月 14 日，国务院办公厅发布《关于特大事故批复结案工作有关问题的通知》。

10 月 30 日，经国务院批准，劳动部发布《矿山安全法实施条例》。

11 月 27 日，山西省大同市新荣区郭家窑乡东村煤矿发生瓦斯爆炸事故，死亡 114 人。

12 月 20 日，劳动部、化工部联合发布《工作场所安全使用化学品规定》。

12 月 25—27 日，劳动部受国家教委委托，在北京召开安全工程专业教学指导委员会成立大会。

1997 年

4 月 4—7 日，劳动部组织召开全国安全生产工作会议。

4 月 26 日，全国总工会发布经重新修订的《工会劳动保护监督检查员工作条例》、《基层工会劳动保护监督检查委员会工作条例》和《工会小组劳动保护检查员工作条例》。

5 月 8 日，中国南方航空（集团）公司深圳公司一架波音 737 客机在深圳降落时失事，死亡 35 人，重伤 9 人，轻伤 26 人。

5 月 9 日，江泽民总书记对安全生产工作作了三条重要指示。

5 月 11 日，国务院召开全国安全生产电视电话会议。

5 月 12—18 日，全国开展第七次“安全生产周”活动，主题为“加强管理，保障安全”。

5 月 22 日，劳动部、煤炭部、国家经贸委、地矿部、监察部、全国总工会召开依法整顿煤矿生产秩序全国电视电话会议。

6 月 27 日，北京东方化工厂发生火灾爆炸，死亡 8 人，直接经济损失高达 3 亿元。

11 月 26 日，全国矿山安全卫生监察工作会议在山东烟台市召开。

1998 年

5 月 10—16 日，全国开展第八届“安全生产周”，主题是“落实责任，保障安全”。

6 月 17 日，根据九届全国人大第一次会议批准的国务院机构改革方案和《国务院关于机构设置的通知》，国务院办公厅发布《关于印发劳动和社会保障部职能配置、内设机构的人员编制规定的通知》（国办发〔1998〕50 号），决定原劳动部承担的安全生产综合管理、职业安全监察、矿山安全监察职能，交由国家经济贸易委员会承担；原劳动部承担的职业卫生监察（包括矿山卫生监察）职能，交由卫生部承担；原劳动部承担的锅炉压力容器监察职能，交由国家质量技术监督局承担；工伤保险的职能交由新成立的劳动和社会保障部承担。

8 月 11 日，国务院办公厅以“国办发〔1998〕121 号”文件，下发了国家经贸委职能配置、内设机构和人员编制规定的通知。国家经贸委内设安全生产局，负责综合管理全国安全生产工作，对安全生产行使国家监督职权。

9 月 15—18 日，中国劳动保护科学技术学会在北京召开“国家安全生产工作改革和发展研讨会”。

1999 年

1 月 7 日，国家经贸委安全生产局在重庆市召开国务院机构改革后的首次全国安全生产工作会议。

3 月 25 日，全国总工会和国家经贸委联合在国营企业中开展“安康杯”竞赛活动。

4 月 26 日，首届全国安全生产论坛年会在重庆举行。

5 月 9—15 日，在全国开展第九届“安全生产周”活动，主题为“安全、生命、稳定、发展”。

7 月 28 日，国家经贸委公布《特种作业人员安全技术培训考核管理办法》，自 1999 年 10 月 1 日起施行。

9 月 13 日—12 月 21 日，国家经贸委和全国总工会联合组织在全国开展“百日安全无事故”活动。

10 月 13 日，国家经贸委颁布《职业安全卫生管理体系试行标准》。

11 月 24 日，山东省航运集团烟大汽车轮渡股份有限公司所属“大禹”轮发生海难事故，死亡 280 人。

12 月 14 日，卫生部发布《工业企业职工听力保护规范》。

2000 年

3 月 29 日，河南省焦作市山阳区小天堂录像厅、东方影视院发生火灾事故，死亡 74 人、受伤 1 人。

5 月 14—20 日，国家经贸委和全国总工会联合开展了第十届全国“安全生产周”的活动，主题是“掌握安全知识，迎接新的世纪”。

5 月 19 日，国家经贸委召开第三届国家安全生产专家组暨安全科技进步奖颁奖大会，并在会上宣布了第三届国家安全生产专家组名单。

6 月 22 日，四川省泸州市合江县榕山建筑公司“榕建”轮发生沉船事故，死亡 130 人，受伤 91 人。

6 月 22 日，武汉航空公司 3479 号“运 7”飞机发生坠落事故，死亡 49 人。

7 月 30 日，由国家经贸委安全生产局、劳动和社会保障部医疗保险全国总工会经济工作部联合主办，由劳动保护杂志社承办的“全国安全生产和工伤保险有奖知识竞赛”从 4 月 1 日开始到 7 月 30 日结束，参赛人数达百万人。

9 月 27 日，贵州省水城矿务局木冲沟矿发生瓦斯爆炸事故，死亡 162 人，受伤 82 人。

12 月 1 日，国务院发布《煤矿安全监察条例》。

12 月 25 日，河南省洛阳市东都商厦发生火灾事故，死亡 309 人，受伤 26 人。

12 月 31 日，经国务院批准，国务院办公厅下发《关于印发〈国家安全生产监督管理局（国家煤矿安全监察局）职能配置内设机构和人员编制规定〉的通知》（国办发〔2001〕1 号），决定设立国家安全生产监督管理局，国家煤矿安全监察局与其一个机构、两块牌子。涉及煤矿安全监察方面的工作，以国家煤矿安全监察局的名义实施。国家安全生产监督管理局（煤矿安全监察局）是综合管理全国安全生产工作、履行国家安全生产监督管理和煤矿安全监察职能的行政机构，由国家经贸委负责管理。任命张宝明为首任局长。

2001 年

4月19日，吴邦国副总理主持召开国务院安委会第一次全体会议。

4月21日，国务院发布《国务院关于特大安全事故行政责任追究的规定》（国务院令第302号）。

4月28日，全国安全生产电视电话会议召开。

5月13—19日，全国开展第十一届“安全生产周”活动，主题是“落实安全规章制度，强化安全防范措施”，并继续开展“安康杯”竞赛活动。

5月17日，公安部、国家经贸委、教育部、监察部、建设部、文化部、卫生部、国家广电总局、国家工商总局、国家旅游局、国家安全生产监督管理局联合发布《关于开展公众聚集场所消防安全专项治理的实施意见》。

5月25日，国家安全生产监督管理局发布《关于加强安全生产中介组织管理工作的通知》。

9月19—20日，全国关闭整顿小煤矿和煤矿安全生产工作现场会在河南省郑州市召开。

10月27日，第九届全国人大常委会第二十四次会议审议通过《中华人民共和国职业病防治法》，自2002年5月1日起施行。

2002 年

1月26日，国务院发布《危险化学品安全管理条例》，自2002年3月1日起施行。

4月15日，中国国际航空公司一架北京飞往韩国釜山的“波音767-2000”型客机在韩国釜山机场附近坠毁，129人遇难。

4月30日，国务院第57次常务会议通过《使用有毒物品作业场所劳动保护条例》，自公布之日起施行。

5月7日，中国北方航空公司一架北京飞往大连的“MD-82”型客机在大连港海域坠毁，112人遇难。

5月11日，全国民航安全生产紧急会议在北京举行。

5月14日，国务院办公厅下发《关于立即组织开展安全生产大检查的紧急通知》。

5月15日，国家经贸委、国家安全生产监督管理局联合下发通知，明确国家安全生产监督管理局承担危险化学品安全监管八大职责。

5月21日，全国危险化学品安全管理专项整治工作电视电话会议在北京召开。

5月底，国务院安全生产大检查在全国范围内展开，14个检查组陆续分赴重点行业、部门和部分省市进行检查。

6月1日，重新启动的第一个“安全生产月”活动开始。

6月9日，“安全生产万里行”在北京中华世纪坛启动。来自9家中央主要新闻单位的记者历时22天，行程4000多公里，先后采访了北京、天津、山东、安徽、江苏和上海六个省（市）。

6月15日，国家安全生产监督管理局、全国总工会、公安部消防局联合举办全国消防知识“五星擂台赛”。

6月20日，黑龙江省鸡西矿务局城子河煤矿西二采区发生瓦斯爆炸事故，死亡115人。

6月29日，九届全国人大常委会第二十八次会议通过《安全生产法》，自2002年11月1日施行。

7月，由高等院校安全工程专业教学指导委员会编审的《安全学原理》《安全系统工程》《安全人机工程学》《安全管理学》和《安全工程概论》五本安全工程专业统编教材出版，结束了我国高等院校安全工程专业教育中无统编教材的历史。

7月28—30日，国家安全生产监督管理局（国家煤矿安全监察局）与中国煤炭工业协会在辽宁铁法煤业公司召开全国煤矿瓦斯治理现场。

10月10—11日，“2002中国国际安全生产论坛”在北京举行，论坛主题为“21世纪安全生产和职业健康”，来自中国、美国、加拿大、俄罗斯、波兰、英国、德国、日本等20多个国家和地区的400多位政府官员、专家学者、企业安全生产管理者参加了会议。

10月31日，国家安全生产监督管理局（国家煤矿安全监察局）矿山医疗救护中心在煤炭总医院成立。

12月30日，国家安全生产监督管理局（国家煤矿安全监察局）安全生产宣传教育中心成立。

2003年

1月9日，国家经贸委和国务院安委会办公室联合在北京召开全国安全生产电视电话会议。

2月26日，国家安全生产监督管理局矿山救援指挥中心成立。

4月16日，国务院发布《工伤保险条例》，自2004年1月1日起施行。

10月28日，第十届全国人大常委会第五次会议审议通过《道路交通安全法》，自2004年5月1日起施行。

10月29日，国务院办公厅下发《关于成立国务院安全生产委员会的通知》。国务院安全生产委员会正式成立，其主要职责是在国务院领导下，负责研究部署、指导协调全国安全生产工作；研究提出全国安全生产工作的重大方针政策；分析全国安全生

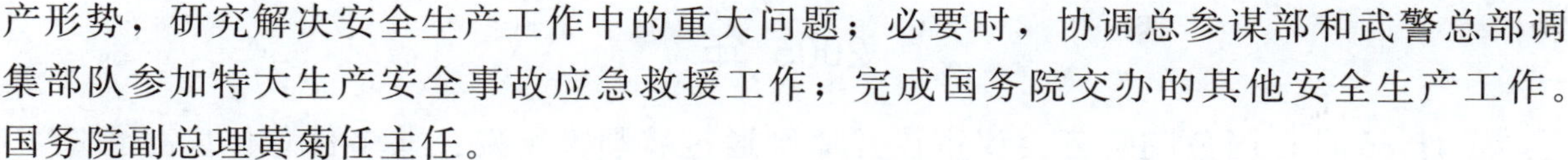

产形势，研究解决安全生产工作中的重大问题；必要时，协调总参谋部和武警总部调集部队参加特大生产安全事故应急救援工作；完成国务院交办的其他安全生产工作。国务院副总理黄菊任主任。

12月23日，中国石油天然气股份有限责任公司西南油气田分公司川东北气矿发生天然气井喷事故，造成243人死亡。

2004年

1月13日，国务院发布《安全生产许可证条例》，自公布之日起施行。

1月20日，国务院安委会下发《关于下达全国安全生产控制指标的通知》。

2月5日，北京市密云县第二届迎春灯展发生踩死挤伤游人事故，37人死亡，24人受伤。

4月30日，国务院发布《道路交通安全法实施条例》，自2004年5月1日起实施。

5月21日，国家安全生产监督管理局（国家煤矿安全监察局）发布《注册安全工程师注册管理办法》，自2004年10月1日起施行。

5月30日，国务院发布《危险废物经营许可证管理办法》，自2004年7月1日起施行。

10月20日，国家安全生产监督管理局（国家煤矿安全监察局）发布《安全评价机构管理规定》，自2005年1月1日起施行。

10月22日，河南省郑州煤炭工业公司大平煤矿发生瓦斯爆炸事故，148人死亡。

11月3日，国家安全生产监督管理局（国家煤矿安全监察局）发布《煤矿安全规程》，自2005年1月1日起施行。原2001年9月19日发布的《煤矿安全规程》废止。

11月4日，国务院办公厅下发《关于完善煤矿安全监察体制的意见》（国办发〔2004〕79号），增设湖北、广东、广西、青海、福建等5个省级煤矿安全监察局，将71个办事处更名为煤矿安全监察分局，赋予地方政府负责煤矿安全监管的部门执法权。

11月19日，国务院办公厅转发国务院安委会办公室《关于加强煤矿安全监督管理，进一步做好小煤矿关闭整顿工作的意见》。

11月21日，东方航空公司云南分公司一架从包头飞往上海的飞机坠毁，机上53人全部遇难，地面2人死亡。

11月28日，陕西省铜川矿务局陈家山煤矿发生特大瓦斯爆炸事故，死亡166人。

12月28日，国家安全生产监督管理局（国家煤矿生产监察局）发布《安全生产培训管理办法》，自2005年2月1日起施行。

2005 年

1 月 26 日，国务院常务会议审议并原则通过《国家突发公共事件总体应急预案》。

2 月 14 日，辽宁省新孙家湾煤矿发生特大瓦斯爆炸事故，死亡 214 人。

2 月 26 日，国务院下发《关于国家安全生产监督管理局（国家煤矿安全监察局）机构调整的通知》（国发〔2005〕4 号）。将国家安全生产监督管理局升格为国家安全生产监督管理总局，国家煤矿安全监察局单设，为国家安全生产监督管理总局管理的国家局。

4 月 24 日，国家职业安全卫生规划研讨会在北京召开。国际劳工组织、世界卫生组织、国家安全生产监督管理总局、卫生部、全国总工会等部门的有关代表参加了会议。

5 月 8 日，中央机构编制委员会下发了《国家安全生产应急救援指挥中心主要职责内设机构和人员编制的规定》（中编发〔2005〕3 号），批准成立了国家安全生产应急救援指挥中心。

6 月 7 日，国务院下发《关于促进煤炭工业健康发展的若干意见》。

6 月 8 日，由国家安全生产监督管理总局、国家广电总局、全国总工会、共青团中央、中国音乐家协会等单位共同组成的“生命之歌”全国安全歌曲大赛活动组委会主办的首届“安全—责任—文化—传播”论坛在北京召开。

6 月 25 日，由国家安全生产监督管理总局和法制日报社联合举办，主题为“遵章守法、关爱生命”的安全生产监管法制化建设高层论坛在北京人民大会堂举行。

7 月 14 日，首届全国安全生产及技术装备展览会在北京举办。

7 月 22 日，国家安全生产监督管理总局发布《劳动防护用品监督管理规定》，自 2005 年 9 月 1 日施行。

8 月 7 日，广东省梅州市兴宁市黄槐镇大兴煤矿发生透水事故，死亡 121 人。

8 月 18 日，国务院发布《关于全面整顿和规范矿产资源开发秩序的通知》。

8 月 25 日，国务院办公厅发布《关于坚决整顿关闭不具备安全生产条件和非法煤矿的紧急通知》。

8 月 26 日，国务院发布《易制毒化学品管理条例》，自 2005 年 11 月 1 日起实施。

9 月 3 日，国务院发布《关于预防煤矿安全生产事故的特别规定》，自发布之日起实施。

9 月 17 日，从 2004 年 7 月开始启动的“生命之歌”全国安全歌曲大赛结束，评选出了“生命之歌”金、银、铜奖歌曲。

10 月 8—11 日，党的十六届五中全会通过了《中共中央关于制定国民经济和社会发展第十一个五年规划的建议》，提出“节约发展、清洁发展、安全发展、实现可持续发展”，建议将安全生产列入“十一五”规划。“安全发展”指导原则首次出现在党的文件中。

10月31日，国务院办公厅转发国家安全生产监督管理总局、国家发展改革委《关于煤矿负责人和生产经营管理人员下井带班指导意见》。

11月13日，中国石油天然气股份有限公司吉林石化分公司双苯厂硝基苯精馏塔发生爆炸，造成8人死亡，60人受伤，直接经济损失6908万元，并引发松花江水污染事件。

11月27日，黑龙江省龙煤集团七台河分公司东风煤矿发生井下爆炸事故，死亡171人。

12月7日，河北省唐山市刘官屯煤矿井下发生瓦斯爆炸，死亡108人。

12月21日，国务院第116次常务会议提出了要抓紧研究“制定安全发展规划，建立和完善安全生产指标和控制体系”等12项安全生产治本之策。

2006年

1月8日，国务院发布《国家突发公共事件总体应急预案》，自发布之日起实施。

1月9日，中共中央、国务院召开全国科学技术大会，同时发布《关于实施科教规划纲要，增强自主创新能力的决定》和《国家中长期科学和技术发展规划纲要》(2006—2020年)，将公共安全列为重点领域，明确将“重点生产事故预警和救援——重点研究开发矿井瓦斯、突水、动力性灾害预警和防控技术，开发燃烧、爆炸、毒物泄漏等重大工业事防控与救援技术及相关设备”作为优秀主题。

1月17日，国家安全生产监督管理总局发布《生产经营单位安全培训规定》，于2006年3月1日起实施。

1月20日，国务院安委会下达《2006年全国安全生产控制考核指标》。

1月23日，国务院批复同意《建立煤矿整顿关闭工作部际联席会议制度》。

1月23—24日，2006年全国安全生产会议在北京召开。

2月21日，国家安全生产应急救援指挥中心挂牌成立。国家应急救援指挥中心为国务院安全生产委员会办公室领导，国家安全生产监督管理总局管理的事业单位，履行国家安全生产应急救援综合监督管理的行政职能，按照国家安全生产突发事件应急预案的规定，协调、指挥安全生产事故灾难应急救援工作。中心编制80名，设综合部、指挥协调部、信息管理部、技术装备部和资产财务部等5个部门。

3月2日，煤矿整顿关闭工作部际联席会议第一次会议在北京召开。

3月14日，十届全国人大四次会议通过《关于国民经济和社会发展第十一个五年规划纲要》，首次把安全生产列为专节，将安全生产方针、主要指标、政策措施和重点工程等纳入《纲要》。

3月27日，中共中央政治局举行第三十次集体学习，中共中央总书记胡锦涛主持会议并发表了《坚持以人为本，关注安全，关爱生命，切实把安全生产工作抓细抓实抓好》。

4月28日，国家安全生产监督管理总局与国际劳工组织共同举办“世界安全生产与健康日”高层研讨会及“送安全文化到基层”活动。2006 年全球主题是“体面的工作，安全的工作”。我国的安全活动主题为“体面的工作，安全的工作——推进石油和化学工业安全发展”。

5 月 10 日，国务院发布《民用爆炸物品安全管理条例》，自 2006 年 9 月 1 日起实行。

5 月 20—26 日，国家安全生产监督管理总局在全国范围开展以“科技兴安，安全发展”为主题的 2006 年安全生产科技活动周。

5 月 23 日，第十四届海峡两岸及香港、澳门地区职业安全健康学术研讨会暨中国职业安全健康协会 2006 年年会在陕西省西安市召开，会议主题为“关爱健康，安全发展”。

5 月 23 日，第六届全国矿山救援技术竞赛在河南省平顶山市举行。

6 月 1 日，第五个安全生产活动月正式启动，活动主题为：安全发展，国泰民安。

6 月 1 日，由中共中央宣传部、国家安全生产监督管理总局、国家广电总局、全国总工会、共青团中央五部委共同组织的“安全生产万里行”活动在贵州省贵阳市举行出发仪式。

6 月 11 日，全国“安全生产月”宣传咨询日活动在北京市海淀公共安全馆举行。

6 月 21—22 日，全国煤矿瓦斯治理和利用现场会在山西晋城召开。

6 月 23—24 日，国务院安委会办公室在北京召开了 2006 年煤矿整顿关闭工作汇报会。

6 月 24 日，国家安全生产监督管理总局主办，总局信息院承办的首届“安全发展”高层论坛在人民大会堂举行，主题为“安全发展，安全法制”。

6 月 29 日，十届全国人大常委会第二十二次会议通过《〈刑法〉修正案（六）》，对违反有关安全生产规定犯罪的条文作出重要修改和补充。

6 月 30 日，国家安全生产监督管理总局、国家煤矿安全监察局举办的“平安中国——《安全生产法》知识竞赛”全国总决赛在北京举行。

7 月 6 日，国务院办公厅下发《关于加强煤炭行业管理有关问题的意见》，将国家发改委承担的、与煤矿安全生产密切相关的行业管理职能划转到国家煤矿安全监察局，并在原来三个司的基础上增设科技装备司和行业安全基础管理指导司。

7 月 10 日，国务院办公厅发布《关于切实加强民用爆炸物品安全管理的紧急通知》。

8 月 17 日，国务院办公厅印发我国第一个安全生产五年规划——《安全生产“十一五”规划》。

8 月 26 日，国家安全生产监督管理总局发布《烟花爆竹经营许可实施办法》，自 2006 年 10 月 1 日起施行。

8 月 26 日，财政部、国家安全生产监督管理总局、中国人民银行联合印发了《企业安全生产风险抵押金管理暂行办法》。

9月14—16日，第五届国际矿山救援技术竞赛在河南省平顶山市举行。共有来自全球8个国家的11支代表队参加了模拟救灾、医疗急救等4个项目的比赛。

9月28日，国务院办公厅转发国家安全生产监督管理总局等部门的《关于进一步做好煤矿整顿关闭工作意见》。

10月26日，国家安全生产监督管理总局和国家发改委在北京联合举办了首届“中小企业安全发展高层论坛”。

11月22日，国家安全生产监督管理总局、监察部联合发布《安全生产领域违法违纪行为政纪处分暂行规定》，自发布之日起施行。

11月28日，国家发改委、国家安全生产监督管理总局、国家煤矿安全监察局联合发布《关于严格审查煤矿生产能力复核结果遏制超能力生产的紧急通知》。

12月1日，以“关爱生命、关注安全、构建和谐社会”为主题的“安全发展—安全中国”大型公益宣传活动正式启动。活动自2006年12月1日起至2007年10月结束。

12月8日，财政部、国家安全生产监督管理总局印发《高危行业企业安全生产费用财务管理暂行办法》。

2007年

1月10日，国务院安委会第五次全体会议在北京召开，对2006年安全生产工作作了总结，对2007年安全生产工作作了部署。

1月11日，国家安全生产监督管理总局发布《注册安全工程师管理规定》，自2007年3月1日起施行。原国家安全生产监督管理局2004年公布的《注册安全工程师注册管理办法》同时废止。

1月19日，国家发改委、国家安全生产监督管理总局、国家煤矿安全监察局、科技部联合下发了《关于印发2007年煤矿瓦斯防治工作要求》。

1月23日，国务院在中南海召开全国安全生产电视电话会议。

1月24日，国家安全生产监督管理总局在北京召开2007年全国安全生产工作会议。

1月31日，国家安全生产监督管理总局发布《安全生产检测检验机构管理规定》，自2007年4月1日起施行。原国家经贸委2002年发布的《煤矿矿用安全产品检验管理办法》同时废止。

2月28日，国务院转发国家安全生产监督管理总局等部门的《关于加强企业应急管理工作的意见》。

3月20日，煤矿整顿关闭工作部际联席会议第三次会议在北京召开。

3月27—28日，国家安全生产监督管理总局在北京召开安全生产规划和科技工作会议。

3月29日，国务院办公厅发布《关于严肃查处瞒报事故行为，坚决遏制重特大事故发生的通报》。

4月9日，国务院发布《安全生产事故报告和调查处理条例》，自2007年6月1日起施行。原国务院1989年3月29日发布的《特别重大事故调查程序暂行规定》和1991年2月22日公布的《企业职工伤亡事故报告和处理规定》同时废止。

4月18日，国务院批准建立由国家安全生产监督管理总局牵头的危险化学品安全生产监管部际联席会议制度。

4月18日，辽宁省铁岭市清河特殊钢有限公司发生钢水包倾覆事故，造成32人死亡，6人重伤，直接经济损失866.2万元。

4月26日，国家安全生产监督管理总局政策法规司、国家煤矿安全监察局综合司、全国总工会宣传教育部和劳动保护部、全国妇联宣传部等共同主办的以“树立安全发展观、构建和谐社会”为主题的“安全发展，安全中国”大型公益活动启动仪式暨新闻发布会在人民大会堂新闻发布厅举行。

4月27日，国家安全生产监督管理总局和国际劳工组织在北京组织了“4·28世界安全生产与健康日”纪念活动专题报告会。2007年，全球活动的主题是“安全健康的工作场所——体面的工作变为现实”。

5月12日，国务院办公厅发布《关于在重点行业和领域开展安全生产隐患排查治理专项行动的通知》。

5月19—25日，国家安全生产监督管理总局在全国开展以“综合治理，科技兴安”为主题的2007年安全生产科技周活动。

5月21日，国务院安委会下达《关于“十一五”期间各地区安全生产规划两项综合指标的通知》。

6月1日，危险化学品安全生产监管部际联席会议第一次全体会议在北京召开。

6月1—30日，全国安全生产活动月在全国全面开展，本次活动的主题是“综合治理，保障平安”。

6月10日，2007年全国安全生产月咨询活动在北京市地坛公园举行。

6月16日，由国家安全生产监督管理总局举办，总局信息院承办的第二届“安全发展”高层论坛主论坛在人民大会堂举行。论坛的主题是“唱响安全发展，建设和谐社会”。

7月11日，国务院发布《铁路交通事故应急救援和调查处理条例》，自2007年9月1日起施行。

7月12日，国家安全生产监督管理总局发布《〈生产安全事故报告和调查处理条例〉罚款处罚暂行规定》，自公布之日起施行。

7月16日，全国“安康杯”竞赛表彰电视电话会议召开。

7月29日，河南支建矿业有限公司发生淹井事故，事发后33人及时升井，经过76小时的全力抢救，井下被困的69名矿工全部获救。

8月13日，湖南省湘西土家族苗族自治州凤凰县堤溪大桥发生整体垮塌事故，造成 64 人当场死亡，4 人重伤，18 人轻伤，直接经济损失 3974.7 万元。

8 月 15 日，山东新汶突降暴雨，山洪暴发，导致柴汶河东都河堤被冲垮。8 月 17 日，洪水涌入华源煤矿，造成 172 人遇难，另一相邻矿 9 人遇难。

8 月 30 日，十届全国人大常委会第二十九次会议通过《突发事件应对法》，自 2007 年 11 月 1 日起施行。

9 月 14 日，国务院发布《大型群众性活动安全管理条例》，自 2007 年 10 月 1 日起施行。

9 月 20 日，国务院召开全国安全生产电视电话会议。

9 月 27—29 日，国家安全生产监督管理总局主办的第一届中国国际安全生产应急管理和应急救援论坛暨中国国际应急救援技术与装备展览会在北京举行。论坛和展览会主题是“提高防范和处理事故灾难的能力，保障公众生命安全与健康，实现安全发展”。

10 月 8 日，国家安全生产监督管理总局发布《安全生产行政复议规定》，自 2007 年 11 月 1 日起施行。原国家经贸委 2003 年 2 月 18 日公布的《安全生产行政复议暂行办法》和原国家安全生产监督管理局（国家煤矿安全监察局）2003 年 6 月 20 日公布的《煤矿安全监察行政复议规定》同时废止。

10 月 9 日，国家安全生产监督管理总局召开安全科普知识竞赛组织工作会议暨全国安全生产月活动经验交流会。

10 月 11 日，世界卫生组织命名北京市朝阳区望京街道、麦子店街道、亚运村街道和建外街道为“安全社区”的仪式在北京举行。这是国际上第 120～123 个安全社区，也是我国第 2～5 个安全社区和北京市首批安全社区，标志着我国的安全社区建设进入一个新的阶段。

10 月 23—25 日，第十五届海峡两岸四地职业安全健康研讨会举行。

11 月 28—29 日，中国职业安全健康协会第四届理事会第三次常务理事会暨 2007 年学术会在杭州举行，会议主题为“发展安全科学技术，保障职业安全健康”。

11 月 30 日，国家安全生产监督管理总局发布新修订的《安全生产违法行为行政处罚办法》，自 2008 年 1 月 1 日起施行。原国家安全生产监督管理局（国家煤矿安全监察局）2001 年 4 月 27 日公布的《煤矿安全监察程序暂行规定》、2003 年 5 月 19 日公布的《安全生产违法行为行政处罚办法》同时废止。

12 月 5 日，山西省临汾市洪洞县瑞之源煤业有限公司井下发生瓦斯爆炸事故，死亡 105 人。事故发生后，矿方迟迟没有上报是导致事故扩大的重要原因。畏罪潜逃的事故责任人王宏亮、王东海分别于 14 日与 15 日获捕。

12 月 28 日，国家安全生产监督管理总局发布《安全生产事故隐患排查治理暂行规定》，自 2008 年 2 月 1 日起施行。

2008年

1月8日，国务院安委会第六次全体会议在北京召开。

1月11日，国务院召开安全生产电视电话会议。

1月15日，国务院发布《关于废止部分行政法规的决定》。

1月30日，国务院安委会联络员第十八次会议在北京召开。

2月16日，国务院办公厅发布《关于进一步开展安全生产隐患排查治理工作的通知》。

4月17日，国务院办公厅发布《关于开展安全生产百日督察专项行动的通知》。国家安全监管总局召开全国安全生产视频会议，局长王君主持并讲话，部署了“百日安全督查专项行动”。

4月28日，国家安全生产监督管理总局与国际劳工组织在北京工体举办了“世界安全生产日”主题报告会，2008年活动的主题是“我的生活、我的工作、我的工作安全——管理工作环境中的风险”。

4月28日，山东胶济铁路发生一起客车脱线相撞事故，造成72人死亡，416人受伤。

4月30日，国务院办公厅发布《关于进一步加强安全生产工作的通知》。

5月12日，四川汶川县发生8级地震，国家安全生产监督管理总局王君召开紧急会议，传达党中央和国务院领导的有关指示精神，部署灾区安全生产和应急救援工作。

5月19日，全国安全生产月和安全生产万里行组委会会议在北京召开，2008年活动主题是“治理隐患、防范事故”。

5月20日，中国职业安全健康协会第五次全国会员代表大会在北京召开，大会审议通过了《中国职业安全健康协会章程》修改报告。

6月1日，以“唱响安全发展，建设和谐社会”为主题的第三届“安全发展”高层论坛在北京人民大会堂举行。

6月6日，2008年全国安全生产月宣传咨询日活动在北京市石景山区北京国际雕塑公园举行。活动主题为“治理隐患、防范事故——携手共筑奥运平安”。

6月12日，全国第九次“安全生产万里行”活动在湖南启动，活动主题是“治理隐患、防范事故”。

7月8—9日，全国煤矿瓦斯治理现场会在辽宁省沈阳市召开。

7月11日，国务院办公厅下发《国家安全生产监督管理总局主要职责内设机构和人员编制规定》和《国家煤矿安全监察局主要职责内设机构和人员编制规定》，安全监管总局内设机构由9个增加到10个，并单独设立职业安全健康监督管理司，承担工矿商贸作业场所（煤矿除外）职业卫生监督检查责任。

9月8日，山西省临汾市襄汾县新塔矿业有限公司（铁矿）发生特大尾矿库溃坝事故，死亡281人。

9 月 13 日，四川省巴中市巴运集团公司一辆宇通客车发生坠岩事故，造成 51 人死亡。

9 月 24 日，国务院召开全国安全生产电视电话会议。

10 月 12 日，由全国安全生产月活动组委会举办的“安全在我心中”全国摄影、书画大赛在北京揭幕，全国共有 3000 余件作品参加大赛。

10 月 22 日，国外矿山安全科技专题报告会在京召开。

10 月 28 日，十一届全国人大常委会第五次会议修订通过《消防法》，自 2009 年 5 月 1 日起施行。

11 月 18—20 日，由国家安全生产监督管理总局和国际劳工组织共同举办的第四届中国国际安全生产论坛在北京举行。论坛主题为“安全发展、关系民生”。国务院副总理张德江会见了出席论坛的美国劳工部部长赵小兰、芬兰社会事务和卫生部部长莉莎徐塞莱、澳大利亚驻华大使芮捷锐以及国际劳工组织和国外的代表。

12 月 16 日，第十六届海峡两岸及香港、澳门地区职业安全健康研讨会在香港会议中心举行。

12 月 25 日，危险化学品安全生产监管部际联席会议第二次联络员会在北京召开。

2009 年

1 月 15 日，国务院召开全国安全生产电视电话会议。

1 月 16—17 日，国家安全生产监督管理总局在北京召开 2009 年全国安全生产工作会议。

1 月 24 日，国务院发布《国务院关于修改〈特种设备安全监察条例〉的决定》。

2 月 9 日，在建的央视新台址园区文化中心发生特大火灾事故，造成直接经济损失 16383 万元。在救援过程中 1 名消防队员牺牲，6 名消防队员和 2 名施工人员受伤。

2 月 22 日，山西焦煤集团屯兰矿发生特别重大瓦斯爆炸事故，造成 78 人死亡、114 人受伤，直接经济损失 2386 万元。

3 月 18—19 日，全国煤矿瓦斯治理工作体系“双百工程”建设会议在江西省南昌市召开。

3 月 30 日，国务院办公厅发布《关于进一步推进安全生产“三项工作”的通知》。

4 月 1 日，国家安全生产监督管理总局发布《安全生产事故应急预案管理办法》。

4 月 13 日，第四届安全生产科技成果奖励大会暨优秀安全科技成果展在北京举行。

5 月 30 日，重庆市松藻煤电公司同华煤矿发生煤与瓦斯突出事故，造成 30 人死亡。

6 月 6 日，2009 年“安全生产万里行”出发仪式在福建省福州市五一广场举行，活动主题是“关爱生命、安全发展”。

6 月 14 日，2009 年全国安全生产月宣传咨询日活动在北京天坛公园举行。

6月15日，国家安全生产监督管理总局发布《作业场所职业健康监督管理暂行规定》，自2009年9月1日起施行。

6月16日，国家安全生产监督管理总局发布《生产安全事故信息报告和处置办法》，自2009年7月1日起施行。

7月1日，国家安全生产监督管理总局发布《安全评价机构管理规定》，自2009年10月1日起施行。原国家安全生产监督管理总局（国家煤矿安全监察局）2004年10月20日发布的《安全评价机构管理规定》同时废止。

7月2日，国家安全生产监督管理总局举办的第二届中国国际安全生产应急管理论坛暨应急救援技术与装备展览会在北京开幕。

9月8日，河南省平顶山市新华四矿发生特别重大瓦斯爆炸事故，造成76人遇难。

11月21日，黑龙江省龙煤控股集团鹤岗分公司新兴煤矿发生特别重大瓦斯爆炸事故，造成108人遇难，65人受伤。

2010年

1月10日，国家安全生产监督管理总局、国家煤矿安全监察局在北京召开纪念煤矿安全国家监察体制创建10周年座谈会。中央政治局委员、国务院副总理张德江题词，全国人大常委会副委员长华建敏出席会议并发表讲话。

1月19—20日，全国安全生产工作会议在北京召开。

2月15日，国务院办公厅发布《关于继续深入开展“安全生产年”活动的通知》，明确了2010年“安全生产活动月”的主题为“安全发展，预防为主”。

3月1日，中煤五公司、陕西煤建公司和郑州煤建公司承建的神华集团骆驼山基本建设煤矿，在施工中井下16号煤层掘进工作面发生透水事故，造成32人死亡。

3月28日，13时40分左右，山西省华晋焦煤有限责任公司所属的由中煤一建公司63工程处承建的位于山西省临汾市乡宁县的王家岭煤矿发生透水事故，当班下井261人，108人升井，153人被困井下，经过11天的排水抢救，最终115人成功获救，死亡38人。此次救援成为国内外矿难救援的成功典范。

3月31日，河南洛阳伊川县国民煤业有限公司发生煤与瓦斯突出事故，造成井下48人死亡（地面5人），26人受伤。

4月15日，国家安全生产监督管理总局公布《企业安全生产标准化基本规范》(AQ/T 9006—2010)。

4月22日，第十一届全国人大常委会第二十次会议通过修订《道路交通安全法》，自2011年5月1日起施行。

5月19—20日，国家安全生产监督管理总局、国家煤矿安全监察局在山西省潞安矿业公司召开全国煤矿坚决遏制重特大事故、推广井下救生舱等避险设施现场会。

5月24日，国家安全生产监督管理总局发布《特种作业人员安全技术培训考核管理规定》，自2010年7月1日起实施。原国家经贸委发布的《特种作业人员安全技术

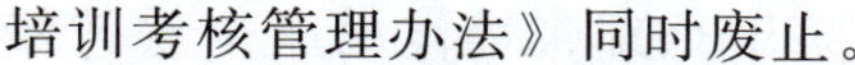

培训考核管理办法》同时废止。

5月29—31日，由安徽省人民政府、国家能源局、国家煤矿安全监察局、中国煤炭工业协会联合举办的2010年中国煤矿瓦斯治理国际研讨会在安徽合肥举行。

6月5日，第五届“安全发展”高层论坛在人民大会堂举行，主题是“安全发展，预防为主”。

6月8日，中国职业安全健康协会在大连举行世界卫生组织（WTO）安全社区命名仪式，大连市中山公园街道、兴工街道等5个街道及北京市展览路街道被命名为世界卫生组织安全社区，正式成为国家安全社区网络成员。

6月13日，全国安全生产月宣传咨询日活动在北京市顺义区举行，全国人大常委会副委员长陈昌智宣布宣传咨询日活动开始。

6月18日，由中宣部、国家安全生产监督管理总局、公安部、国家广电总局、全国总工会、共青团中央、全国妇联、广西壮族自治区、黑龙江省人民政府共同举办的2010年“安全生产万里行”活动启动仪式在广西南宁举行。

7月7日，国务院总理温家宝主持召开国务院常务会议，会议强调必须牢固树立以人为本、安全发展的理念，坚持“安全第一、预防为主、综合治理”的方针，以煤矿、非煤矿山、交通运输、建筑施工、危险化学品、烟花爆竹、冶金等行业为重点，全面加强企业安全生产工作。

7月15日，国家安全生产监督管理总局公布《安全生产行政处罚自有裁量适用规则》，自2010年10月1日起施行。

7月16日，中石油大连中连油仓储罐区发生爆炸起火事故，直接经济损失约1.5亿元。

7月19日，国务院发布《国务院关于进一步加强企业安全生产工作的通知》，这是2004年《国务院关于进一步加强安全生产工作的决定》之后，国务院为进一步推动安全生产工作出台的又一重要文件。

7月22日，国家安全生产监督管理总局、国家煤矿安全监察局印发《煤矿作业场所职业危害防治规定（试行）》，自2010年9月1日起施行。

8月11—14日，中共中央政治局委员、国务院副总理张德江在江苏、河南调研安全生产工作时强调，要深入落实科学发展观，认真贯彻《国务院关于进一步加强企业安全生产工作的通知》，坚持预防为主，加强安全监管，严厉打击非法违法生产经营建设行为，严格落实企业安全生产主体责任，有效防范和坚决遏制重特大事故发生。

8月19日，国务院安委会全体会议在北京召开，中共中央政治局委员、国务院副总理、国务院安委会主任张德江主持会议并讲话。

8月24日，河南航空有限公司E190机型B3130号飞机执行哈尔滨至伊春VD8387定期客运航班任务时，在黑龙江省伊春市林都机场着陆过程中失事，造成机上44人死亡、52人受伤，直接经济损失30891万元。

8月31日—9月3日，第五届中国国际安全生产论坛及安全生产及职业健康技术

与装备展览会在北京举行。中共中央政治局委员、国务院副总理张德江出席论坛开幕式并参观展会。

9 月 2 日，国务院安委会发布《重大事故查处挂牌督办办法》。

9 月 7 日，国家安全生产监督管理总局下发《煤矿领导带班下井及安全监督检查规定》，自 2010 年 10 月 7 日起施行。

9 月 7 日，由国家安全生产监督管理总局、国家煤矿安全监察局、中华全国总工会、共青团中央、安徽省人民政府共同主办的第八届全国矿山救援技术竞赛在安徽省淮南市举行。

10 月 13 日，国家安全生产监督管理总局发布《金属非金属地下矿山企业领导带班下井及监督检查暂行规定》，自 2010 年 11 月 15 日起施行。

10 月 16 日，河南中平能化集团平禹煤电公司四矿发生煤与瓦斯突出事故，事故发生后 239 人安全升井，37 名矿工遇难。

11 月 2 日，中共中央政治局委员、国务院副总理张德江出席全国煤矿瓦斯防治工作电视电话会议。

11 月 15 日，上海市静安区胶州路 728 号一栋 28 层居民楼在维修过程中发生火灾事故，造成 58 人死亡，16 人重伤。

11 月 17 日，国家安全生产监督管理总局、国家煤矿安全监察局召开煤矿“六大系统”建设完善工作座谈会。

12 月 14 日，国家安全生产监督管理总局发布《建设项目安全设施“三同时”监督管理暂行办法》，自 2011 年 2 月 1 日起施行。

12 月 20 日，国务院发布《国务院关于修改〈工伤保险条例〉的决定》，自 2011 年 1 月 1 日起施行。

12 月 26 日，由国家安全生产监督管理总局、中华全国总工会、国家煤矿安全监察局联合主办的全国煤矿班组安全建设推进会在北京人民大会堂举行，中共中央政治局委员、国务院副总理张德江，中国中央政治局委员、全国人大常委会副委员长、全国总工会主席王兆国接见了与会代表。

12 月 31 日，人力资源和社会保障部发布新修订的《工伤认定办法》和《非法用工单位伤亡人员一次性赔偿办法》，自 2011 年 1 月 1 日起施行。

2011 年

1 月 10 日，国务院安委会全体会议在北京召开。

1 月 12 日，中共中央政治局委员、国务院副总理张德江在全国安全生产电视电话会议上做重要讲话。

1 月 13—14 日，国家安全生产监督管理总局、国家煤矿安全监察局在北京召开全国安全生产工作会议。

3 月 2 日，国务院发布《危险化学品安全管理条例》，自 2011 年 12 月 1 日起施行。

3月29日，国家安全生产监督管理总局在河北唐山召开全国安全生产应急管理工作会议，国家安全生产监督管理总局骆琳局长、王德学副局长出席会议并讲话，国家矿山应急救援开滦队建设奠基仪式同时举行。

5月4日，国家安全生产监督管理总局发布新修订的《小型露天采石场安全管理与监督检查规定》《尾矿库安全监督管理规定》，自2011年7月1日起施行。

5月23日，国务院办公厅转发国家发展和改革委员会、国家安全生产监督管理总局《关于进一步加强煤矿瓦斯防治工作若干意见的通知》。

6月8—11日，中共中央政治局委员、国务院副总理张德江到湖南、山西等地调研安全生产工作。

6月16日，安全生产万里行出发仪式在河南省郑州市举行，国家安全生产监督管理总局局长骆琳、河南省省长郭庚茂出席出发仪式。

7月7日，国务院发布《电力安全事故应急处置和调查处理条例》，自2011年9月1日起施行。

7月21日，国务院安委会全体会议在北京召开，中共中央政治局委员、国务院副总理、国务院安委会主任张德江主持会议并讲话。

7月23日，浙江省温州市鹿城区双屿路段，D301次列车与D3115次列车发生追尾事故，造成40人死亡，191人受伤，直接经济损失19371.65万元。

7月27日，温家宝主持召开国务院常务会议，对“7·23”甬温线特别重大铁路交通事故遇难者表示深切哀悼，决定采取坚决措施全面加强以交通煤矿建筑施工危险化学品等为重点的安全生产。

8月5日，国家安全生产监督管理总局发布新修订的《危险化学品生产企业安全生产许可证实施办法》，自2011年12月1日起施行。

8月15日，国家安全生产监督管理总局发布《危险化学品重大危险源监督管理暂行规定》，自2011年12月1日起施行。

9月21日，国务院总理温家宝主持召开国务院常务会议，讨论通过《安全生产“十二五”规划》。

10月1日，国务院办公厅下发《安全生产“十二五”规划》。

10月7日，16时许，唐山市交通运输集团公司所属一辆大客车（核载55人，实载55人）从河北省保定市驶往唐山市途中，在天津市境内滨保高速60 km+500 m处与一辆小轿车发生追尾相撞后，侧翻到路边的防护栏上并滑行100余米，共造成35人死亡，19人受伤，直接经济损失3447.15万元。

11月11—12日，全国煤矿瓦斯防治现场会在安徽合肥召开，中共中央政治局委员、国务院副总理张德江在现场会上强调，要进一步加强煤矿瓦斯防治工作有效防范和坚决遏制煤矿重特大事故。

11月26日，国务院下发《国务院关于坚持科学发展安全发展 促进安全生产形势持续稳定好转的意见》。

12 月 28 日，国务院总理温家宝主持召开国务院常务会议，听取“7·23”甬温线特别重大铁路交通事故调查、高速铁路及其在建项目安全大检查情况情况汇报。

12 月 31 日，全国人民代表大会常委会通过新修订的《职业病防治法》，自公布之日起施行。

2012 年

1 月 13 日，中共中央政治局委员、国务院副总理张德江在全国安全生产电视电话会议上做重要讲话。

1 月 14—15 日，国家安全生产监督管理总局、国家煤矿安全监察局在北京召开全国安全生产工作会议。

1 月 17 日，国家安全生产监督管理总局下发《危险化学品输送管道安全管理规定》，自 2012 年 3 月 1 日起施行。

1 月 19 日，国家安全生产监督管理总局发布新修订的《安全生产培训管理办法》，自 2012 年 3 月 1 日起施行。

2 月 14 日，国务院办公厅下发《国务院关于继续深入扎实开展“安全生产年”活动的通知》（国办发〔2012〕14 号）。

2 月 24—25 日，全国非煤矿山安全生产工作暨尾矿充填现场会在安徽铜陵召开。

3 月 31 日—4 月 1 日，全国安全生产标准化建设工作推进会山东省诸城市召开，国家安全生产监督管理总局副局长孙华山出席会议并讲话。

4 月 5 日，国务院公布《校车安全管理条例》，自公布之日起施行。

4 月 17 日，国务院召开全国集中开展安全生产领域“打非治违”专项行动电视电话会议，国务委员兼国务院秘书长马凯出席会议并讲话。

4 月 17 日，中国安全生产协会第二次会员代表大会在京召开。国家安全生产监督管理总局党组书记、局长骆琳出席会议并讲话。会议选举产生了中国安全生产协会第二届理事会理事、常务理事及会长、副会长、秘书长，表决通过了协会章程修改草案和聘请名誉会长、增设分支机构等议案。

4 月 17—18 日，全国安全生产应急管理工作会议暨国家矿山应急救援队示范建设现场会在河北唐山召开。国家安全生产监督管理总局党组副书记、副局长、国家安全生产应急救援指挥中心主任王德学出席会议并讲话。

4 月 27 日，国家安全生产监督管理总局发布《建设项目职业卫生“三同时”监督管理暂行办法》《用人单位职业健康监护监督管理办法》《工作场所职业卫生监督管理规定》等部门规章，自 2012 年 6 月 1 日起施行。

4 月 28 日，2012 年“世界安全生产与健康日”纪念活动在京举办。国家安全生产监督管理总局副局长孙华山出席活动并讲话，北京市副市长苟仲文、国际劳工组织中国和蒙古局局长霍百安分别致辞，法国使馆参赞罗妮卡代表驻华使馆作了发言。

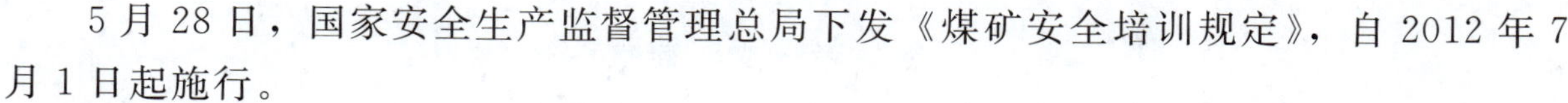

5 月 28 日，国家安全生产监督管理总局下发《煤矿安全培训规定》，自 2012 年 7 月 1 日起施行。

6 月 16 日，“2012 安全发展高峰论坛”在北京举行。中央政策研究室常务副主任何毅亭，国家安全生产监督管理总局党组成员、副局长杨元元，中宣部副部长申维辰，江苏省副省长史和平等出席论坛。

6 月 26 日，国家安全生产监督管理总局、国家煤矿安全监察局、中华全国总工会印发《煤矿班组安全建设规定（试行）》。

7 月 1 日，国家安全生产监督管理总局下发《危险化学品登记管理办法》和《烟花爆竹生产企业安全生产许可证实施办法》，自 2012 年 8 月 1 日起施行。

7 月 3 日，国务院安全生产委员会全体会议在北京召开，国务委员兼国务院秘书长马凯主持会议并做重要讲话。

7 月 17 日，国家安全生产监督管理总局下发《危险化学品经营许可证管理办法》，自 2012 年 9 月 1 日起施行。

8 月 26 日，陕西省延安市境内包茂高速安塞段由北向南 484 km 95 m 处，内蒙古呼和浩特市运输集团公司一辆宇通牌大客车与河南省孟州第一汽车运输公司一辆大货车追尾相撞，引发甲醇泄漏起火并引燃客车，造成 36 人死亡，3 人受伤。

8 月 29 日，17 时左右，四川省攀枝花市西区正金工贸公司肖家湾煤矿发生瓦斯爆炸事故，造成 48 人死亡、54 人受伤，直接经济损失 4980 万元。

9 月 18—20 日，第六届中国国际安全生产论坛暨展览会在北京举行。国务委员兼国务院秘书长马凯出席并讲话，来自美国、加拿大、俄罗斯、英国、德国等 30 多个国家和地区以及国际劳工组织、国际社会保障协会和国际劳动监察协会等国际组织的 1000 多人参加开幕式和论坛。

10 月 10 日，由国家能源局、国家煤矿安全监察局、中国煤炭工业协会共同主办的 2012 中国国际煤炭展览会在北京全国农业展览馆开幕。全国人大常委会副委员长严隽琪宣布展览会开幕，国家安全生产监督管理总局副局长、国家煤矿安全监察局局长付建华，国家能源局副局长吴吟，中国煤炭工业协会副会长梁嘉琨出席了展览会开幕式。

10 月 17 日，国务院安全生产委员会全体会议在北京召开。国务委员兼国务院秘书长马凯出席会议并讲话。

11 月 8 日，中国共产党第十八次全国代表大会在北京人民大会堂开幕，胡锦涛代表十七届中央委员会向大会作题为《坚定不移沿着中国特色社会主义道路前进　为全面建成小康社会而奋斗》报告，报告中明确提出要“强化公共安全体系和企业安全生产基础建设，遏制重特大安全事故。”

11 月 16 日，国家安全生产监督管理总局下发《危险化学品安全使用许可证实施办法》，自 2013 年 5 月 1 日起施行。

12 月 21 日，国家安全生产监督管理总局、国家煤矿安全监察局、国家发展和改革委员会、国家能源局、住房和城乡建设部下发《加强煤矿建设安全管理规定》。

参 考 文 献

[1] 国家安全生产监督管理总局．中国安全生产年鉴［M］．北京：煤炭工业出版社，2011

[2] 王显政．安全生产与经济社会发展报告［M］．北京：煤炭工业出版社，2006.

[3] 李毅中．谈谈我国的安全生产问题．www.chinasafety.gov.cn.

[4] 国家安全生产监督管理总局信息研究院．我国安全生产变化趋势与主要影响因素研究［R］，2008.

[5] 国家安全生产监督管理总局信息研究院．我国不同省区安全生产发展规律特点研究［R］，2010.

[6] 国家安全生产监督管理总局信息研究院．我国安全产业现状与发展战略研究［R］，2012.

[7] 国家安全生产监督管理总局信息研究院．新中国成立以来中国煤矿特别重大事故统计分析及案例汇编，2012.

[8] 张明理．当代中国的煤炭工业［M］．北京：中国社会科学出版社，1988.

[9] 刘铁民．中国安全生产 60 年［M］．北京：中国劳动社会保障出版社，2009.

[10] 陈佳贵，黄群慧，吕铁，等．中国工业化进程报告（1995—2010）［M］．北京：社科文献出版社，2012.

[11] 朱建平，殷瑞飞．SPSS 在统计分析中的应用［M］．北京：清华大学出版社，2007.

[12] 吕海燕．安全生产事故统计分析及预测理论方法研究［D］．北京：北京林业大学，2004.

[13] 余建英，何旭宏．数据统计分析与应用［M］．北京：人民邮电出版社，2005.

[14] 中华人民共和国交通运输部网站．www.moc.gov.cn.

[15] 吴迪儆．当代中国的煤炭工业［M］．北京：中国社会科学出版社，1989.

[16] 石少华．安全生产法及相关法律知识［M］．北京：中国大百科全书出版社，2008.

[17] 拓墣产业研究所．安全产业发展现况与趋势剖析［R］，2007.

[18] 李文龙，李强．安全产业的内涵与分类研究［J］．重庆科技学院学报（社会科学版），2011（10）.

[19] 徐伟丰．探索中前进的安全产业［J］．中国安全生产，2011（05）.

[20] 国际劳工组织（IOL）网站，www.ilo.org.